# Neurociência e aprendizagem

uma aventura por trilhas
da neuroeducação

SÉRIE PRESSUPOSTOS DA EDUCAÇÃO ESPECIAL

# Neurociência e aprendizagem

uma aventura por trilhas
da neuroeducação

Fábio Eduardo da Silva

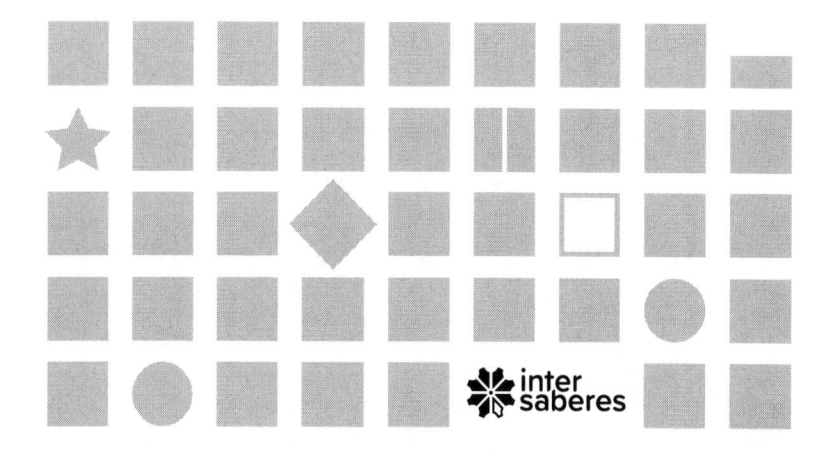

intersaberes

**inter saberes**

Rua Clara Vendramin, 58 . Mossunguê . CEP 81200-170 . Curitiba . PR . Brasil
Fone: (41) 2106-4170 . www.intersaberes.com . editora@intersaberes.com

**Conselho editorial**
Dr. Ivo José Both (presidente)
Drª Elena Godoy
Dr. Neri dos Santos
Dr. Ulf Gregor Baranow

**Editora-chefe**
Lindsay Azambuja

**Gerente editorial**
Ariadne Nunes Wenger

**Assistente editorial**
Daniela Viroli Pereira Pinto

**Preparação de originais**
Ana Maria Ziccardi

**Edição de texto**
Arte e Texto

**Capa e projeto gráfico**
Bruno Palma e Silva (design)
Radachynskyi Serhii/Shutterstock (imagem de capa)

**Diagramação**
Jakline Dall Pozzo dos Santos

**Equipe de design**
Débora Cristina Gipiela Kochani
Iná Trigo
Luana Machado Amaro

**Iconografia**
Regina Claudia Cruz Prestes

---

Dados Internacionais de Catalogação na Publicação (CIP)
(Câmara Brasileira do Livro, SP, Brasil)

---

Silva, Fábio Eduardo da
  Neurociência e aprendizagem: uma aventura por trilhas da neuroeducação/ Fábio Eduardo da Silva. Curitiba: InterSaberes, 2021. (Série Pressupostos da Educação Especial)
  Bibliografia.
  ISBN 978-65-5517-983-5
  1. Educação inclusiva 2. Neurociência 3. Neurociência cognitiva 4. Psicologia da aprendizagem 5. Transtorno do déficit de atenção 6. Transtornos de aprendizagem I. Título. II. Série.

21-58303                                                             CDD-371.92

---

Índices para catálogo sistemático:
1. Neurociência e aprendizagem: Educação especial 371.92
Cibele Maria Dias – Bibliotecária – CRB-8/9427

---

1ª edição, 2021.

Foi feito o depósito legal.

Informamos que é de inteira responsabilidade do autor a emissão de conceitos.

Nenhuma parte desta publicação poderá ser reproduzida por qualquer meio ou forma sem a prévia autorização da Editora InterSaberes.

A violação dos direitos autorais é crime estabelecido na Lei n. 9.610/1998 e punido pelo art. 184 do Código Penal.

# Sumário

11 *Prefácio*
15 *Apresentação*
25 *Como aproveitar ao máximo este livro*

## Capítulo 1

29 **Sistema nervoso e cérebro: organização anatômica e funcional**
30 1.1 Sistema nervoso, neurônio, neurotransmissão e células nervosas
63 1.2 Divisões do sistema nervoso
68 1.3 Neuroanatomia funcional
81 1.4 Córtex cerebral e unidades funcionais de Luria

## Capítulo 2

97 **Desenvolvimento do sistema nervoso, plasticidade, memória e aprendizagem**
98 2.1 Desenvolvimento do sistema nervoso
106 2.2 Plasticidade
109 2.3 Memória
112 2.4 Aprendizagem
134 2.5 Como potencializar a plasticidade, a memória e o aprendizado

## Capítulo 3

- 147 **Emoção e aprendizagem**
- 149 3.1 Neurobiologia das emoções
- 166 3.2 A influência das emoções no ensino/aprendizado
- 171 3.3 Inteligência emocional, autoconhecimento e ensino/aprendizado
- 180 3.4 Emoção, adaptação social e comunicação não verbal
- 185 3.5 Gamificação (*gamification*): emoção maximizada e educação

## Capítulo 4

- 195 **Funções executivas e aprendizagem**
- 196 4.1 Contextualização e conceitos
- 202 4.2 Modelos teóricos das funções executivas
- 208 4.3 Neurobiologia das funções executivas
- 210 4.4 Explorando as funções executivas
- 223 4.5 Funções executivas e aprendizagem

## Capítulo 5

- 237 **O papel da atenção no processamento das informações**
- 239 5.1 Tina, uma criança muito "danada" e com problemas de atenção: apresentação de um estudo de caso
- 240 5.2 Atenção: conceitos e bases neurais
- 252 5.3 Transtorno de déficit de atenção-hiperatividade

## Capítulo 6

- 287 **Neuroeducação e neurodidática**
- 288 6.1 Neuroeducação
- 291 6.2 Francisco, introvertido e criativo: apresentação de um estudo de caso
- 293 6.3 Temas específicos em neuroeducação

| | |
|---|---|
| 337 | 6.4 Neurodidática |
| 348 | 6.5 Avaliação e intervenção: considerações da neuroeducação |
| 355 | 6.6 Leitura e escrita: um olhar neuropsicológico sobre a linguagem |
| 371 | 6.7 Aritmética sob o olhar neuropsicológico |
| 378 | 6.8 Neurociência e educação inclusiva |
| 409 | *Considerações finais* |
| 417 | *Referências* |
| 449 | *Bibliografia comentada* |
| 453 | *Respostas* |
| 455 | *Sobre o autor* |

Dedico esta experiência a meu filho, minhas filhas e minhas enteadas. Também a todas(os) as(os) estudantes que tiveram, têm ou terão dificuldades de aprender e, ainda, a todas(os) as(os) educadoras(es) que tiveram, têm ou terão dificuldades para ensinar.

*Aos fundadores das Faculdades Integradas Espírita (Fies), professores Octávio Melchíades Ulysséa e Neyda Nerbass Ulysséa, queridos anciões de sabedoria e luta, precursores de uma educação do futuro, por terem moldado meu cérebro com seus exemplos. Ao Sr. Walter Correia da Silva, fundador da União Fraterna Universal (UFU), educador do amor, por me ensinar a confiar em mim mesmo, e ao Sr. Eraldo Sebastião Müller e sua esposa, Sra. Ariete de Lourdes Müller, por darem continuidade à obra da UFU.*

*Aos professores Wellington Zangari e Fátima Machado, pela amizade e pelo determinante apoio acadêmico e pessoal ao longo de décadas.*

*À professora Genoveva Ribas Claro, por me acolher com tanto carinho na Uninter. À professora Dinamara Pereira Machado, por me oportunizar crescer, muito! Ao professor Nelson Pereira Castanheira, por reconhecer e apoiar minha criatividade.*

*Ao professor Wilson Picler, fundador do Grupo Uninter, por investir e socializar a educação a distância no Brasil, transformando milhares de vidas, e me permitir colaborar com essa obra.*

*À minha querida esposa, Ana Claudia Paim da Silva, por me ensinar a amar.*

*Se a educação sozinha não transforma a sociedade, sem ela tampouco a sociedade muda.*

(Freire, 2000, p. 67)

# Prefácio

A educação centrada no professor e na informação está com os dias contados. Não pelo fato de os alunos estarem mais impacientes e menos atentos, mas porque hoje temos informações de como o cérebro funciona e aprende. Com base nisso, podemos comprovar a eficácia de determinadas estratégias e formas de ensinar e justificar as falhas de outras.

Uma vez que as informações sobre o desenvolvimento cognitivo, emocional e físico do ser humano deixaram o campo da teoria e passaram a ser estudadas sob o ponto de vista neurocientífico, temos o dever de utilizá-las na educação. Uma vez que descobrimos que o cérebro não é apenas um receptor de informações, mas um órgão extremamente suscetível ao contexto social e cultural e capaz de reorganizar-se de acordo com estímulos, temos a responsabilidade de rever o ambiente educacional, de reconstruí-lo de forma a oferecer as melhores condições para o desenvolvimento humano. Não podemos mais falar em *educação* sem falar em *neurociências*.

Paralelamente aos avanços dos estudos do cérebro, a tecnologia revolucionou nossa relação com as informações. A educação focada na transmissão de dados e acontecimentos ganhou um substituto imbatível que levamos nos bolsos a qualquer lugar. Com isso, finalmente, o conteúdo começa a dar lugar à forma. O que ensinamos passa a ter menos importância do que como ensinamos. Nosso dever não é mais – ou não mais apenas – informar, e sim ajudar a formar habilidades, a moldá-las no cérebro dos alunos para que possam servir de base à aprendizagem contínua e autônoma. Assim, não iremos mais formar pessoas que sabem, mas pessoas que pensam; que têm capacidade não apenas de buscar a informação, mas também de aplicá-la e manipulá-la, contribuindo para a evolução da sociedade. A tecnologia e o livre acesso ao conhecimento, portanto, não tornaram a educação ineficaz, apenas impulsionaram e tornaram urgente a revisão do sistema. A educação não precisa rever métodos que não funcionam mais. Precisa rever métodos que, na verdade, nunca funcionaram – apenas não sabíamos disso, ou não tínhamos os dados e ferramentas que nos permitem contestar.

Hoje, os próprios alunos não nos deixam ignorar a ineficácia da educação passiva, centrada no professor. A acentuada falta de atenção e de interesse dos estudantes, muitas vezes vista como incapacidade de adaptarem-se a uma estrutura inquestionável, evidencia a necessidade de mudança. Crianças e adolescentes que precisam ser medicados para escutar o professor deixaram de ser casos isolados, o que pode ser visto como uma oportunidade de remodelar a educação não de forma a incluir essas pessoas, mas com base nas necessidades que elas apontam.

Tanto os problemas atencionais quanto as dificuldades de aprendizagem ajudam-nos a entender como o cérebro aprende e, assim, como podemos ensinar melhor. Quando o ensino torna-se um desafio, os processos envolvidos na aprendizagem passam a ser analisados e considerados – o que direciona os estudos de neurocognição e possibilita uma educação mais eficaz a todos.

É por essa perspectiva que este livro foi construído: cada cérebro é único, aprende em seu próprio ritmo, de acordo com necessidades, interesses e maturidade próprios, mas por meio de um mesmo processo que envolve diferentes áreas e fatores – emocionais, sociais, motores e cognitivos. Todos eles são abordados pelo autor, bem como a relação entre eles. Dessa forma, esta obra irá fornecer aos profissionais o conhecimento necessário para que possam aplicar, na própria educação ou em seu trabalho como educadores, psicólogos, tutores ou *coaches*, as abordagens mais eficazes para um ensino verdadeiramente transformador. Eles irão entender por que algumas estratégias educacionais antigas jamais deveriam ser abandonadas enquanto podem ser adaptadas para melhores resultados. Irão entender por que corpo e mente, da mesma forma como o pensamento e a emoção, ou o indivíduo e o coletivo, não podem ser vistos como campos separados e independentes e, portanto, devem ser trabalhados de forma associada em qualquer ambiente em que se propõe o desenvolvimento do ser humano. Irão conhecer as funções executivas e compreender a importância de seu desenvolvimento, desde os primeiros anos, para o sucesso dos indivíduos, no sentido mais amplo da palavra.

Conhecendo como o cérebro aprende, os profissionais terão capacidade para criar suas próprias estratégias educacionais, levando em conta seu papel como formador de seres capazes não apenas de decorar fatos, mas também de estabelecer relações, de questionar, gerar pensamentos originais, enxergar diferentes perspectivas e relacionar-se de forma saudável. Este livro também contempla a prática desses conhecimentos neurocientíficos ao apresentar ferramentas que podem ser utilizadas de forma imediata pelos profissionais.

**Michele Müller**
Pesquisadora, escritora, especialista em neurociência clínica, neuropsicologia educacional e mestre em ciências da educação. (https://michelemuller.com.br/)

# Apresentação

Bem-vindo(a) à experiência *Neurociência e aprendizagem: uma aventura por trilhas da neuroeducação*. Nela, vamos sobrevoar extensas áreas. Paisagens conhecidas e desconhecidas, talvez até algumas surpresas e, possivelmente, ao final da viagem, seu cérebro estará diferente! Para apresentar melhor a proposta, iniciamos refletindo sobre seu contexto: a educação básica brasileira.

O Programa Internacional de Avaliação de Estudantes (Pisa) da Organização para a Cooperação e Desenvolvimento Econômico (OCDE) avaliou 70 países em 2015, elaborando um relatório sobre conhecimentos e habilidades dos estudantes. O Brasil participou dessa avaliação e ficou em 63º lugar em ciências, 59º em leitura e 66º em matemática! Segundo Andreas Schleicher, diretor do departamento educacional da OCDE: "Os "países ibero-americanos como o Brasil ainda estão no nível mais baixo de gasto e precisam não só elevar seus investimentos como também aprender a gastá-los de forma mais eficiente" (Apuc, 2018). Países que têm custos iguais ou inferiores aos do Brasil, como Turquia, Tailândia, Uruguai e Colômbia, obtiveram resultados melhores do que os nossos. No entanto, Schleicher acrescenta:

> Ainda vejo o Brasil como uma das poucas histórias de sucesso na América Latina, e eu acho que o copo está mais para metade cheio do que para metade vazio. Entre 2003 e 2015,

adicionou 500 mil alunos, ao reduzir as barreiras que mantinham uma grande proporção de adolescentes fora das escolas. Conforme as populações excluídas ganham acesso a níveis mais avançados de escolaridade, uma proporção maior de alunos com baixo desempenho será incluída nas amostras do Pisa, levando a uma subestimação das melhoras reais do sistema educacional. (Apuc, 2018)

No entanto, os baixos investimentos afetam a estrutura física e funcional das escolas (Ruffato, 2017; Fraga, 2018; OCDE, 2018).

A questão é que as escolas públicas brasileiras não são lugares apropriados para a aprendizagem. Os alunos, em todas as etapas do ensino, assistem aulas em prédios malconservados ou depredados, ministradas por professores desestimulados – que, em número insuficiente, recebem salários baixos e contam com poucos recursos didáticos. Somente 4,5% do total das escolas possuem os itens de infraestrutura previstos no Plano Nacional de Educação. Faltam laboratórios de pesquisa, faltam quadras esportivas, faltam bibliotecas, faltam computadores, falta merenda adequada, falta esgotamento sanitário e, acima de tudo, falta interesse dos pais em participar da vida escolar dos filhos. E todos, alunos, funcionários e professores, vivem acossados pela violência urbana, modalidade em que ocupamos o nono lugar no ranking mundial [segundo OCDE em 2013]. (Ruffato, 2017)

Em abril de 2018, a Comissão de Educação da Câmara realizou audiência pública com a finalidade de avaliar a situação da educação básica brasileira e de fazer um prognóstico para os anos vindouros. Tal balanço levou em conta os dados do censo escolar de 2017 e as perspectivas de investimentos futuros na educação. A avaliação refletiu que houve avanços no ensino superior, mas, na educação básica, na educação infantil e nas séries iniciais do ensino fundamental, os dados são bastante desfavoráveis. No 5º ano, a evasão escolar e a reprovação cresceram. No ensino médio, 27% dos jovens, entre 15 a 17 anos, estão ou fora da escola, ou evadidos, excluídos ou reprovados. Isso significa que, na prática, a cada 4 anos perdemos um orçamento inteiro da educação (Júnior, 2018; Brasil, 2018).

As avaliações indicam também que não são necessárias novas legislações para a educação, mas sim cumprir o Plano Nacional de Educação (PNE), aprovado em 2014. O plano prevê, por exemplo, ao menos, 50% das escolas da educação básica com educação integral até 2024. Passados seis anos (em 2020), apenas 967 das 28 mil escolas de ensino médio brasileiras têm educação integral. Isso representa um avanço de 1% ao ano, ou que, no ritmo atual, precisaremos de 50 anos para alcançar esse objetivo. No ensino fundamental, nenhuma escola com educação integral oficializada e nenhum projeto para implementá-las foi feito! O que existe é o programa Novo Mais Educação, uma estratégia do Ministério da Educação para complementar a carga horária de estudo entre 5 ou 15 horas semanais, tanto no turno como no contraturno escolar, voltado a melhorar a aprendizagem em língua portuguesa e da matemática. Das 181 mil escolas de ensino fundamental, 6 mil foram contempladas, ou seja, 3,31%. Na educação infantil, não foi possível universalizar o acesso à pré-escola, que atende crianças de 4 e 5 anos, previsto desde 2014. Dez por cento dos alunos ainda não são atendidos. Nas creches, que cuidam das crianças de 0 a 3 anos, a situação é pior! Previu-se que, até 2020, todas as crianças seriam atendidas, no entanto apenas 23,5% foi alcançado (Júnior, 2018; Brasil, 2018).

A situação agravou-se com a aprovação da Emenda Constitucional n. 95, de 15 de dezembro de 2016 (Brasil, 2016), que congelou os gastos públicos por 20 anos, excluindo a possibilidade de ampliar os investimentos na educação.

Segundo o Instituto Nacional de Estudos e Pesquisas Educacionais Anísio Teixeira (Inep), o índice de reprovação é de 12% no 3º ano do ensino fundamental e metade dos aprovados não têm nível de leitura suficiente. A Confederação Nacional dos Trabalhadores da Educação (CNTE), na mesma audiência, confirmou a precariedade das condições de trabalho dos profissionais de educação e que, em função disso, muitas vezes, em um ano, quatro professores lecionam uma mesma disciplina, ou seja, a rotatividade é muito grande (Júnior, 2018; Brasil, 2018).

Essa rápida e incompleta reflexão sobre a educação básica no Brasil não pretende indicar que tudo é ruim, mas que o contexto da educação pública é difícil, incluindo a sua imagem vista pela população. Apesar disso, é importante reconhecer que professores(as), gestores(as) e alguns governantes desempenham um trabalho heroico. Conseguem superar, ao menos em parte, essas e outras dificuldades e desenvolvem seu essencial trabalho de contribuir para formar seres humanos. Um exemplo disso pode ser visto no Ceará, estado que tem "as 24 melhores escolas públicas do ensino fundamental, além de 77 entre as cem públicas mais bem ranqueadas do país" (Madeiro, 2018). E o que há de diferente por lá? O material didático é feito pelos professores cearenses e há um pacto dos entre os 184 municípios e o governo estadual com objetivo de promover uma escola de qualidade, de modelo integrado. Na parceria, o governo estadual entrega o material didático e capacita os professores, também rateia o ICMS (Imposto sobre Operações relativas à Circulação de Mercadorias e sobre Prestações de Serviços de Transporte Interestadual, Intermunicipal e de Comunicação) com os municípios, baseado no resultado educacional (Madeiro, 2018):

Na prática, quanto melhor a escola na cidade, mais recursos. Isso coloca a educação na pauta de todos. [...] O Estado ainda premia os estudantes. No final de 2017, por exemplo, os 20 mil melhores do terceiro ano do ensino médio receberam notebooks. Em outra ocasião, foram pagos os custos de tirar carteira de motorista para os 4.000 que que tiraram melhores notas. Também são dadas bolsas aos mil primeiros alunos de baixa renda, que passam um ano recebendo meio salário-mínimo. (Madeiro, 2018)

Selma Garrido Pimenta (citada por Júnior, 2018), do Departamento de Educação da Universidade de São Paulo, reflete sobre a educação brasileira e também reconhece o contexto árido em que está inserida. Ela enfatiza os problemas na formação dos docentes, decorrentes que questões econômicas. Apesar disso, comenta:

há professores e professoras que conseguem, apesar desse quadro trágico, eu diria. E conseguem, porque, em primeiro lugar, eles têm um compromisso que foi construído na sua formação universitária, com o trabalho docente. Eles compreendem que o trabalho docente faz parte de um contexto mais amplo, de uma política geral mais ampla e que o trabalho docente tem uma contribuição importantíssima, que é a de formar bem as crianças para aprenderem a pensar, para compartilhar, para trocar ideias, para dialogar, para construir conhecimento e não simplesmente reproduzir aquilo que foi transmitido. [...] O papel da educação é formar seres humanos e a escola entra nesse processo ao longo da vida das pessoas, possibilitando que, nessa formação, ao mesmo tempo, o aluno entre na sociedade em geral, o que nós chamamos da socialização, como ele entre também na compreensão do mundo onde ele está, de si como sujeito desse mundo. (Garrido Pimenta, citada por Júnior, 2018)

A capacidade de aprender é inata, nasce com todos nós e mantém-se ao longo da vida, constituindo-se condição para sobrevivência. São poucos os comportamentos que nascem conosco, como a sucção, o sobressalto, a marcha e a preensão. A maioria absoluta deles surge na interação com os estímulos ambientais, ou seja, é aprendida (Cosenza; Guerra, 2011; Callegaro, 2011).

"Fizemos uma espécie de troca com a natureza: nossos cérebros são imaturos no nascimento [...], mas desenvolvemos um equipamento neuronal sem paralelo no mundo animal" (Cosenza; Guerra, 2011, p. 33-34).

Alguns aprendizados não necessitam de um(a) professor(a), como aprender a falar, o que ocorre na interação com outras pessoas. Mas, quando consideramos nossas conquistas culturais mais elaboradas – como a linguagem escrita e sua leitura, os cálculos, os esportes e as artes – usualmente precisamos de um instrutor e um espaço organizado (Maia, 2011).

Aprender exige tanto o aparato biológico, a prontidão neurocognitiva, quanto o ensino, mais ou menos estruturado, os estímulos ambientais. [...]

O aprendizado escolar é uma etapa essencial ao desenvolvimento intelectual da criança. É na escola que ela receberá conhecimentos que a tornaram apta a ingressar plenamente na sociedade. [...] Estamos lidando com um momento crítico e definidor de sua vida: a construção de competências para uma sociedade cada vez mais dependente da tecnologia e do saber acadêmico. O fracasso escolar nas civilizações industrializadas representa o fracasso social, devendo ser combatido por todos aqueles interessados na construção de uma juventude saudável. [...]

O professor precisa conhecer melhor com o que está lidando ao ensinar seus alunos, como eles, por vezes sem saber, agem no desenvolvimento de seus pequeninos aprendizes, estimulando competências ou bloqueando potenciais diante de estratégias pedagógicas que não levam em conta a natureza do responsável pelo aprendizado: o cérebro. (Maia, 2011, p. 12-14)

É nesse contexto que a neuroeducação – os conhecimentos e as práticas das neurociências aplicadas ao processo de ensino-aprendizagem – pode ser muito importante (Maia, 2011). As neurociências reúnem um conjunto de disciplinas de diferentes áreas – biológicas, humanas, exatas, saúde, entre outras – que estudam o sistema nervoso nos níveis molecular, celular, sistêmico, ou integrado, comportamental e cognitivo (Purves, 2005; Fiori, 2008). A neuroeducação é área interdisciplinar que integra educação, psicologia e neurociência. Ela desenvolveu-se muito nos últimos anos e tem, entre seus focos, maximizar o processo de ensino-aprendizagem (Cosenza; Guerra, 2011).

> A educação é crucial para a formação e realização do ser humano, do cidadão e da cidadã! No Brasil, as condições econômico-políticas não lhe são muito favoráveis, atualmente. A neuroeducação parece ter grande potencial de maximizar o processo educacional. Esse é o contexto que justifica a presente obra.

Macromudanças envolverão, imprescindivelmente, questões político-econômicas; no entanto, micromudanças individuais e em pequenos/médios grupos são plenamente possíveis, desejáveis e, heroicamente, vêm sendo realizadas! Talvez, qualitativamente, sejam elas a base e o exemplo para aquelas de maior porte. Assim, para contribuir com essas mudanças, buscamos fornecer informações de qualidade sobre o cérebro e o sistema nervoso e a sua relação com ensinar/aprender.

Esta obra é destinada a você, educador ou educadora. Seja pai e/ou mãe, seja professor ou professora, seja gestor ou gestora nas mais diversas áreas, seja outro ou outra profissional, seja voluntário ou voluntária que atue, direta ou indiretamente, na educação formal ou informal. Esta jornada é destinada a todos nós que interagimos com pessoas e nos educamos mútua e continuamente nessa interação. Que sentimos e sabemos o poder da educação para a construção de uma sociedade mais plena, íntegra, inclusiva e harmoniosa. Que colaboramos doando de nós mesmos(as) para que esse sonho que se sonha junto seja uma realidade.

Os conteúdos são distribuídos objetivando apresentar um crescente panorama do tema. O Capítulo 1 traz uma breve introdução ao sistema nervoso e ao cérebro e a sua organização anatômica e funcional, estabelecendo pontes com o ensinar e o aprender. No Capítulo 2, consideramos o desenvolvimento do sistema nervoso e sua plasticidade, os vários tipos de memória e sua relação com a aprendizagem, bem como dicas de como maximizar esses processos. O papel fundamental da emoção na vida e no ensino/aprendizado é encontrado no Capítulo 3. A emoção é o "principal guia de nossa viagem", pois influencia, direta e indiretamente, todos os nossos processos cognitivos e a qualidade das nossas relações interpessoais e intrapessoais. É nosso guia evolutivo e está presente em tudo em nossas vidas; é a base das nossas funções executivas, aquelas que nos caracterizam como humanos, que nos permitem planejar, decidir, resolver problemas, dar continuidade ou modificar uma estratégia, se necessário, raciocinar por meio de categorias e ter fluência verbal e comportamental. Tais funções estão presentes no Capítulo 4.

No Capítulo 5, os temas abordados são a atenção e os processos conscientes e não conscientes. Quão consciente você se percebe agora? O quanto dos estímulos sensoriais que lhe chegam a cada instante tornam-se conscientes para você? Você vai descobrir que é bem menos do que imagina! Explicaremos qual o impacto disso sobre o ensinar e o aprender, bem como faremos com que você observe por quanto tempo você e as crianças conseguem focar e manter sua atenção para que possamos abordar, com mais crítica, as questões que envolvem o transtorno de déficit de atenção-hiperatividade (TDAH).

No Capítulo 6, chegamos à neuroeducação, neurodidática, apesar de nunca delas termos saído. Aqui, vamos fluir pela importância da água, da nutrição, do sono, do exercício e do movimento para o aprender/ensinar. Também sobre o treino da atenção no contexto educacional (*mindfulness* – atenção plena, em português) e suas implicações e aplicações. Por falar em atenção, vamos refletir sobre o uso das novas tecnologias de informação e comunicação, como prendem a atenção de crianças, jovens e adultos e como podem (e devem) ser usadas na prática educacional. Mas estaria "essa nova geração que já nasce com um celular, tablet ou computador" perdendo contato com o mundo real, porque estão mergulhados no mundo virtual? Vamos refletir sobre isso e sobre como integrar essas tecnologias em formas mais ativas de ensinar/aprender. Também sobre como o uso de conhecimentos neurocientíficos pode otimizar as práticas de ensinar e, talvez, até prevenir ou reduzir dificuldades de aprendizagem e "ensinagem". Trataremos também sobre a avaliação e a intervenção das dificuldades de aprendizagem, sobre a leitura, a escrita e a aritmética.

Então, o que lhe parece nosso roteiro de viagem?

Você está pronto(a)? Iniciemos, então, essa desafiadora aventura!

# Como aproveitar ao máximo este livro

Empregamos nesta obra recursos que visam enriquecer seu aprendizado, facilitar a compreensão dos conteúdos e tornar a leitura mais dinâmica. Conheça a seguir cada uma dessas ferramentas e saiba como elas estão distribuídas no decorrer deste livro para bem aproveitá-las.

### Introdução do capítulo

Logo na abertura do capítulo, informamos os temas de estudo e os objetivos de aprendizagem que serão nele abrangidos, fazendo considerações preliminares sobre as temáticas em foco.

### Síntese

Ao final de cada capítulo, relacionamos as principais informações nele abordadas a fim de que você avalie as conclusões a que chegou, confirmando-as ou redefinindo-as.

## Atividades de autoavaliação

Apresentamos estas questões objetivas para que você verifique o grau de assimilação dos conceitos examinados, motivando-se a progredir em seus estudos.

## Atividades de aprendizagem

Aqui apresentamos questões que aproximam conhecimentos teóricos e práticos a fim de que você analise criticamente determinado assunto.

## Bibliografia comentada

Nesta seção, comentamos algumas obras de referência para o estudo dos temas examinados ao longo do livro.

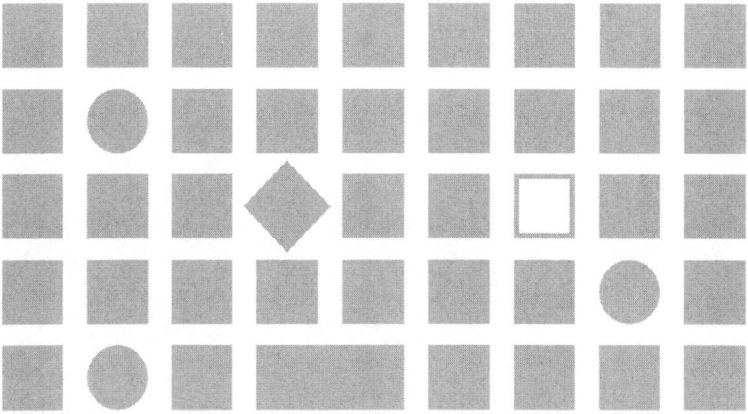

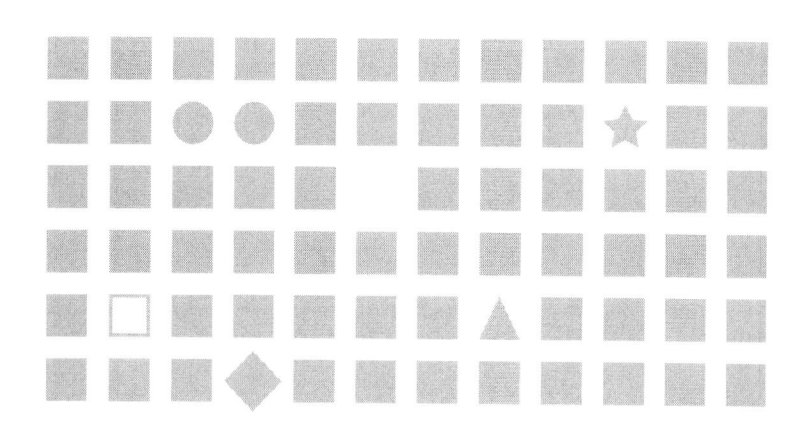

Capítulo 1
# Sistema nervoso e cérebro: organização anatômica e funcional

**Neste capítulo, vamos** tratar sobre o funcionamento do sistema nervoso e, em especial, do cérebro, para que você possa conhecer, ou recordar, as bases neurofisiológicas do ensino-aprendizagem. Como esse processo ocorre na relação entre cérebros, compreendê-lo melhor pode iluminar formas e estratégias didáticas.

Vamos explorar as células nervosas, com ênfase nos neurônios e na comunicação entre eles, bem como as substâncias que ajudam nessa comunicação – os neurotransmissores –, navegando, assim, por esses rios químicos de nossa mente. Também visitaremos o local onde a mágica mais básica do cérebro acontece, a sinapse. Viajar pelo cérebro pode nos surpreender pela complexidade de suas estruturas, desde as mais antigas, que quase nos igualam a outros animais, até as mais recentes, que nos caracterizam como humanos. Talvez possamos descobrir um novo olhar sobre nós e, consequentemente, sobre nossas(os) aprendizes, com suas múltiplas necessidades, que são sempre especiais! Por fim, talvez percebamos que esse olhar pode ser inovador, descortinando-nos novas possibilidades teóricas e práticas!

## 1.1 Sistema nervoso, neurônio, neurotransmissão e células nervosas

Para sobreviver, os seres vivos precisam perceber, interpretar e interagir com o ambiente onde vivem. Na busca de alimentos ou parceiros sexuais, protegendo-se de perigos, estabelecendo e mantendo vínculos sociais que vão facilitar o suprimento dessas necessidades, nós, humanos, precisamos emitir comportamentos adaptativos eficazes. No reino animal, ao qual pertencemos, é o **sistema nervoso** que estabelece a comunicação entre o organismo e seu meio e entre suas diversas partes internas. É pelo **cérebro**, a parte mais importante do sistema nervoso, que percebemos conscientemente estímulos ambientais que nos chegam pelos sentidos sensoriais, os processamos e elaboramos respostas adaptativas. É por meio dele que nos emocionamos, que sentimos tristeza ou alegria, que somos capazes de aprender e nos modificar ao longo da vida, que conseguimos focar nossa atenção em certos estímulos, inibindo outros, bem como pensar, planejar, julgar e tomar decisões. Algo muito interessante é dizer que o cérebro trabalha em silêncio, pois a maior parte de sua atividade ocorre fora de nossa consciência ou controle; percebemos seu produto, mas não seu trabalho (Cosenza; Guerra, 2011; Ferreira, 2014; Callegaro, 2011).

### 1.1.1 Neurônio e neurotransmissão

Os neurônios são as unidades básicas do sistema nervoso (SN) e são especializados em comunicação. Espalhados por todo o corpo, formam redes (curtas ou longas) de informação e se comunicam por impulsos bioelétricos ou sinais químicos. Recebem e avaliam as informações de neurônios vizinhos, podendo repassar para outros neurônios ou inibir a continuação dos sinais. Um neurônio pode fazer conexões com centenas de milhares de neurônios e, simultaneamente, receber informações de outras centenas de milhares de células

(Cosenza; Guerra, 2011; Ferreira, 2014; Gazzaniga; Heatherton, 2005; Coquerel, 2013; Gazzaniga; Ivry; Mangun, 2006).

Conforme as funções e a localização, os neurônios podem assumir diferentes formatos e tamanhos. Usualmente, têm cinco partes: um (1) corpo celular, os (2) dendritos e o (3) axônio, que são prolongamentos, (4) bainha de mielina e os (5) botões terminais, como ilustra a Figura 1.1. (Santos; Andrade; Bueno, 2015). A figura apresenta um modelo clássico, mas existem vários outros tipos de neurônios. Junto do corpo celular estão os **dendritos**, prolongamentos ramificados que aumentam o campo de recepção de informações do neurônio. Eles recebem informações de outros neurônios e repassam para o corpo celular, ou soma. A maioria os dendritos têm saliências pequenas (espinhas dentríticas), que recebem as informações que chegam das outras células neuronais. Essas informações são integradas e avaliadas no **corpo celular**, local onde fica sua carga genética, ou seja, seu "*software*" de ação (Ferreira, 2014; Higgins; Georg, 2010).

**Figura 1.1** – Neurônio clássico

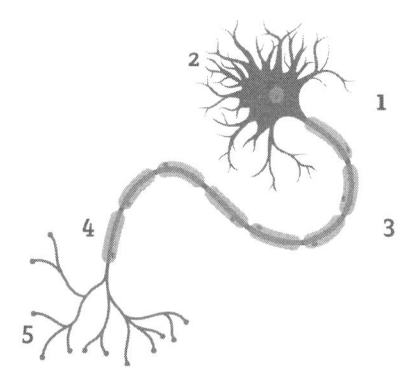

Se autorizado, do corpo celular, o sinal segue para o (3) axônio, que o conduz e o repassa para outros neurônios. Isso ocorre através de ramificações em seu final, chamadas de (5) *botões terminais*. Os (3) axônios têm tamanhos que variam de milímetros a mais de um metro. A maioria deles é revestida por uma camada gordurosa, a (4) bainha de mielina, voltada a acelerar os impulsos elétricos ao longo dos axônios. Se estiverem no cérebro ou na medula espinhal, axônios juntos formam tratos, locais em que todos são mielinizados. Fora desses locais, são denominados *nervos*, os quais fazem a ponte informacional entre cérebro e corpo (Gazzaniga; Heatherton; Halpern, 2018; Santos; Andrade; Bueno, 2010; Kolb; Whishaw, 2002).

**Sinapse** é o local onde as células nervosas se comunicam umas com as outras (Figura 1.2). Usualmente, a comunicação implica a liberação de substâncias químicas, os neurotransmissores. A maior parte das sinapses são químicas, no entanto, algumas são apenas **elétricas**, nesses casos, as membranas das células estão em contato, havendo uma continuidade entre uma e outra por meio de junções comunicantes (Gazzaniga; Heatherton, 2005; Gazzaniga; Ivry; Mangun, 2006; Kandel et al., 2014).

Com algumas exceções, a sinapse consiste em três componentes: (1) o terminal axónio pré-sináptico, (2) o alvo na célula pós-sináptica e (3) a zona de aposição entre as células. Com base na estrutura da zona de aposição, as sinapses são classificadas em dois grupos principais: elétrica e química. Nas sinapses elétricas, o terminal pré-sináptico e a célula pós-sináptica estão em estreita aposição em regiões chamadas de junções comunicantes. A corrente gerada por um potencial de ação no neurônio pré-sináptico entra diretamente na célula pós-sináptica através de canais especializados que formam uma ponte entre as células, chamado de *canal de junção comunicante*, o qual conecta fisicamente os citoplasmas das células pré e pós-sinápticas. Nas sinapses químicas, uma fenda (espaço) separa as duas células, de modo que elas não se comunicam através de canais comunicantes. Nestas sinapses, um potencial de ação na célula pré-sináptica leva à liberação de transmissores químicos do terminal nervoso. O transmissor difunde-se pela fenda sináptica e liga-se a moléculas receptoras na membrana pós-sináptica, de modo a regular abertura ou o fechamento de canais iônicos na célula pós-sináptica. (Kandel et al., 2014, p. 155)

Complementando as informações da citação anterior, temos que:

As sinapses são os locais de regulação do fluxo do impulso nervoso, de natureza elétrica, e dependem de trocas iônicas nas membranas plasmáticas dos neurônios. Nesse local, o sinal elétrico que chega através do axônio (pré-sináptico) é transformado em sinal químico (nas sinapses químicas), na forma de neurotransmissores, os quais são liberados na fenda sináptica para os receptores dos dendritos pós-sinápticos. Como resultado o sinal poderá ser transmitido adiante (excitado) ou impedido de seguir (inibido). (Silva, 2017e, p. 5)

**Figura 1.2** – Sinapse

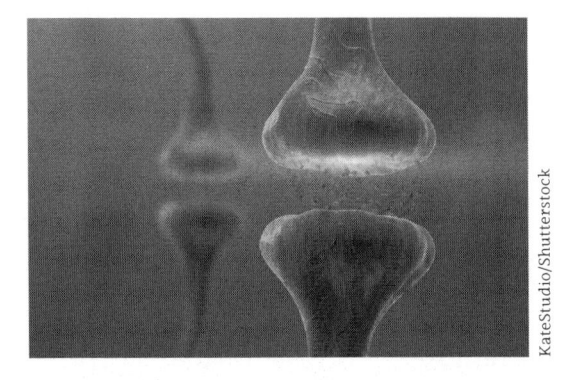

*KateStudio/Shutterstock*

Na sequência, veremos as células nervosas e, em seguida, os neurotransmissores, que regulam a maioria das sinapses.

## 1.1.2 Células nervosas

Podemos considerar três tipos básicos de neurônios. Os **sensoriais** trazem as informações, ou estímulos sensoriais, percebidas pelos receptores periféricos para o sistema nervoso central (SNC), chamados de *aferentes*, visto que transmitem as informações do corpo para o cérebro; ao contrário dos neurônios **motores** (*eferentes*), que levam informações para fora do SNC e, como sugere o nome, geram o movimento. Os neurônios de **associação** fazem conexões entre os neurônios, integrando a atividade neural dentro de uma área restrita (Gazzaniga; Heatherton, 2005; Ferreira, 2014).

Além dos neurônios, outras células que compõem o SNC são chamadas de **células da glia**, ou **gliais**. Nove vezes mais numerosas do que os neurônios, servem de apoio aos neurônios e atuam na comunicação, modulando as sinapses. Existem três tipos de células gliais:

1. **Micróglias**: Quando ocorrem lesões, elas aumentam sua quantidade para remover os detritos celulares da região lesionada.
2. **Oligodendrócitos**: Produzem e envolvem os axônios em uma camada isolante elétrica – bainha de mielina –, que aumenta sua velocidade de transmissão do potencial de ação.
3. **Astrócitos**: Preenchem os espaços entre os neurônios com várias funções – mantêm a barreira hematoencefálica, ligada à permeabilidade seletiva das células; regulam quimicamente o líquido extracelular; apoiam a estrutura neuronal; levam nutrientes aos neurônios; modulam atividade elétrica na sinapse (Higgins; Georg, 2010).

Os **astrócitos** desempenham uma série de funções essenciais para a homeostase do SNC [...], incluindo manutenção dos níveis iônicos do meio extracelular, alterados com a descarga de potenciais de ação dos neurônios; captação e liberação de diversos neurotransmissores, tendo um papel crítico no metabolismo do neurotransmissores, glutamato e GABA; participação na formação da barreira hematoencefálica; secreção de fatores tróficos essenciais para a sobrevivência e diferenciação dos neurônios, direcionamento de axônios e formação e funcionamento das sinapses [...]. (Gomes; Tortelli; Diniz, 2013, p. 64)

Os três tipos de neurônios (sensoriais, motores e de associação), crucialmente apoiados pelas células da glia, realizam a transmissão dos sinais eletroquímicos que, como fios espalhados em todo o corpo, permitem nosso sistema nervoso funcionar. Como você já entendeu, essa condução é, na maioria das vezes, mediada pelos neurotransmissores, fundamentais no processo de ensino-aprendizagem.

A seguir, vamos tratar, com mais detalhes, sobre neurotransmissores e sua relação nesse processo.

## 1.1.3 Neurotransmissores

Como você já compreendeu, as sinapses químicas implicam a presença de neurotransmissores, substâncias armazenadas no neurônio pré-sináptico e liberadas na fenda sináptica pela excitação desse neurônio, podendo excitar ou inibir o impulso eletroquímico. Algumas drogas podem aumentar ou diminuir a ação dos neurotransmissores, sendo chamadas de *agonistas* e *antagonistas*, respectivamente (Gazzaniga; Heatherton, 2005).

A seguir, vamos sobrevoar os principais neurotransmissores, fazendo conexões, quando possível, com o processo de ensino-aprendizagem. Iniciamos pelas monoaminas, que têm estrutura molecular básica igual. Nessa categoria, estão incluídas a **serotonina**, a **dopamina**, a **epinefrina**, que já foi chamada de *adrenalina*, e a **norepinefrina**, anteriormente conhecida por *noradrenalina*. Esses neurotransmissores, em geral, regulam os estados de excitação (ex. a vigília), sensações, afeto (sentimento) e motivação do comportamento. São determinantes para o funcionamento cerebral, ainda que, em termos de quantidade, eles constituem uma diminuta minoria (Higgins; Georg, 2010; Gazzaniga; Heatherton; Halpern, 2018).

**Serotonina**
Conhecida por seu importante efeito sobre o **sentimento de bem-estar e de felicidade**, a serotonina participa da regulação do humor, do apetite, do sono, da atividade sexual e da temperatura corporal. É importante para funções cognitivas, memória, sonhos, aprendizado e comportamento emocional (Mascaro, 2018; Brann, 2015).

Em níveis e atividade baixos, a serotonina está relacionada a dificuldades para retardar a gratificação (controle da impulsividade), criar bons planos e alcançar metas. Em contrapartida, é bom imaginar os momentos futuros em que as metas forem alcançadas, porque isso aumenta níveis de serotonina, o que ajuda com os processos de planejamento, retardo das gratificações e conquistas das metas (Brann, 2015; Gazzaniga; Heatherton; Halpern, 2018).

De volta do futuro para o passado, a lembrança de memórias felizes, como uma conquista ou outras experiências positivas, aumenta a produção de serotonina no córtex cingulado anterior (CCA), responsável pelo controle da atenção. Já o comportamento oposto, o de ruminar lembranças ruins, produz o efeito contrário, a redução da produção de serotonina no CCA. Uma boa dica, considerando essa informação, seria iniciar o dia com uma atitude de gratidão, recordando conquistas passadas e imaginando um futuro com novas vitórias, exercício que pode conduzir a maior produtividade durante esse dia, justamente pelo aumento da produção e liberação da serotonina (Brann, 2015).

Importante notar que não apenas os fatos positivos em nosso passado, presente e futuro são dignos de agradecimento. Aqueles percebidos como negativos, ou as adversidades, as falhas e os fracassos, são também cruciais para o nosso crescimento e a nossa realização. Agradecer por eles, refletindo sobre o quanto nos ajudaram, ajudam e ajudarão a crescer, é integrar o "outro lado da moeda", o lado "escuro", para assim nos tornarmos mais inteiros e fortalecidos(as).

A serotonina também é fundamental, junto com a dopamina, no processo de regulação do apetite. A dopamina nos dá o prazer e a vontade de seguir comendo, enquanto a serotonina contribui para indicar a sensação de saciedade. Por essa razão, seus níveis baixos estão relacionados ao aumento de peso (Brann, 2015).

Outros elementos importantes para a produção e a liberação da serotonina incluem (Brann, 2015):

a) **Exercício físico**: Desde que não seja de forma forçada. Portanto, saber disso pode ser um bom motivo para se fazer exercícios físicos;

b) **Exposição à luz solar**: A pouca exposição solar, mais comum no outono e no inverno, produz o aumento do transtorno afetivo sazonal (*Seasonal Affective Disorder* – SAD), pela redução da produção de serotonina;

Enquanto a serotonina é liberada pelos neurônios na glândula pineal do cérebro, ela tem efeitos em todo o corpo. Está envolvida na regulação do ciclo do sono e dos ritmos circadianos (juntamente com a melatonina) e é afetada pela luz solar. A luz solar tem luz ultravioleta como parte constituinte e nossa pele absorve isso para produzir vitamina D, que é importante para promover a produção de serotonina. (Brann, 2015, p. 67, tradução nossa)

c) **Massagens**: Como sugerem os estudos com mulheres depressivas grávidas e com bebês de mães depressivas, em ambos os casos, as sessões de massagens aumentaram, significativamente, os níveis de serotonina.

d) **Alimentação**: Cerca de 90% da serotonina é produzida no trato digestivo (Ghadiri; Habermacher; Peters, 2012). Ela é produzida por meio de um aminoácido essencial, o *triptofano*, presente em vários alimentos, como frutas (bananas, abacaxi, tâmaras, ameixa, kiwi), leite e derivados (iogurte, queijo), carnes (aves, frutos do mar, como salmão, atum, camarão, fígado de boi), cacau e chocolate, ovos, sementes de gergelim, girassol e abóbora, feijão, lentilhas, espinafre, cenoura, arroz integral, gérmen de trigo e farinha integral, frutos oleaginosos (como nozes e castanha de caju), tomate e batata. A suplementação vitamínica do complexo B e de minerais, como cromo e magnésio, é útil, visto que estimulam a conversão do triptofano em serotonina (Brann, 2015; Mascaro, 2018; Marane, 2016). "Alguns alimentos são mais especiais porque têm alta proporção de triptofano para fenilalanina e leucina (dois outros aminoácidos), proporção conhecida por aumentar os níveis de serotonina. Então, comer tâmaras, mamão e banana parece um bom plano" (Brann, 2015, p. 67, tradução nossa).

Em contrapartida, os níveis de serotonina decrescem com a ingestão do álcool.

Beber uma quantidade média de álcool leva a uma diminuição de cerca de 25 por cento do triptofano, o que se traduz em uma diminuição semelhante na serotonina. Sugere-se que alguns dos comportamentos sexuais e impulsivos mais arriscados ligados ao consumo de álcool sejam, pelo menos em parte, resultado da diminuição dos níveis de serotonina que normalmente têm um papel na regulação desses comportamentos. (Brann, 2015, p. 67, tradução nossa)

e) Sono: fator também importante, tanto em termos de qualidade como quantidade (Brann, 2015). Ainda que essa quantidade possa mudar de pessoa para pessoa, em média, 7 a 8 horas costumam ser indicadas. Para que o sono tenha qualidade, um elemento importante é a escuridão e o silêncio:

A presença de luminosidade à noite, principalmente durante o sono, inibe a atividade da glândula pineal, interferindo com a produção Não só de serotonina, mas de suas irmãs, melanina e melatonina, esta última responsável pelo aprofundamento do sono, rumo aos seus níveis mais reparadores e recuperadores dos tecidos do corpo. a Escuridão absoluta e silêncio são fundamentais para que o cérebro possa se desligar do mundo externo e cuidar da sua própria manutenção e da do corpo [...]. (Mascaro, 2018, p. 287)

E quando a nossa serotonina não vai bem? Nós sofremos! O que acontece?

Ciclo sono-vigília alterado, mau humor matinal, irritabilidade, cansaço e impaciência, sonolência durante o dia, inibição da libido, perda ou ganho de peso (craving [ânsia] por doces), dificuldade de aprendizagem, distúrbios de memória e concentração. (Mascaro, 2018, p. 287)

Alterações, para mais ou para menos, dos níveis deste neuromodulador estão relacionadas, em diferentes graus, a diversos distúrbios como deficiências atencionais, alterações do humor, processos depressivos, e até comportamentos agressivos em crianças, jovens e adultos. (Mascaro, 2018, p. 286)

Quando em níveis muito elevados, a serotonina pode também aumentar o pensamento obsessivo, a agressividade e ainda os níveis de euforia/delírio. (Rodrigues; Oliveira; Diogo, 2015, p. 61)

E quando a serotonina dos(as) estudantes não vai bem? Dificuldades ou impossibilidade de aprendizagem! Por isso, as dicas para que funcione bem devem ser implementadas e os elementos que a tornam disfuncional, evitados.

**Dopamina**

Outro neurotransmissor crucial para o bom funcionamento cerebral é a **dopamina**, que exerce função em vários processos, como motivação, recompensa e punição, regulação do prazer, fluxo do pensamento, controle motor, movimento voluntário, planejamento, memória de trabalho, atenção, concentração,

**aprendizado** e tomada de decisão (Brann, 2015; Mascaro, 2018; Gazzaniga; Heatherton; Halpern, 2018).

Pessoas com baixos níveis de dopamina carecem de entusiasmo pela vida, são desmotivadas e distraídas, não raro, dependentes de estimulantes para viver. Além disso, costumam sofrer com comportamentos disruptivos e compulsivos [vícios], seja pelo uso e abuso de cafeína, álcool, açúcar, e drogas pesadas, seja pela compulsão incontrolável por compras, sexo, poder ou jogos de azar ou de vídeo. (Mascaro, 2018, p. 289)

A dopamina relaciona-se com comportamentos motivados em função de que está diretamente relacionada à sensação de prazer: quando temos sede ou fome e podemos saciá-las; quando estamos excitados e podemos ter relação sexual. Nesses momentos, sentimos prazer porque ocorre a liberação de dopamina. O que também acontece quando vivemos experiências positivas inesperadas, como ganhar um presente ou ser positivamente reconhecido(a) em público por algum feito. Nesses momentos, sentimo-nos motivados(as) a repetir aqueles comportamentos para que possamos sentir mais prazer no futuro. Aliás, antever experiências de prazer também ativa os neurônios dopaminérgicos, fazendo-nos sentir prazer por antecipação, o que, na prática, significa motivação. Mas, se a gratificação não ocorre, os neurônios da dopamina são suprimidos. Como você pode observar, esse neurotransmissor está relacionado ao aprendizado sobre recompensas (prazer). Em complemento, aprender sobre quando coisas ruins cessam é semelhante a receber recompensa quando as coisas boas acontecem (Brann, 2015; Gazzaniga; Heatherton; Halpern, 2018).

A dopamina também é importante no fluxo de informações nos lobos frontais e participa da tomada de decisão: quando consideramos opções alternativas ao tomar decisões na vida real, a dopamina tem um papel na sinalização do prazer esperado desses possíveis eventos futuros. Então, usamos esse sinal para fazer nossas escolhas. Portanto, níveis mais altos de dopamina nos tornam mais propensos a avaliar algo de maneira favorável e, posteriormente, a escolher. (Brann, 2015, p. 65, tradução nossa)

Interessante perceber que níveis mais elevados de dopamina nos tornam propensos a fazer escolhas com as quais teremos gratificação instantânea, prazer rápido, em vez daquelas que são melhores, mais significativas, mas em longo prazo. Quase todos os dias, tomamos decisões como estas: manter a dieta ou comer uma barra de chocolate, estudar para uma prova ou assistir a um pouco mais de televisão, comprar algo que se apresenta atrativo no presente ou economizar e aguardar um momento certo/futuro para poder comprar algo mais significativo ou aquele mesmo bem em condições mais favoráveis.

O professor Ray Dolan, citado por Brann (2015), da University College London, realizou um experimento com essa temática. Metade dos participantes receberam placebo e a outra metade L-Dopa, um componente formador da dopamina que faz esse neurotransmissor aumentar seu efeito no cérebro. O L-Dopa é bastante usado em pessoas com a doença de Parkinson, pois seus efeitos reduzem tremores, rigidez, lentidão e ainda auxiliam no equilíbrio físico. Os participantes do estudo fizeram várias escolhas entre dois tipos "menor, mais cedo" ou "maior, depois". Por exemplo, receber 15 libras esterlinas em duas semanas ou 57 em seis meses. Aqueles participantes que tinham níveis mais elevados de dopamina optaram pela primeira opção, ou seja, gratificação imediata em detrimento de uma vantagem maior posterior. Esse experimento evidencia a importância dos níveis de dopamina na tomada de decisão, os quais precisam ser equilibrados para que decisões voltadas ao longo prazo possam ser efetivadas (Brann, 2015; Gazzaniga; Heatherton; Halpern, 2018).

Como comentamos, a dopamina está relacionada a comportamentos de vício de vários tipos, como cafeína, álcool, açúcar/doces e drogas pesadas, entre outros. Quando nos viciamos em algo, precisamos, cada vez mais, do estímulo para obter os mesmos níveis de dopamina. Um exemplo trivial é o abuso do café:

> Em ambientes corporativos, muitas vezes, é a norma para as pessoas beberem grandes quantidades de café. A cafeína, junto com gorduras saturadas e alimentos refinados, não são ótimos para o funcionamento do cérebro. Quando comemos muitos alimentos não saudáveis (*junk food*), nossa produção de dopamina é inibida. Isso pode ter um impacto direto em nossa produtividade. Conforme o tempo passa, podemos precisar de mais cafeína para obter o mesmo "sucesso"– e essa espiral negativa não é ideal. (Brann, 2015, p. 57, tradução nossa)

A cocaína é outro exemplo, entretanto, nada trivial. Ela bloqueia a reabsorção da dopamina, elevando seus níveis desproporcionalmente em relação àqueles considerados normais, por isso produz superexcitação, prazer e euforia prolongados (Rodrigues; Oliveira; Diogo, 2015).

Em níveis muito elevados ou baixos demais, a dopamina produz efeitos disfuncionais no cérebro e, consequentemente, no comportamento. A baixa concentração desse neurotransmissor, por exemplo, também tem sido relacionada com a doença de Parkinson e a esquizofrenia, além de TDAH – esta última correlação, no entanto, é controversa na literatura (Brann, 2015; Gazzaniga; Heatherton; Halpern, 2018; Mascaro, 2018).

Segundo Mascaro (2018, p. 289), são "sinais e sintomas de que a sua dopamina anda meio baixa: falta de motivação, fadiga, procrastinação, problema de sono, mudanças de humor, perda de memória, incapacidade de concentrar".

Neste momento, o leitor deve estar pensando em como elevar seus níveis. Iniciemos pela **alimentação**: amêndoas, banana, abacate, aveia, óleo de oliva, chá verde, são adequados para a sua promoção, bem como a ingestão de vitaminas do complexo B, vitamina C e de minerais como cobre, ferro, magnésio, manganês e zinco. Incluímos ainda o tempero cúrcuma, a planta *ginkgo biloba* e probióticos, ou as bactérias "boas", benéficas ao intestino, como a coalhada, o chucrute, *kimchi, shoyu* e, talvez o mais conhecido, *kefir*[1] (Mascaro, 2018; Carreiro, 2016).

---

1   Segundo Carreiro (2016, p. 179), "o kefir contém: leveduras, bactérias produtoras de ácido lático e acético, várias espécies de *lactobacillus, streptococcus, lactococcus*, além de nutrientes como: ácido fólico, vitaminas B5, B6, B3, B12, vitamina K, biotina, cálcio, carboidratos, fósforo, gordura, lactase, magnésio, proteínas e aminoácidos isolados".

Outra atividade muito importante é o exercício físico! Novamente, ele! Por aumentar os níveis de cálcio no sangue, estimula também a produção e absorção da dopamina. Por razões semelhantes, exercícios para o cérebro (neuróbicos) e meditação são fortemente sugeridos. Como também o são a elaboração de metas e desafios de curto e longo prazo, a participação em projetos novos, criativos (Brann, 2015; Massaro, 2018). Por fim, algo, talvez, diferente:

> Acredite, finalizar o banho com uma ducha de água fria pode aumentar sua dopamina em até 250%! Tanto é assim que é muito comum ouvir relatos, de quem mantém esse hábito, de que a ducha fria melhora o humor e a produtividade, às vezes mais intensamente que uma xícara de café! (Mascaro, 2018, p. 290)

E como equilibrar a dopamina dos(as) estudantes?

Além das dicas anteriores sobre alimentação, exercícios físicos e mentais (neuróbicos) e meditação, ou relaxamento, pensemos em aplicar essas ideias numa prática docente.

Imagine que temos uma meta, uma tarefa estudantil, de médio ou longo prazo. Pensar, imaginar sobre o futuro, quando essa meta for conquistada, e todos os benefícios que trará, produz, como comentamos, **antecipação de prazer**, ou seja, a liberação de dopamina, o que, na prática, é motivação para realizar tal tarefa. Mas, como podemos observar, a dopamina está mais relacionada a gratificações imediatas, por isso precisamos pensar não apenas no resultado final, mas também nas pequenas tarefas que vamos realizar e que serão pequenas conquistas, alinhadas com o objetivo final. Imaginar isso é mais dopamina sendo liberada. Por fim, ao iniciarmos as tarefas, precisamos recompensar cada uma delas, ou mesmo no decorrer delas.

Pequenas recompensas mais cedo nos potencializam no que estamos fazendo em direção à meta maior. Fortalecem-nos, motivam, auxiliam a enfrentar as dificuldades. Mesmo quando falhamos em algum(s) momento(s) – e vamos falhar, porque somos humanos –, podemos procurar os aprendizados da situação e como eles nos fortalecem para seguir a tarefa. E aí, adivinhou? Sim, mais dopamina! Todo esse processo pode – e, em certa medida, deve – ser estimulado pelo(a) mediador(a), treinador(a) (Brann, 2015).

A dopamina é o neurotransmissor ligado ao **sistema de recompensa** do cérebro, que gratifica, com prazer, comportamentos que devem se relacionar, direta ou indiretamente, com a sobrevivência do organismo. Esse sistema será mais bem apresentado no Capítulo 2.

**Epinefrina (adrenalina) e norepinefrina (noradrenalina)**
Vamos considerar as duas últimas monoaminas em conjunto. A **epinefrina** está relacionada a uma **explosão de energia** em todo o organismo, fenômeno ligado à preparação do corpo para enfrentar desafios ambientais de "luta ou fuga". Sua liberação estimula o sistema nervoso autônomo simpático, que produz a aceleração dos batimentos cardíacos, a liberação da glicose pelo fígado, a dilatação da pupila, entre outras reações voltadas para potencializar o organismo a resolver a situação de emergência. Se for liberada continuamente, temos o estresse e o consequente desgaste do organismo (Marane, 2016; Gazzaniga, Heatherton; Halpern, 2018).

Os neurônios de epinefrina são poucos e desempenham uma função menos importante no SNC. A maioria da epinefrina no corpo é produzida na medula adrenal e excretada com estimulação simpática. Portanto ela tem um papel muito mais importante fora do cérebro, como hormônio, do que dentro, como neurotransmissor. (Higgins; Georg, 2010, p. 56)

Como você pode concluir, a epinefrina tem efeito excitatório e atua mais fora do SNC, ao contrário do que ocorre com a **norepinefrina**, relacionada à inibição dos potenciais de ação, com efeito no SNC, principalmente no cérebro. Essa monoamina está diretamente relacionada à **manutenção da atenção** (Gazzaniga; Heatherton; Halpern, 2018; Higgins; Georg, 2010). "A norepinefrina está envolvida nos estados de excitação e de alerta. É especialmente importante para a vigília, uma sensibilidade aumentada ao que acontece a seu redor. A norepinefrina parece ser útil para fins de ajuste fino da clareza da atenção" (Gazzaniga; Heatherton; Halpern, 2018, p. 86).

Ela inibe as respostas aos estímulos fracos ou distrativos e reforça aqueles mais fortes, foco da atenção. Cerca de 50% da norepinefrina é localizada no *locus ceruleos*, por isso lesões nessa estrutura reduzem a habilidade de ignorar estímulos indesejados (Gazzaniga; Heatherton, 2005; Higgins; Georg, 2010). A norepinefrina tem "função importante para o estado de alerta. O disparo do *locus ceruleos* aumenta ao longo de um espectro que vai da sonolência à prontidão, sendo que o mais baixo ocorre quando dormimos e o mais alto quando estamos hipervigilantes" (Higgins; Georg, 2010, p. 55).

Como você pode ter deduzido pela citação anterior, a norepinefrina está relacionada também com a preparação para situações de perigo ou risco, quando o *locus ceruleus* fica muito ativo. Os neurônios da norepinefrina, localizados nas áreas periféricas, também ficam ativos em resposta a essas situações de perigo. Além disso, esse neurotransmissor relaciona-se com orientação, recompensa, analgesia, fome (busca de alimentos) e sede, entre outras motivações. Disfunções em sua atividade estão relacionadas ao estresse, ao transtorno de estresse pós-traumático e à depressão (Lambert; Kinsley, 2006; Higgins; Georg, 2010; Gazzaniga; Heatherton, 2005).

Levando em conta nosso foco, a educação, podemos considerar que esses dois neurotransmissores (epinefrina e norepinefrina) são também muito importantes. O primeiro, relacionado a situações de risco, deve ser evitado no ambiente educacional, visto que o aprendizado em um ambiente que estimule o medo é muito pequeno ou nulo. Ao contrário, o ambiente educacional deve proporcionar segurança e um clima afetivo positivo e acolhedor. Algumas atividades escolares, físicas ou mesmo afetivo-cognitivas podem envolver aventura e um pouco de risco, nesses casos, a epinefrina é bem-vinda.

Quanto à norepinefrina, ela é bem-vinda sempre, visto seu papel crucial na atenção, importante para o aprendizado.

A norepinefrina e a epinefrina, bem como a dopamina, são sintetizadas pela tirosina, aminoácido não essencial que pode ser obtido por alimentos (Marane, 2015). Novamente, a nutrição como elemento importante para a produção de neurotransmissores e, consequentemente, para o aprendizado!

Segundo Golan, citado por Marane (2016, p. 31), "a maior parte da tirosina é obtida através de alimentos como: legumes, verduras, ervilhas, feijão, nozes, castanha-do-pará, castanha de caju, abacate, centeio e cevada".

Avancemos para outro neurotransmissor importante: a acetilcolina.

## Acetilcolina – ACh

Primeiro neurotransmissor descoberto, em 1920, a **acetilcolina** tem como função básica a junção neuromuscular, ou seja, a junção entre nervos e músculos, como no coração, nos pulmões e nos músculos. Envolvida também em processos mentais, por meio de suas projeções para o hipocampo, relaciona-se com **o aprendizado e a memória** (Gazzaniga; Heatherton; Halpern, 2018; Higgins; Georg, 2010).

Pesquisas concentradas na aprendizagem e na memória mostram que os fármacos que aumentam a atividade da acetilcolina auxiliam a memória, ao passo que quaisquer perturbações na neurotransmissão de acetilcolina no sistema nervoso central comprometem a memória. Um exemplo doloroso dos devastadores efeitos da perturbação na acetilcolina ocorre na doença neurodegenerativa conhecida como doença de Alzheimer. (Lambert; Kinsley, 2006)

A ACh também participa na atenção, no humor, no ciclo do sonho, com MRO (movimento rápido dos olhos) (Gazzaniga; Heatherton; Halpern, 2018; Higgins; Georg, 2010; Lambert; Kinsley, 2006). Portanto, a ACh é muito importante para o aprendizado e, como vários outros neurotransmissores, tem relação estreita com a alimentação. Seu precursor é a colina, disponível em vários "alimentos de origem animal e vegetal, como fígado, ovos, carnes, peixes, camarão, soja, farelo de aveia, feijão, couve de bruxelas, brócolis e couve-flor" (Marane, 2016, p. 45).

Passemos, agora, para a próxima categoria, os aminoácidos.

**Gaba e glutamato**

Os aminoácidos glutamato e gaba – ácido gama-aminobutírico – são neurotransmissores inibitórios e excitatórios gerais no cérebro, respectivamente. São eles que fazem o trabalho mais intenso. Em termos de quantidade, são a maioria esmagadora entre os neurotransmissores, algo como 91% da quantidade total (Higgins; Georg, 2010).

O **gaba** – ácido gama-aminobutírico – é o principal neurotransmissor **inibitório**, o freio do cérebro! Em termos de quantidade, ele representa cerca de 32% dos neurotransmissores e é usado por cerca de 25% dos neurônios do córtex cerebral. Produz a inibição dos potenciais de ação, permitindo o equilíbrio sináptico. Se não agir de forma eficiente, pode produzir convulsões. O aumento de sua atividade – o que pode ser induzido por alguns fármacos – é eficaz para o tratamento de epilepsia, insônia, dor, ansiedade e como complementar ao tratamento da mania (Higgins; Georg, 2010; Rodrigues; Oliveira; Diogo, 2015; Brann, 2015; Gazzaniga; Heatherton; Halpern, 2018).

Seus níveis adequados são necessários para o equilíbrio mental, a paz, a concentração e o sono que refaz o organismo. Em níveis elevados, relaciona-se com o abuso de álcool e com a depressão (Brann, 2015).

O **glutamato** é o mais abundante neurotransmissor do cérebro, cerca de 59% do total, e modula a velocidade das sinapses, podendo aumentá-la ou diminuí-la. Está presente na maioria das transmissões neurais (sinapses) rápidas, tanto do cérebro quanto da medula espinhal. É o principal neurotransmissor **excitatório**, o acelerador do cérebro, intensificando os potenciais de ação. O glutamato é necessário para iniciar e manter o funcionamento cerebral e seus níveis excessivos estão relacionados ao mal de Parkinson, ao Alzheimer, à epilepsia, a acidentes vasculares cerebrais e, até mesmo, à morte (Higgins; Georg, 2010; Rodrigues; Oliveira; Diogo, 2015; Brann, 2015; Gazzaniga; Heatherton; Halpern, 2018).

Entretanto, é possível controlar seus níveis elevados e a hiperexcitabilidade gerada por isso por meio de dieta que reduza o glúten, a caseína (proteína encontrada no leite de vaca), o glutamato monossódico (ingrediente responsável por conferir o gosto *umami*[2] nos alimentos) e o aspartato (Brann, 2015).

Em níveis normais, esse neurotransmissor está relacionado à atenção e à formação e consolidação de novas memórias, visto que seus receptores fortalecem as conexões entre os neurônios. É crucial ao aprendizado, sendo que o grau de inteligência de uma pessoa é diretamente proporcional à quantidade de receptores de glutamato (Higgins; Georg, 2010; Rodrigues; Oliveira; Diogo, 2015; Brann, 2015; Gazzaniga; Heatherton; Halpern, 2018).

Existem evidências de que o estresse crônico (prolongado) pode reduzir os níveis de glutamato e suprimir sua função junto ao córtex pré-frontal, prejudicando os processos cognitivos relacionados a essa estrutura. Em outras palavras, pela redução de suas funções excitatórias nas áreas pré-frontais, o processamento de informações fica mais lento, o pensamento

---

2   Palavra de origem japonesa que significa "saboroso" e "agradável". O termo designa o quinto gosto que o paladar humano é capaz de reconhecer: "O umami é reconhecido por nosso paladar quando comemos alimentos que contêm substâncias chamadas de aminoácidos (representados, principalmente, pelo ácido glutâmico, ou glutamato) e nucleotídeos (inosina monofosfato ou inosinato e guanosina monofosfato ou guanilato) (Portal Umami, 2020). Também, "é descrito como um gosto denso, profundo e duradouro que produz na língua uma sensação aveludada" (Umami, 2012).

mais difícil, bem como a tomada de decisão e outros processos cognitivos necessários em nosso dia a dia. Durante picos de estresse, seus níveis sobem, para auxiliar no processamento rápido necessário à situação de emergência. Mas, se a emergência não passar e o estresse se prolongar, ocorre a sua redução e a destruição de células cerebrais (Brann, 2015).

Durante episódios de estresse agudo, o cortisol é secretado pelas glândulas suprarrenais. Certas áreas do cérebro (hipocampo e córtex pré-frontal) têm muitos receptores de cortisol. Quando eles são ativados, um aumento na quantidade de glutamato é observado. Mais glutamato a curto prazo leva a um desempenho elevado nessas áreas do cérebro, como parte da resposta de luta ou fuga. O glutamato é normalmente eliminado da sinapse, mas se não houver tempo suficiente entre as fases de estresse, como é o caso do estresse crônico, então os altos níveis de glutamato podem levar à excitotoxicidade; danos às células, causando uma redução nas áreas do cérebro. (Brann, 2015, p. 58, tradução nossa)

Retornando às questões de ensino-aprendizagem, facilmente observamos a necessidade de níveis adequados desses dois reguladores da velocidade cerebral:

- o glutamato acelera os motores do cérebro, é importante para a memória, o aprendizado e o grau de inteligência, sem falar de sua ação no córtex pré-frontal, essencial a várias funções cognitivas.
- o gaba freia, para que o cérebro não se perca nas curvas da ansiedade, nas distrações da mente, mantendo o foco na estrada do aprendizado.

Mais uma vez, observamos a importância da alimentação e do controle do estresse para que esse equilíbrio ocorra.

Para finalizar esse rápido sobrevoo, trataremos da última categoria abordada neste tabalho, os neuropeptídeos.

**Neuropeptídeos**

Essa última categoria difere das anteriores porque os neurotransmissores vistos até o momento são pequenas moléculas liberadas que atuam na fenda sináptica do neurônio, não se difundindo pelo restante do cérebro. Após sua ação na fenda sináptica, são rapidamente degradados e recaptados pelo neurônio para concluírem sua atividade. Diferente disso, os neuropeptídeos são **cadeias de aminoácidos que podem difundir-se e agir no cérebro em locais distantes de onde foram liberados**, embora possam também agir de forma localizada.

Outra diferença dos peptídeos é a **ação mais prolongada** do que os neurotransmissores convencionais. Em geral, eles atuam junto a outros neurotransmissores, modulando neurotransmissão, prolongando ou encurtando a ação desses neurotransmissores (Gazzaniga; Heatherton; Halpern, 2018; Gazzaniga; Heatherton, 2005; Pliszka, 2016).

Entre os mais de 100 neuropeptídeos, vamos considerar apenas alguns poucos: os opiáceos endógenos, a substância P, a ocitocina e a colecistocinina (Pliszka, 2016).

Nosso organismo produz três **opiáceos endógenos**: beta-endorfina, encefalina e a dinorfina, encontradas normalmente no cérebro e na medula espinal. Nesse local, eles estão concentrados na área de recepção da dor. A quantidade de ativação de receptores de opiáceos tem relação inversa à intensidade que os seres humanos experimentam a dor, ou seja, quanto maior a ativação desses receptores, menos intensa é a percepção da dor (Pliszka, 2016).

As **beta-endorfinas**, ou morfinas endógenas, são uma forma que o corpo tem de reduzir a dor, de defender-se dela em situações dolorosas importantes de sua adaptação. Os exemplos clássicos envolvem a alimentação, a competição e o acasalamento.

> **Importante!**
>
> A dor tem função primordial na sobrevivência dos animais, incluindo os humanos, visto que indica uma situação de risco em curso, como um ferimento, e, portanto, é necessário reagir: por exemplo, fugir. Mas, nos exemplos dados, fugir não é um comportamento adaptativo; se o fizerem, os animais não sobrevivem, não perpetuam seus genes, sua espécie. Por isso, as endorfinas anódinas, ou analgésicos endógenos, ajudam-nos a suportar a dor.

Em nossa espécie, a morfina é um fármaco utilizado para produzir a redução subjetiva da dor. Para isso, ela se liga aos receptores de endorfina. Além de experiências extremas, como em acidentes onde ocorrem ferimentos graves, as endorfinas também são liberadas em atividades esportivas ou físicas intensas, como uma maratona ou uma competição de velocidade. Nesse caso, o efeito é conhecido como *barato do corredor*, um humor eufórico. É possível que esse "barato" ocorra porque as endorfinas são liberadas para o organismo lidar com a dor antecipadamente, quando essa dor não ocorre, ou ocorre de forma mais branda, o produto é o prazer. Também em atividades/esportes arriscados, como a queda livre, que são apreciados por produzir prazer eufórico (Gazzaniga; Heatherton, 2005; Gazzaniga; Heatherton; Halpern, 2018).

Um cuidado especial relativo à educação diz respeito ao comportamento de risco de adolescentes e jovens adultos (estudantes), nem sempre ligados somente a esportes intensos e saudáveis. Na busca desses "baratos", podem se colocar em risco, bem como a outras pessoas. O conhecimento sobre o funcionamento cerebral pode auxiliar na elaboração de atividades que acolham a necessidade dessas experiências de risco, mas sob condições de controle.

Em complemento, os opiáceos endógenos regulam dopamina, serotonina e norepinefrina, sendo também importantes à regulação do humor e, por conseguinte, à **aprendizagem** (Pliszka, 2016).

A **substância P** também se relaciona ao processo de dor. Descoberta na década de 1930, foi extraída dos intestinos na forma de um pó seco, por isso seu nome. Presente em vários locais do sistema nervoso, seu papel destaca-se na transmissão de sinais ligados à dor. "Traumas de pele desencadeiam o disparo de neurônios de substância P que terminam na medula espinal. Pimentas contém capsaicina, a qual estimula a liberação da substância P" (Pliszka, 2004, p. 62).

Encontrada por todo o cérebro, a substância P relaciona-se também com a regulação do comportamento de apego, como mostram os estudos com porquinhos-da-Índia. Esses animais, normalmente, reagem com vocalização de pedido de socorro quando são separados de suas mães, um comportamento que não é apresentado quando recebem substâncias antagonistas à substância P. Um antagonista dessa substância também produziu efeito antidepressivo afetivo em pacientes depressivos (Pliszka, 2004, p. 62).

A relação da substância P com a **aprendizagem** está, justamente, no comportamento de vínculo afetivo, crucial nas relações entre educandos(as) e seus(suas) educadores(as).

Nesse mesmo sentido, podemos afirmar que a **ocitocina** é muito importante. Neurônios de ocitocina encontram-se no hipotálamo, de onde se projetam para a hipófise posterior, fato que pode sugerir que a ocitocina seja um neuro-hormônio. Seja o que for, esse neuromodulador é incrível e está relacionado com o

> comportamento social, aumentando a confiança, diminuindo o medo, aumentando a generosidade e também funções cognitivas. [...] A ocitocina tem o efeito de: redução da pressão arterial; redução dos níveis de cortisol; aumentar os limiares de dor; efeito antiansiedade; estimulando interações sociais positivas. (Brann, 2015, p. 59, tradução nossa)

Além disso, em fêmeas prenhas, a liberação de ocitocina produz contrações no útero. Em mães em fase de amamentação, produz a lactação. A relação com a maternidade é evidente, visto que o choro de um bebê faz com que o hipotálamo libere ocitocina. Em machos, seu efeito relaciona-se mais à formação de casais e comportamento sexual. A medição do nível de ocitocina no sangue de casais durante relacionamentos sexuais indicou uma correlação positiva entre a intensidade de orgasmos e o nível desse neurotransmissor, em ambos os sexos. Ela produz contrações dos órgãos genitais masculinos e femininos, estimulando o orgasmo e a ejaculação (Pliszka, 2004; Lambert, Kinsley, 2006).

Ratazanas da planície (um tipo de roedor), que são monógamos e envolvem-se em um alto nível de comportamento maternal com suas crias, tem densidade de receptores de ocitocina muito mais alta do que espécies de ratazanas que são polígamas. (Pliszka, 2004, p. 63)

Enquanto a injeção de ocitocina no cérebro de camundongos fêmeas aumenta seu comportamento materno, injetando um antagonista da ocitocina reduz este comportamento. (Pliszka, 2016, p. 90, tradução nossa)

Há evidências de que a ocitocina também se relaciona com a confiança em relacionamentos interpessoais e variações no vínculo social. Em estudos de laboratório, ministrou-se ocitocina intranasal em participantes humanos e verificou-se que eles aumentaram os níveis de confiança interpessoal. É possível que disfunções desse neurotransmissor também se relacionem com o transtorno autista (Pliszka, 2016; Lambert; Kinsley, 2006). Como explicam Lambert e Kinsley (2006, p. 160): "A ocitocina pode estar por detrás de sentimentos familiares e afetuosos que todos temos para com nossos entes queridos. Por isso, a ocitocina foi chamada de agente químico do carinho".

Suas relações com a **aprendizagem** são várias e muito importantes, por exemplo, o parto e a experiência materna produziram a melhora na aprendizagem e na memória, o que, possivelmente, esteja relacionado à reorganização neuronal e das relações da ocitocina com o hipocampo, intimamente ligado às memórias de longo prazo (Lambert; Kinsley, 2006).

Além de parecer agir diretamente sobre a memória e o aprendizado por meio do hipocampo, a ocitocina está diretamente relacionada com a qualidade das relações humanas, que, por sua vez, define muito do processo de ensino-aprendizagem. Sendo tão importante assim, como aumentar os níveis de ocitocina de estudantes e mediadores? As dicas à frente são baseadas em pesquisas sólidas e são fáceis de serem seguidas. Curiosamente, aquilo que a ocitocina estimula também a estimula, ou seja, as relações sociais de qualidade aumentam seus níveis. Exemplos incluem a partilha da refeição com alguém ou com pessoas, ou, ainda melhor, cozinhar a refeição que será partilhada. O ato de comer é calmante e auxilia na geração e no fortalecimento de vínculos. Uma boa bebida e conversa, por exemplo, liberam ocitocina e auxiliam na construção de boas relações. De forma semelhante, ao receber e dar presentes, o que importa é o valor do significado pessoal. O mais incrível, porém, é muito simples, mas difícil e raro, e pode elevar os níveis de ocitocina:

> Quando você está cara a cara com um cliente e, na verdade, com qualquer pessoa, você tem a oportunidade de dar às pessoas toda a sua atenção. Esta oportunidade raramente é levada tão a sério como deveria ser. O poder de realmente olhar para alguém e ver e ouvir o que eles estão comunicando com você é muito valioso. Aproveitar a oportunidade para realmente observar e sintonizar seu cliente pode valer a pena. (Brann, 2015, p. 61, tradução nossa)

Cliente, amigo(a), estudante, professor(a), uma ou mais pessoas, não importa: investir na qualidade das relações, por exemplo, com base em uma atitude tão essencial e difícil – dar atenção, ouvir atentamente – pode ser feito e, curiosamente, estimula mais e mais essa qualidade, gerando confiança, vínculo, afeto, generosidade (Brann, 2015).

Aqui está incluído o abraço, que, usualmente, também aumenta a ocitocina. Todavia, como isso é pessoal (em várias culturas), é importante que seja uma escolha partilhada, isto é, que a pessoa participe da escolha entre apenas um aperto de mão ou um abraço.

Para completar, a meditação também pode elevar os níveis de ocitocina, em particular, um tipo especial, chamado de *metta*:

> Essa forma de meditação envolve enviar ou irradiar bondade amorosa para os outros e foi mostrado que promove as conexões sociais melhor do que as meditações mindfulness (em apenas sete minutos). Nesta meditação, você envia progressivamente essa gentileza amorosa para si mesmo, um bom amigo[a], uma pessoa neutra, uma pessoa difícil, todas as quatro pessoas anteriores igualmente e gradualmente o universo inteiro. (Brann, 2015, p. 62, tradução nossa)

Em outras palavras, desejar o bem para as pessoas aumenta nosso nível de ocitocina.

Para finalizar nosso sobrevoo sobre os neurotransmissores e sua última categoria – **neuropeptídeos** –, consideremos a **colecistocinina** – CCK. Usualmente pouco estudada, ela é bem conhecida por seus efeitos no sistema digestório, onde colabora na absorção de nutrientes, em especial, da gordura e do metabolismo de ácidos graxos. Sua principal função é retardar o esvaziamento gástrico, permitindo o tempo que é preciso para a digestão. A CCK também produz a saciedade e, se administrada numa pessoa antes da refeição, esta vai se sentir satisfeita mais rapidamente, ainda que ingerindo menos quantidade de alimentos, ou seja, ela regula o apetite (Gazzaniga; Heatherton, 2005; Plagman et al., 2019).

Ela também participa do comportamento exploratório, conforme sugerem os estudos com ratos que, ao receberem uma droga antagonista da CCK, tiveram mais interação social. Em outras palavras, a CCK produz ansiedade social e restringe esse tipo de interação. Pessoas que sofrem do transtorno do pânico e que recebem administração de CCK têm sua ansiedade aumentada e o ataque de pânico desencadeado. Em pessoas saudáveis, a CCK está relacionada ao melhor desempenho cognitivo global (incluindo a memória) e menor risco de déficit cognitivo leve e doença de Alzheimer.

A CCK está mais presente no cérebro do que no sistema gastrointestinal. Sua relação com a memória deve-se ao fato de que seus receptores estão localizados, principalmente, no hipocampo, estrutura relacionada a essa função. Daí também sua relação com a doença de Alzheimer, visto que o hipocampo é rapidamente deteriorado nessa condição. Pesquisas com animais mostram que a colecistocinina oferece uma proteção para a memória. Assim, ela pode ser utilizada para rastrear problemas do hipocampo e na formação de memória no Alzheimer (Gazzaniga; Heatherton, 2005; Plagman et al., 2019).

Retomando o foco no **aprendizado**, vemos que níveis mais altos de colecistocinina no liquor, ou líquido cefalorraquidiano, são relacionados a uma pontuação melhor em vários testes neurocognitivos, incluindo memória e fatores da função executiva, ou seja, é importante para a aprendizagem e a memória. Ainda, dietas específicas e exercícios podem aumentar os níveis de CCK (Gazzaniga; Heatherton, 2005; Plagman et al., 2019).

Após sobrevoar os neurotransmissores, atentando, de imediato, para algumas implicações e aplicações ao processo de ensino-aprendizagem, continuemos nossa jornada pelo sistema nervoso, observando suas divisões. Diferente da seção que finalizamos, agora, as correlações com a aprendizagem serão feitas em conjunto na síntese ao final do capítulo. Avancemos!

## 1.2 Divisões do sistema nervoso

Conforme a localização e a funcionalidade, o sistema nervoso (SN) pode ser dividido em sistema nervoso central (SNC), composto pelo encéfalo (cérebro, cerebelo e tronco encefálico) e pela medula espinhal; e sistema nervoso periférico (SNP), que inclui as demais células nervosas.

Os dois sistemas funcionam de forma integrada e interdependente. O SNP envia ao SNC informações do meio interno do organismo (nesse caso, é chamado de *sistema nervoso autônomo*) e os receptores fazem contato do organismo com o seu meio ambiente (denominado *sistema nervoso somático*). O SNC recebe, organiza e avalia tais informações, além de sinalizar ajustes e comportamentos que devem ser feitos pelo SNP (Gazzaniga; Heatherton, 2005; Kolb; Whishaw, 2002).

A maioria das funções do **sistema nervoso central** são de responsabilidade do cérebro, o qual, através de regiões específicas, produz nossa vida emocional, nosso fabuloso sentido da visão, nossa capacidade de memorizar e aprender, entender, planejar, falar, enfim, praticamente tudo o que nos faz ser o que somos. Tudo isso foi desenvolvido ao longo de milhões de anos, com prioridade para resolver problemas ligados à sobrevivência, como a proteção, a alimentação e a reprodução. O cérebro, suas estruturas e funções serão descritos adiante, neste texto (Gazzaniga; Heatherton, 2005).

Outra parte do SNC é a **medula espinhal**, um cilindro nervoso no interior do canal vertebral ao qual se conectam 31 pares de nervos, responsáveis pela recepção de informações sensoriais periféricas e por enviar impulsos nervosos aos órgãos efetuadores. As informações sensitivas chegam pelas raízes posteriores, enquanto os impulsos motores saem pelas raízes anteriores. Assim, os nervos espinhais são, funcionalmente, mistos. Neles, existem fibras somáticas e viscerais que inervam o tronco e os membros (Santos; Andrade; Bueno, 2010).

Na região interna da medula encontra-se a substância cinzenta (corpos dos neurônios) e, na região mais periférica, a substância branca (fibras nervosas – axônios). Em cortes transversais, a substância cinzenta da medula apresenta a forma da letra *H* (Santos; Andrade; Bueno, 2010).

A medula espinhal funciona, basicamente, recebendo e transmitindo sinais do corpo para o cérebro e vice-versa, ou seja, **recebendo as informações do cérebro e retransmitindo ao corpo**. É área de condução de informações e integra reflexos somáticos e viscerais. As informações sensoriais chegam à medula e seguem em direção ao encéfalo, do qual descem "ordens" para os neurônios medulares. Pela via da medula espinhal, o cérebro controla todo o corpo, como os músculos e os movimentos gerados por eles, as glândulas e os órgãos internos. Assim, se a medula for lesionada, o cérebro perderá o contato com o corpo, não recebendo sinais dele nem podendo controlá-lo, ou seja, haverá interrupções nesse fluxo de informações. A amplitude dessa perda de contato (sensação) e controle (movimento) dependerá da altura da lesão na medula, ou seja, anestesias e paralisias ocorrem abaixo do ponto de lesão. Porém, os reflexos medulares que independem das áreas superiores permanecem intactos (Gazzaniga; Heatherton, 2005; Santos; Andrade; Bueno, 2010). O **sistema nervoso periférico** é formado por nervos cranianos e espinhais que conectam o SNC. Ele também tem gânglios nervosos, que são estruturas periféricas que contêm aglomerado de células nervosas com função sensorial ou motora. Nervos sensitivos contêm um gânglio com neurônios ligados a receptores periféricos. Existem gânglios formados por neurônios que inervam órgãos viscerais e fazem parte do sistema nervoso autônomo, como será visto em item próximo (Gazzaniga; Heatherton, 2005; Santos, Andrade, Bueno, 2010).

O sistema nervoso periférico divide-se em dois: somático e autônomo. O **sistema nervoso somático**, por meio de receptores específicos na pele, nos músculos e nas articulações, recebe e envia informações sensoriais do corpo para o cérebro (sentido aferente) via medula espinhal. Isso é feito através de feixes de axônios que formam os nervos. No sentido contrário, eferente, recebe sinais do SNC no sentido de iniciar, modular ou inibir movimentos nos músculos, nas articulações e na pele (Gazzaniga; Heatherton, 2005).

Já o **sistema nervoso autônomo** controla de forma automática o ambiente interno do organismo, mantendo-o em equilíbrio – mecanismo denominado *homeostase* – ante as variações de estímulos internos e externos (Ferreira, 2014; Gazzaniga; Heatherton, 2005).

O SNA controla glândulas, como as sudoríparas, e os órgãos viscerais, como coração, estômago, pulmões, bexiga. Os nervos do SNA levam informações somatossensoriais do meio interno para o SNC, que pode responder, por sua vez, com dois tipos de sinais:

1. de alerta, que prepara o corpo para ação;
2. de relaxamento, que reconduz o corpo ao repouso.

Por exemplo, se o alarme de incêndio soar no local onde você está, em segundos seu corpo estará pronto para a ação. Isso ocorre porque

> o sangue flui para os músculos esqueléticos, a adrenalina [epinefrina] é liberada para aumentar os batimentos cardíacos e o açúcar no sangue, seus pulmões começam a absorver mais oxigênio, você pára de digerir alimento para conservar energia, suas pupilas se dilatam para maximizar a sensibilidade visual, e você começa a transpirar para se manter calmo. (Gazzaniga; Heatherton, 2005, p. 113)

Esses efeitos foram produzidos pela **divisão simpática** do SNA, que prepara o corpo de prontidão para reagir a eventos significativos, como alguma situação que exija luta ou fuga. Em outras palavras, sua influência é aumentar o nível de excitação do corpo, o que implica gasto extra de energia. Porém, passada a situação estressante, o organismo precisa retornar ao seu estado anterior, visto que não é possível permanecer nesse estado de prontidão, de tensão, por muito tempo, o que levaria ao colapso corporal.

Imagine que o alarme de incêndio era falso e logo você descobre isso. Dessa forma, poderá relaxar aliviado(a). Seu coração voltará aos batimentos normais, sua respiração se acalmará, sua transpiração cessará e seu sistema gastrointestinal voltará a trabalhar.

Esse efeito restaurador é produzido pela **divisão parassimpática** do SNA, que busca assimilar e conservar a energia e recuperar o metabolismo após uma ação simpática, produzindo repouso, relaxamento e a digestão. A maioria dos órgãos internos estão conectados e são controlados pelos sistemas simpáticos e parassimpáticos (Gazzaniga; Heatherton, 2005).

> **Importante!**
>
> Alarmes simpáticos não disparam apenas quando existe a possibilidade de incêndio ou outras situações perigosas, como um assalto, um acidente etc. Situações positivas também podem acioná-lo, como a atração sexual ou uma notícia muito boa. Entretanto, um fato que pode ser considerado estressante ou negativo para uma pessoa pode ser relaxante e positivo para outra, ou seja, há uma boa dose de subjetividade na avaliação das situações, se elas representam uma ameaça ou um benefício ao organismo.

A manutenção de estados simpáticos por longos períodos trazem consequências graves para o organismo (Ferreira, 2014; Gazzaniga; Heatherton, 2005).

O sistema nervoso simpático também pode ser ativado por estados psicológicos, como ansiedade ou inferioridade. As pessoas que se preocupam muito ou que não conseguem lidar com o estresse têm o corpo em constante estado de excitação. A ativação crônica do sistema nervoso simpático está associada a problemas médicos que incluem úlceras, doenças cardíacas e asma. (Gazzaniga; Heatherton, 2005, p. 114)

Após considerarmos as divisões do sistema nervoso, passemos à neuroanatomia funcional, ou seja, você vai conhecer locais específicos e suas funções, do tronco encefálico até chegar ao cérebro, nosso principal foco.

## 1.3 Neuroanatomia funcional

Como vimos anteriormente, o sistema nervoso central é composto pela medula e pelo encéfalo, que, por sua vez, é composto por cérebro, cerebelo e tronco encefálico, ou tronco cerebral, como ilustra da Figura 1.3.

**Figura 1.3** – Encéfalo

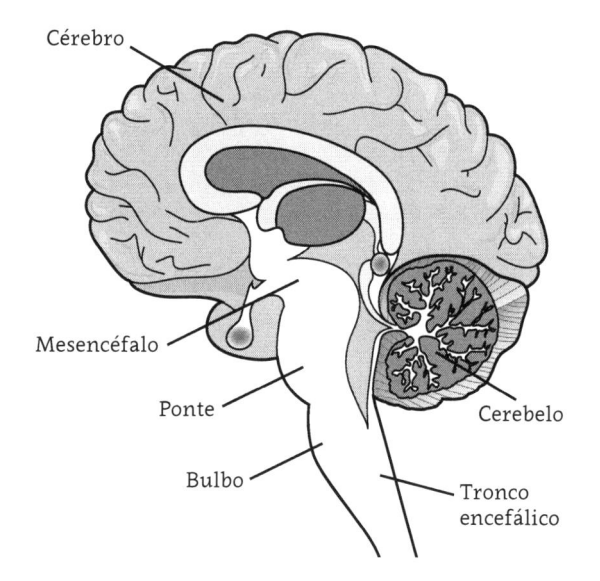

- Cérebro
- Mesencéfalo
- Ponte
- Bulbo
- Cerebelo
- Tronco encefálico

Blamb/Shutterstock

### 1.3.1 Tronco encefálico

O tronco encefálico, ou cerebral, liga a medula espinhal ao restante do encéfalo e é composto de três regiões: 1) o **bulbo**, que é a continuação da medula espinhal e contém núcleos nervosos responsáveis pela manutenção da respiração, da deglutição, da sudorese, dos batimentos cardíacos, da atividade vasomotora e da secreção gástrica; 2) a **ponte**, região intermediária que, com suas vias aferentes e eferentes, conecta diferentes áreas da medula e encéfalo; 3) o **mesencéfalo**, que faz a conexão com o cérebro, mediando informações sensoriais e corticais e auxiliando no controle motor (Santos; Andrade; Bueno, 2015).

Por meio de fibras grossas, o **tronco encefálico** liga-se ao cerebelo, que fica atrás dele (local posterior). Os últimos 12 pares de nervos cranianos conectam-se com o tronco encefálico, levando informações sensitivas da cabeça e do pescoço ao SNC e trazendo impulsos nervosos aos órgãos efetuadores dessa região (Santos; Andrade; Bueno, 2010). Em síntese, ele tem como função:

1. Receber aferências de diferentes regiões do corpo e controlar efetores por meio de neurônios presentes nos núcleos dos pares de nervos cranianos [...];
2. Atuar como região de passagem de informações sensoriais e motoras de e para o encéfalo;
3. Participar da regulação de nosso estado atencional e do ciclo de sono-vigília. (Santos; Andrade; Bueno, 2015, p. 592-595)

O tronco encefálico contém programas básicos para a sobrevivência, incluindo funções como respirar, engolir, vomitar, urinar e ter orgasmo (Gazzaniga; Heatherton, 2005, p. 129). A disposição da substância cinzenta e da branca é semelhante à da medula espinhal, porém a substância cinzenta é fragmentada em núcleos, sendo alguns sensitivos e outros motores (Santos; Andrade; Bueno, 2010). Alguns núcleos servem como interruptores, que podem ligar ou desligar a passagem de informações, de vias que passam pelo tronco encefálico. Um desses núcleos – a substância negra – contém neurônios escuros (daí o nome) que utilizam a dopamina como neurotransmissor e são muito importantes no controle motor, sendo que sua disfunção produz sintomas da doença de Parkinson. O tronco encefálico integra reflexos da cabeça e serve de ponte para vias motoras e sensitivas. É uma estrutura complexa, cujas lesões desativam funções específicas, algumas das quais podem ser fatais, visto que nele estão os centros de controle da frequência cardíaca e da respiração (Santos; Andrade; Bueno, 2010).

## 1.3.2 Formação reticular

A **formação reticular** fica no tronco cerebral e ocupa toda sua parte central, com grande quantidade de fibras nervosas, dispostas em rede. Heterogênea, ela tem vários núcleos com características e conexões próprias, conectando-se com todo o sistema nervoso; assim, recebe informações de todas as vias sensoriais e repassa-as ao tálamo e ao córtex, em cuja ativação ela atua. A manutenção do estado de vigília, bem como a regulação dos estágios do sono têm atuação da formação reticular, que também participa no controle da motricidade com importância na manutenção do tônus postural, influindo, ainda, em processos sensoriais, podendo impedir *inputs* de dor, produzindo analgesia (Santos; Andrade; Bueno, 2010).

    Um aspecto do tronco cerebral é ele ser autônomo. Por exemplo, quando um animal tem seu tronco cerebral dividido do cérebro acima, por um corte, ele continuará a expressar comportamentos instintivos. Um gato com essa divisão pode caminhar e atacar se estimulado por sons. Comportamentos básicos e reflexos são manifestados por bebês nascidos sem o córtex (Gazzaniga; Heatherton, 2005).

### 1.3.3 Cerebelo

Localizado atrás do tronco encefálico e conectado a ele por meio de fibras nervosas, o cerebelo é constituído por um córtex, de substância cinzenta, e por uma parte interna, composta por fibras nervosas (substância branca), local onde estão seus núcleos (Santos; Andrade; Bueno, 2010).

Contendo um terço de todos os neurônios do sistema nervoso central, é o local que concentra mais neurônios no cérebro e está relacionado ao controle motor e ao equilíbrio corporal. Para tanto, recebe, através da medula espinhal, informações sensoriais e cinestésicas advindas de todo o corpo.

Também recebe do córtex informações motoras e dos órgãos vestibulares, permitindo equilíbrio corporal, controle dos movimentos da postura e, ainda, movimentos da motricidade fina. Diferente do que ocorre com os hemisférios cerebrais, os hemisférios do cerebelo controlam a musculatura do mesmo lado em que se encontram (ipsilateral) (Santos; Andrade; Bueno, 2010; Higgins; Georg, 2010). "Lesões cerebelares não impedem a realização de movimentos, mas podem comprometer seriamente o equilíbrio corporal, provocar alterações no tônus postural ou dar origem a distúrbios de coordenação motora, caracterizados pela presença de tremores, ataxia e dismetria" (Santos; Andrade; Bueno, 2015, p. 675-677).

Existem ainda evidências de que o cerebelo esteja envolvido em várias outras atividades, como processos cognitivos, memória, controle de impulso, e aparece relacionado também à fisiopatia de autismo, TDAH e esquizofrenia (Higgins; Georg, 2010).

Ainda que seu papel mais óbvio esteja relacionado ao aprendizado motor, não consciente, e, talvez, até à atividade psicológica automática, é curioso notar que, quando o cerebelo é completamente removido, em especial em jovens, estes conseguem retomar seu funcionamento quase normal, o que sugere que essa misteriosa estrutura pode ter se desenvolvido como apoio ao restante do cérebro (Gazzaniga; Heatherton, 2005; Higgins; Georg, 2010).

## 1.3.4 Cérebro

O cérebro é dividido em duas estruturas: 1) o diencéfalo, com suas subestruturas; 2) o telencéfalo, ou prosencéfalo, composto por estruturas mais externas – o córtex cerebral (casca) – e internas – ou subcorticais (Ferreira, 2014; Kolb; Whishaw, 2002; Santos; Andrade; Bueno, 2015).

Iniciemos pelo **diencéfalo**, cujas principais estruturas são o *tálamo* e o *hipotálamo*. O **tálamo**, com cerca de 1 centímetro, recebe, processa e retransmite, praticamente, todas as informações sensoriais e motoras que circulam para o córtex e núcleos profundos. Como um portão de entrada, ele controla o fluxo dessas informações; por exemplo, durante o sono, ele se fecha, impedindo a passagem de informações para permitir que o cérebro descanse. O sentido do olfato é o único que não passa por esse portão, visto ser o mais antigo e fundamental dos sentidos, tendo direção direta para o córtex (Gazzaniga; Heatherton, 2005; Santos; Andrade: Bueno, 2015).

O **hipotálamo** é bem menor do que o tálamo, com o tamanho de um grão de ervilha. Ele constitui-se

a estrutura reguladora mais importante do cérebro e é indispensável para sobrevivência do organismo. [...] Ele é responsável por regular as funções vitais – temperatura corporal, ritmos circadianos, pressão sanguínea e nível de glicose – e, para esses fins, impele o organismo por meio de impulsos fundamentais como sede, fome, agressão e sensualidade. (Gazzaniga; Heatherton, 2005, p. 131)

Com conexões com os sistemas nervosos parassimpático e simpático, bem como com o sistema límbico e o endócrino, o hipotálamo mantém a homeostase do organismo por meio das informações que recebe dos órgãos internos e do meio ambiente. Ele é a principal estrutura que regula as atividades viscerais, participando também da regulação das emoções, visto que é estrutura nodal do sistema límbico, em contato direto com as amígdalas, o septo e o hipocampo. Além disso, é o integrador principal do sistema nervoso com o sistema endócrino, estruturas essenciais na regulação do organismo (Gazzaniga; Heatherton, 2005; Santos; Andrade; Bueno, 2010).

Essa estrutura produz os hormônios ocitocina, vasopressina e polipeptídios, que libera na pituitária. Assim fazendo, controla essa "glândula chefe", que libera hormônios que controlam as demais glândulas endócrinas. A pituitária também determina os processos de ovulação e de lactação, além do desenvolvimento do organismo (Gazzaniga; Heatherton, 2005; Santos; Andrade; Bueno, 2015).

A regulação do ritmo circadiano – nosso relógio biológico, um período de cerca de 24 horas que dá base aos ciclos biológicos da grande maioria dos organismos vivos – também é função do hipotálamo, que a desenvolve por meio de seu núcleo supraquiasmático, o qual é alimentado pelas informações de variação de luz e de temperatura. A temperatura do corpo, a ingestão de alimentos, a ingestão e a eliminação da água e o sistema imune também estão relacionados a essa estrutura. (Santos; Andrade; Bueno, 2015)

> O hipotálamo governa o desenvolvimento sexual e reprodutivo e o comportamento. Ele é um dos únicos lugares no cérebro humano onde existem claras diferenças entre homens e mulheres, devido as influências hormonais precoces durante o desenvolvimento do sistema nervoso. Ratas fêmeas expostas a altos níveis de testosterona ainda dentro do útero desenvolve uma organização hipotalâmica mais típica de ratos machos – a chamada masculinização fetal. Diferenças nas estruturas hipotalâmica podem influenciar a orientação sexual. Utilizando métodos post mortem, LeVay (1991) descobriu que o hipotálamo anterior tinha apenas a metade do tamanho nos homens homossexuais se comparados aos heterossexuais. De fato, o tamanho dessa área nos homens homossexuais era comparável ao seu tamanho nas mulheres heterossexuais. (Gazzaniga; Heatherton, 2005, p. 131)

O **telencéfalo**, ou prosencéfalo, é constituído por uma porção mais externa e outras estruturas mais internas. A porção externa – o córtex cerebral – está relacionada a processos mentais. As estruturas mais internas, abaixo do córtex (subcorticais), são o hipocampo, a amigdala e os núcleos, ou gânglios de base, relacionados ao movimento.

Os núcleos de base são essenciais nos planos deliberados dos movimentos do corpo, estando ligados às áreas executivas do córtex frontal que comandam os movimentos voluntários e conectam esses comandos (provenientes dessas estruturas) com os centros de movimento do tronco encefálico. Simultaneamente, por meio do tálamo, os núcleos de base têm retroalimentação daquelas regiões de comando. Incluem o corpo estriado, o núcleo subtalâmico e a substância negra. O núcleo acumbente (ou *accumbens*) e o pálido ventral são extensões do corpo estriado, o qual é importante no planejamento e no controle corporal. A doença de Parkinson, por exemplo, tem sido associada à falta do neurotransmissor dopamina, relacionado ao corpo estriado e ao núcleo *accumbens* (Gazzaniga; Heatherton, 2005; Santos; Andrade; Bueno, 2010, 2015).

**O sistema límbico, ou sistema das emoções**
Como observamos na Figura 1.4, o sistema límbico é localizado na borda do hemisfério cerebral (a palavra *limbo* deriva do termo latino *limbus*, que significa "margem") e é composto por "várias regiões corticais (giros cingulado e para-hipocampal, córtex entorrinal e algumas áreas pré-frontais), subcorticais telencefálicas (hipocampo, complexo amigdaloide, septo), diencefálicas (hipotálamo e algumas áreas talâmicas) e do tronco encefálico (área tegmental ventral)" (Santos; Andrade; Bueno, 2015, p. 855-856).

**Figura 1.4** – Sistema límbico, ou sistema das emoções

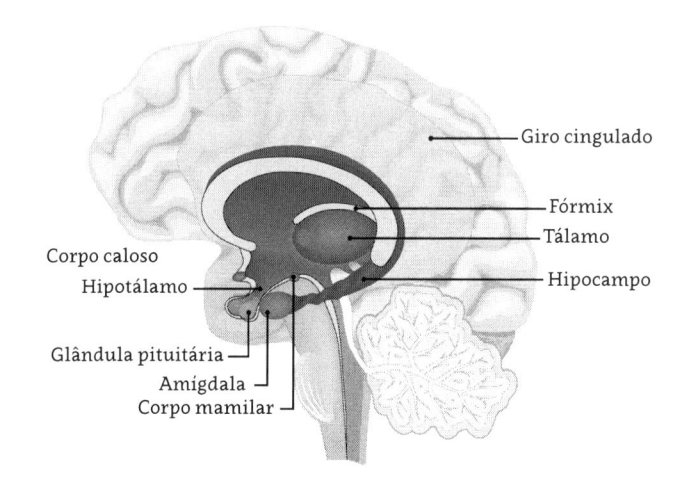

Giro cingulado
Fórmix
Tálamo
Hipocampo
Corpo caloso
Hipotálamo
Glândula pituitária
Amígdala
Corpo mamilar

Designua/Shutterstock

Suas funções incluem processamento e regulação emocional e motivacional, memória, aprendizagem e interesse sexual. Suas alterações estão relacionadas a transtornos psiquiátricos.

Apesar de amplamente utilizada, a expressão *sistema límbico* é questionável e tem sido, crescentemente, abandonada, visto não haver consenso sobre quais estruturas pertencem a esse sistema e se elas estão, exclusivamente, relacionadas ao *sistema das emoções*, expressão que tem sido usada para substituir aquela (Santos; Andrade; Bueno, 2010, 2015; Kapczinski et al., 2011; Higgins; Georg, 2010).

Algumas das regiões desse sistema, como o tálamo e o hipotálamo, foram descritas anteriormente. Passamos, então, a descrever outros componentes: hipocampo, amigdala, giro do cíngulo e insula. As áreas pré-frontais, também relacionadas às emoções, serão descritas adiante.

O **hipocampo** é uma antiga região bilateral e está diretamente relacionado ao registro de novas memórias declarativas, tanto de longo como de curto prazo, ou memórias recentes. Conectada ao septo, à amígdala, a certas porções do tálamo e do hipotálamo, ao corpo estriado e à formação reticular, essa estrutura também está envolvida com a orientação espacial e relacionada ao controle das emoções. Uma parte anterior do hipotálamo está relacionada diretamente com a emoção e com os comportamentos motivados, também aos transtornos de estresse pós-traumático, depressão e Alzheimer. Sua porção posterior tem relação com os processos de aprendizagem e de memória, em especial, com aqueles relacionados à navegação, exploração e locomoção (Cosenza; Guerra, 2011; Gazzaniga; Heatherton, 2005; Santos; Andrade; Bueno, 2010; Kapczinski et al., 2011; Higgins; Georg, 2010).

Como você percebeu, o hipocampo é importante para o processo das emoções, mas é a **amígdala**, ou *complexo amigdaloide*, a estrutura principal desse processo.

A amígdala (complexo amigdaloide) é formada por um conjunto de núcleos, localizados internamente ao lobo temporal e anteriormente ao hipocampo, recebendo aferências sensoriais indiretas, oriundas do córtex cerebral, do diencéfalo e do tronco encefálico, as quais trazem informações sensoriais (como olfato, dor) e viscerais, entre outras. As aferências recebidas via tálamo são responsáveis pela gênese de respostas rápidas e primitivas (como os condicionamentos), enquanto aquelas vindas do córtex pré-frontal estão relacionadas às respostas mais lentas e sujeitas a intervenção consciente. (Santos; Andrade; Bueno, 2015, p. 864-868)

A amígdala é o centro fundamental no processamento das emoções, especialmente as negativas, como o medo. Essa estrutura participa também no aprendizado, no sistema de recompensa do cérebro e nas reações relacionadas a lutar ou fugir. Quando detecta situações aparentemente ameaçadoras, desencadeia respostas viscerais e endócrinas, ativando o hipotálamo e os centros do tronco encefálico. Assim, além de preparar o organismo para enfrentar a referida situação, a amígdala faz o registro emocional dessas experiências para identificá-las em momentos futuros. Uma das formas com as quais localiza situações de ameaça é pela avaliação das expressões faciais, que permite o reconhecimento da emoção das outras pessoas. Quando lesionada, impossibilita esse reconhecimento facial, promove descontrole emocional e dificuldades de memória de curto prazo. Suas disfunções são relacionadas a vários tipos de transtornos, como demência, autismo, transtorno bipolar e estresse pós-traumático, personalidade borderline e esquizofrenia (Cosenza; Guerra, 2011; Santos; Andrade; Bueno, 2010; Kapczinski et al., 2011).

Ela participa também e processos cognitivos, como a atenção, a percepção e a memória e seria importante na atribuição do significado emocional dos estímulos externos. Projeções da amígdala que chegam ao hipocampo podem reforçar a memória de eventos com conteúdo emocional. Lesões na amígdala, assim como sua desconexão, provocam uma dissociação entre os processos sensoriais e emocionais. [...] Em síntese, a amígdala participa de circuitos em que ocorre uma interação entre as informações vindas do meio externo, configurando a realidade ambiental, e as informações vindas do meio interno, configurando as necessidades do organismo em determinado momento. O processamento dessas informações permite o desencadear de respostas autônoma e comportamentais, bem como a interferência nos processos ideacionais. (Cosenza; Guerra, 2011, p. 41-42)

Outra estrutura muito importante nos processos cognitivos e afetivos é um **giro do cíngulo**, ou cingulado. Localizada atrás do córtex pré-frontal, circundando o corpo caloso, essa estrutura é hiperconectada a várias outras, como amígdala, hipocampo, tálamo, regiões pré-frontais e também o córtice motor e o pré-motor. Suas múltiplas funções incluem processos atencionais, como a mudança do foco da atenção. O giro de cíngulo também participa da seleção de ações motoras motivadas, de processos afetivos, da memória, da dor, do processamento visual espacial e da função visceral. Outra função importante é sua relação com o monitoramento do conflito, incluindo a percepção de erros não conscientes e formas de repará-los. Contribui para os processos de flexibilidade mental e adaptação às mudanças do meio, permitindo a mudança de ideia e a percepção de opções variadas, bem como o enfrentamento de problemas ou de conflitos. Relaciona-se também com a previsão de eventos negativos e atividades cooperativas, baseadas na empatia social. Associadas a essas várias atividades, suas disfunções podem provocar apatia, mutismo e transformações de personalidade, além de estar relacionado ao transtorno obsessivo compulsivo, à esquizofrenia e ao Alzheimer (Cosenza; Guerra, 2011; Santos; Andrade; Bueno, 2010; Luria, 1981; Pillay, 2011).

**Figura 1.5** – Lobo da ínsula

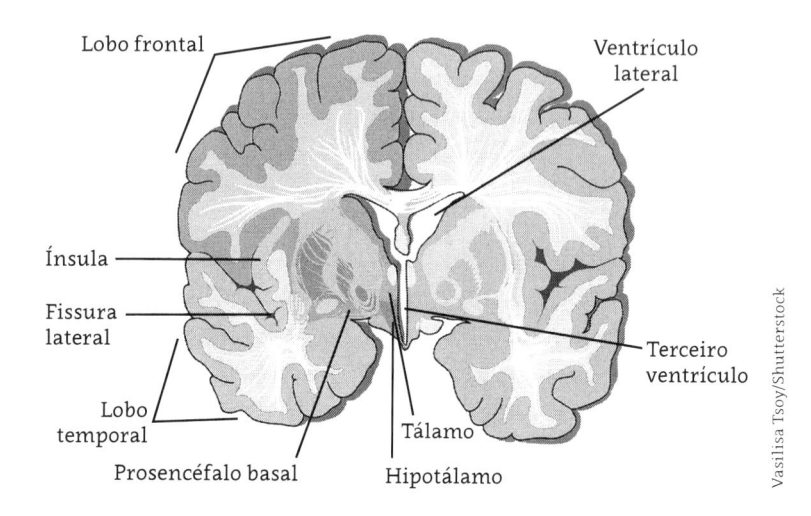

Lobo frontal
Ventrículo lateral
Ínsula
Fissura lateral
Lobo temporal
Prosencéfalo basal
Tálamo
Hipotálamo
Terceiro ventrículo

Vasilisa Tsoy/Shutterstock

Tal como as estruturas anteriores, a ínsula mantém íntimo contato com regiões do sistema límbico, estando também envolvida na coordenação dos processos emocionais. Ela se localiza no sulco lateral, sendo coberta por parte dos lobos temporal frontal e parietal. De fato, é um dos lobos corticais, e tem importante papel no processamento de informações visuoperceptivas, tornando-as conscientes, como as sensações intestinais, respiratórias e cardiovasculares. É também crucial na percepção de gustação (paladar), temperatura, cócegas, estimulação sexual e toque sensual, dor e seus aspectos emocionais. É intérprete do cérebro ao traduzir sons, cheiros ou sabores em emoções e sentimentos, como nojo, desejo, orgulho, arrependimento, culpa ou empatia. Por meio dela, experiências sensoriais são transformadas em emoções e sentimentos. Ela registra estímulos aversivos e tem sido envolvida na previsão de resultados aversivos ou negativos (Cosenza, Guerra, 2011; Kapczinski et al., 2011; Pillay, 2011).

Das estruturas internas mais antigas do nosso cérebro, avancemos agora àquelas mais externas e novas, o córtex cerebral, responsável pelas características mentais que nos distinguem como seres humanos (Ferreira, 2014; Santos; Andrade; Bueno, 2015).

## 1.4 Córtex cerebral e unidades funcionais de Luria

O **córtex cerebral** contém dois tipos de substância: a branca e a cinzenta. A substância branca é interna e constituída pelos axônios, que são os prolongamentos dos neurônios. São os axônios que fazem as conexões entre os neurônios, levando as informações que conectam a parte superior à parte inferior do cérebro e também entre outras regiões nas partes inferiores e superiores. A substância cinzenta é externa e constituída pelos corpos dos neurônios. Essa região chamada de *córtex*, ou *neocórtex*, é diferente das estruturas consideradas até o momento, visto ser organizada em seis camadas.

A camada média, 4, é aferente, representando o local de entrada das informações sensoriais. As camadas mais inferiores, 5 e 6, são eferentes, possibilitando a saída para outras partes do cérebro. Já as camadas 1, 2 e 3 têm menor especificidade modal, ou seja, são compostas por maior número de neurônios associativos, permitindo a combinação ou integração das informações. As células dessas camadas foram estudadas pelo neurologista alemão Korbinian Brodmann, que dividiu o neocórtex em 52 áreas, que ficaram conhecidas como áreas de Brodmann. (Silva, 2017e, p. 17-18)

**Figura 1.6** – As 52 áreas de Brodmann

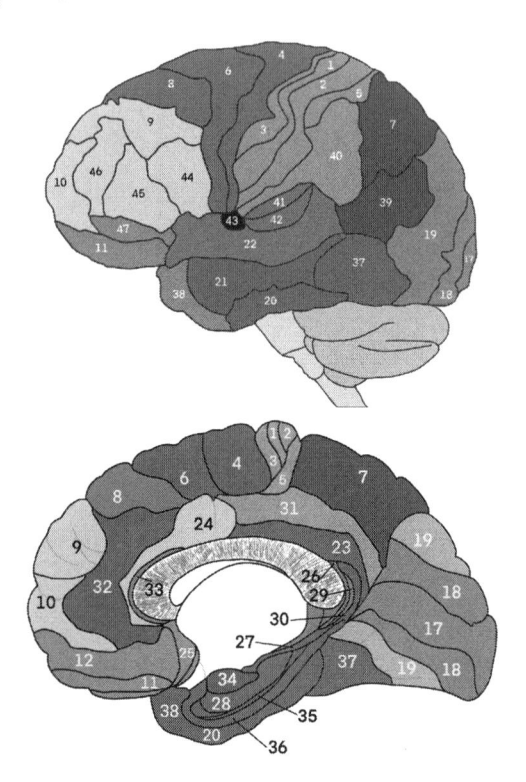

Big8/Shutterstock

O córtex é composto por dois hemisférios, cada um deles com quatro lobos – frontal, occipital, parietal e temporal. Os hemisférios cerebrais estão conectados pelo corpo caloso, uma estrutura compacta de milhões de axônios (Gazzaniga; Heatherton, 2005). No quadro a seguir, destacamos as funções básicas desses lobos.

**Quadro 1.1** – Lobos cerebrais e suas funções básicas

| Temporal | Processamento de informações auditivas, gustativas e olfatórias, além de integração multimodal e de linguagem (percepção linguística). |
|---|---|
| Parietal | Processamento de informações táteis e integração sensorial multimodal. |
| Occipital | Processamento de informações visuais e integração sensorial multimodal. |
| Frontal | Planejamento e processamento motor volunário, integração de funções superiores, como expressão da linguagem, consciência, raciocínio e tomada de decisão. |

Os lobos cerebrais e uma síntese de suas funções podem ser vistos na Figura 1.7, a seguir.

**Figura 1.7** – Os lobos cerebrais sempre: problemas difíceis e uma síntese de suas funções

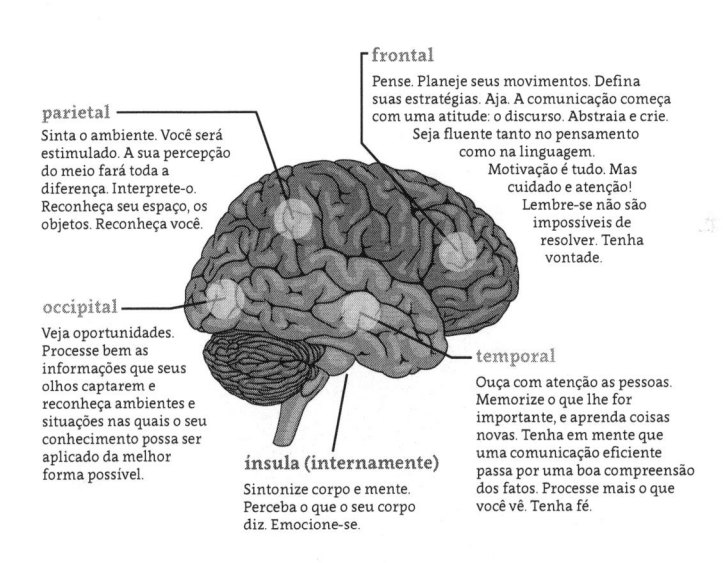

parietal
Sinta o ambiente. Você será estimulado. A sua percepção do meio fará toda a diferença. Interprete-o. Reconheça seu espaço, os objetos. Reconheça você.

frontal
Pense. Planeje seus movimentos. Defina suas estratégias. Aja. A comunicação começa com uma atitude: o discurso. Abstraia e crie. Seja fluente tanto no pensamento como na linguagem. Motivação é tudo. Mas cuidado e atenção! Lembre-se não são impossíveis de resolver. Tenha vontade.

occipital
Veja oportunidades. Processe bem as informações que seus olhos captarem e reconheça ambientes e situações nas quais o seu conhecimento possa ser aplicado da melhor forma possível.

ínsula (internamente)
Sintonize corpo e mente. Perceba o que o seu corpo diz. Emocione-se.

temporal
Ouça com atenção as pessoas. Memorize o que lhe for importante, e aprenda coisas novas. Tenha em mente que uma comunicação eficiente passa por uma boa compreensão dos fatos. Processe mais o que você vê. Tenha fé.

Vectorus/Shutterstock

Fonte: Santini, 2012.

O modelo de funcionamento cerebral foi proposto por Alexander Romanovich Luria (1902-1977), um discípulo de Vygotsky. Esse modelo considera os quatro lobos cerebrais e suas regiões subcorticais organizados na forma de unidades funcionais, conforme veremos a seguir (Russo, 2015; Luria, 1981).

**Modelo das unidades funcionais de Luria**

Para Luria, sob um prisma funcional, o córtex pode ser dividido em três tipos de áreas, primárias, secundárias e terciárias. Além da divisão dos tipos de áreas, Luria considera três unidades funcionais.

A **primeira unidade** tem como slogan *manter o cérebro esperto!* Ela **controla a vigília e o tônus cortical** e também filtra os estímulos, principalmente, por meio da formação reticular. Envolve ainda o tronco encefálico e as regiões subcorticais, como amígdala, hipotálamo e hipocampo.

O nível de excitação, ou tono cortical, é essencial para o recebimento e o processamento de todas as informações que chegam, bem como para programação e controle de execução de atividades dirigidas às metas. O sistema reticular regula, o tono cortical (em nível ascendente), é influenciado por ele (em nível descendente), e assim faz uma organização vertical de todas as atividades cerebrais, visto que todas precisam de energia para funcionar. Em nível ascendente, o sistema reticular é ativado por processos de manutenção da homeostase, ou equilíbrio interno do organismo, como as funções respiratórias, digestivas etc., que são reguladas, principalmente, pelo hipotálamo. A chegada de estímulos do meio exterior também ativa o sistema reticular, visto que o organismo precisa avaliar as informações (reflexo de orientação) para se adaptar ao meio. Aqui temos a participação das estruturas subcorticais límbicas, com destaque para a amígdala e o hipocampo. (Silva, 2017e, p. 20)

O monitoramento das mudanças do meio ambiente é fundamental ao processo de sobrevivência porque o organismo precisa se adaptar a essas mudanças de forma coerente. Se a mudança for positiva, deve aproveitá-la, mas, se for negativa, deve ter comportamento adequado à manutenção da segurança e do bem-estar do organismo.

Considerando a direção oposta, de cima para baixo, o sistema reticular é ativado de forma ascendente por processos executivos, como intenções e planos, previsões e programas, todos eles relacionados, predominantemente, ao córtex pré-frontal, que influencia as estruturas inferiores para obter energia para as atividades que deseja desenvolver (Russo, 2015; Luria, 1981).

Aqui temos a participação da fala (tanto interna quanto externa) e a consequente influência social em termos de motivação. Quando falamos de motivação, temos também o sistema límbico ou das emoções em seu papel crucial de valoração emocional das memórias. Essa unidade também é responsável pelo filtro de informações sensoriais (visuais, auditivas, gustativas e tácteis), sendo que todos os receptores sensoriais (com exceção do olfato) têm fibras conectadas nesse sistema, o qual seleciona quais informações avançarão em direção ao córtex. Em síntese, ela controla o estado de alerta do córtex, filtra informações e também é importante na capacidade de focalizar a atenção. (Silva, 2017e, p. 20)

A **segunda unidade** está relacionada à **recepção, processamento e armazenamento de informações sensoriais**; para tanto, inclui os lobos parietal, occipital e temporal. Trata-se do cérebro informado, pois recebe estímulos por meio dos receptores periféricos, faz decomposição e análise, transformando-os de dados brutos em dados processados (Russo, 2015; Luria, 1981).

A **terceira unidade** funcional, o cérebro programador, está relacionada às **funções executivas** (FE), incluindo atividades como programar, regular e verificar a atividade mental. Sua estrutura envolve o lobo temporal, especialmente, o córtex pré-frontal. Essas estruturas e funções nos permitem agir de forma proativa no ambiente, por meio de programas e planos, os quais são executados e avaliados; caso seus resultados não sejam coerentes com as metas, precisarão ser corrigidos. Todas essas funções são coordenadas pela terceira unidade funcional (Luria, 1981).

## Síntese

Em primeiro lugar, enfatizamos que o funcionamento do sistema nervoso e, em particular, do cérebro é muito complexo. Em consequência, o processo de ensino-aprendizagem também o é! Destacamos também que esse sistema é silencioso! A maior parte de seu funcionamento é autônomo e ocorre longe da nossa percepção consciente. Exercemos voluntária e conscientemente algumas funções cerebrais, como a vontade, a atenção e, até mesmo, a memória, porém esses e outros processos também funcionam amplamente de forma não consciente, por vezes dificultando o próprio aprendizado. Em complemento, se, no nível anatômico ou funcional, algo estiver alterado, por mais que uma criança deseje aprender, terá dificuldades em fazê-lo.

Basicamente, o cérebro e o sistema nervoso são sistemas de comunicação, funcionando de forma integrada, nos quais a célula básica é o neurônio, sendo auxiliado pelas células da glia. Esse sistema de comunicação é tanto elétrico quanto químico, mediado pelos neurotransmissores, que tanto aceleram como freiam o sistema. De fato, o modulam completamente. Essa modulação pode ser otimizada por meio de estratégias relativamente simples. Desequilíbrios nesse processo eletroquímico estão relacionados tanto a transtornos mentais como a dificuldades de aprendizagem (Higgins; Georg, 2010).

Considerando o sistema nervoso autônomo e suas divisões simpática e parassimpática, um equilíbrio aí também se faz necessário. O aprendizado necessita de certo grau de alerta ou excitação, porém, se o sistema nervoso simpático estiver sobremaneira ativado, como em situações de perigo, de medo ou de conflito emocional (entre professores e alunos, ou mesmo entre os alunos, por exemplo), dificilmente teremos um aprendizado em condições ótimas. Em outras palavras, um certo clima de tranquilidade e de proteção afetiva (ambiente positivo) é importante para que as regiões mais recentes do cérebro, em particular o córtex pré-frontal, possam funcionar de forma adequada e conduzir o aprendizado. Em salas de aula muito estressantes, crianças mostrarão comportamentos mais reativos, instintivos, tendo menos capacidade de aprendizagem (Lyman, 2016).

O dano do estresse crônico acaba por prejudicar a capacidade do aluno de se apresentar em níveis altos. Particularmente para as crianças, porque partes do cérebro responsáveis pelo pensamento lógico e pelo planejamento ainda estão em desenvolvimento, os ambientes de alto estresse prejudicam sua capacidade de tomar boas decisões e estabelecer metas. (Lyman, 2016, p. 67, tradução nossa)

> Um ambiente de aprendizagem positivo não é apenas mais um ingrediente para a aprendizagem do aluno; é tudo para a aprendizagem do aluno porque as emoções são essenciais para a atenção e a cognição, para a aprendizagem e para a memória. (Lyman, 2016, p. 70-71, tradução nossa)

Práticas de relaxamento em sala de aula têm sido utilizadas com benefícios para o aprendizado de jovens e crianças. Adiante, no Capítulo 6, trataremos mais desse tema, por meio do *mindfulness* aplicado à educação.

Considerando as regiões do tronco encefálico e, em particular, da **formação reticular**, vemos a importância do filtro de informações no sentido de manter a atenção nas informações necessárias ao aprendizado, inibindo estímulos distrativos, bem como na manutenção de um tônus cortical, ou seja, de um nível de alerta suficiente para que o aprendizado possa ocorrer. Sendo o funcionamento dessa estrutura basicamente autônomo (atenção reflexa, que não necessita de atividade cognitiva, consciente), tal nível de excitação e o filtro/passagem dessas informações serão mais de responsabilidade dos professores do que dos aprendizes. Por exemplo, a formação reticular é ativada com a chegada de informações novas que precisam ser avaliadas. Nesse sentido, se professores(as) tiverem um padrão de comportamento com pouca novidade (falas longas e com o mesmo tom de voz, por exemplo), não prenderão a atenção de seus alunos, podendo, ao contrário, induzi-los ao sono.

Chegamos ao cérebro e nele fizemos o percurso de baixo para cima, ou seja, iniciando por estruturas orgânicas subcorticais, que ficam abaixo do córtex. Que informações serão suficientemente importantes para adentrarem no portão do tálamo?

E, tão ou mais importante quanto ele, temos o centro do estresse – o hipotálamo – que, com seu controle sobre a pituitária, comanda o sistema endócrino e as respostas simpáticas e parassimpáticas. Ele age também em parceria com a amígdala e o hipocampo, chaves de um sistema complexo chamado *límbico*, que é praticamente responsável pela maior parte do aprendizado do cérebro.

O **sistema límbico**, ou ***das emoções***, como é atualmente chamado, define o que é importante para o organismo, ou seja, quais informações devem receber atenção e quais não precisam ser percebidas. Sendo a atenção um dos elementos mais importantes da aprendizagem, o sistema das emoções é elemento essencial para esse processo. Também é fundamental na memorização e na evocação de informações as amígdalas, que são estruturas contíguas que funcionam em mútua colaboração. Como destacamos, a amígdala é estrutura primordial no processamento emocional e o hipocampo é a estrutura relacionada ao processo de armazenamento de memória de longo prazo, fundamental no processo de aprendizagem. Além da atenção e da memória, o sistema das emoções também participa de forma crucial dos processos de motivação, sem a qual aprendizados conscientes são muito difíceis.

Ascendendo um pouco dentro do cérebro, vimos a importância do *giro do cíngulo*, ou *cingulado*, que acaba por fazer uma ponte entre estruturas subcorticais, relacionadas ao sistema das emoções, e as estruturas pré-frontais, e também aos córtices do sistema motor e pré-motor. O giro do cíngulo participa dos processos de atenção, da seleção de ações motivadas, da memória e do processamento visuoespacial, bem como da monitoração de conflitos, essencial no sistema de atenção quando é necessário mudar o foco da atenção, ou, ainda, da flexibilidade mental para adaptação às mudanças do meio e enfrentamento de conflitos. Todos esses processos são importantes na aprendizagem e, em complemento, tem função na percepção da empatia social e nas atividades cooperativas, igualmente essenciais ao aprendizado.

Também colaborando com processos emocionais, temos a ínsula, que traduz sentimentos viscerais em percepções conscientes para o córtex, ou seja, integra corpo e mente, que, como veremos adiante, é muito importante para a atenção e a cognição.

Se pensarmos no modelo das unidades funcionais proposto por Luria, lembramos que a **primeira unidade**, da qual falamos logo aí acima, é aquela ligada à ativação e ao alerta do córtex, envolvendo basicamente o tronco cerebral, com ênfase para a formação reticular, e as áreas límbicas. Trata-se de uma unidade importantíssima, pois é ela que "libera a energia" necessária para a atenção e aprendizado. A estimulação adequada dessa estrutura é de responsabilidade do professor.

Já a **segunda unidade** é aquela receptora, onde informações sensoriais chegam em áreas primárias, são decodificados em áreas secundárias e, posteriormente, utilizadas em áreas terciárias. Podemos citar a área secundária, 22 de Brodmann, conhecida como *área de Wernicke*, crucial na compreensão linguística, e a área terciária de expressão da linguagem, a área de Broca, 44 e 45 de Brodmann, ambas essenciais ao processo da linguagem verbal, sendo que o mau funcionamento ou dificuldades na interconexão entre elas ocasionarão problemas na compreensão e na expressão linguística.

Por fim, chegamos à **terceira unidade** funcional de Luria, relacionada à última estrutura filogeneticamente desenvolvida, os lobos frontais, em especial, o córtex pré-frontal. Essa unidade programadora deve ser o alvo final da educação, sendo ela fundamental para o processo de aprendizagem, visto que tem a capacidade de planejar, executar e verificar suas ações. Além disso, é capaz de resolver problemas, criar soluções, inovar. No entanto, se os métodos de ensino estiverem baseados em comandos, pouco dessa estrutura será utilizada de fato. Se o aprendiz precisar apenas reproduzir informações transmitidas pelo professor, a ênfase estará no primeiro bloco proposto por Luria, relacionado à anomia (ausência quase total de autonomia), ou seja, aquele da ativação cortical mais básica. Porém, se os métodos estiverem ligados à resolução de problemas, então estamos no ápice das capacidades humanas, o que coincide com a autonomia do aprendiz. Muska Mooston (citado por Coquerel, 2013, p. 112) propõe uma classificação de métodos de ensino, no qual relaciona os tipos de métodos ao grau de autonomia dos estudantes: a) métodos baseados em comandos = anomia; b) tarefas = heteronomia; c) orientação recíproca = heteronomia; d) programação individualizada = heteronomia; e) descoberta orientada = heteronomia; f) solução de problemas = autonomia.

Esperamos que você tenha apreciado o início de nossa viagem, na qual trilhamos as primeiras incursões e reflexões sobre o funcionamento cerebral e sua conexão com a aprendizagem. Seguimos agora para uma nova fase, percorrendo e explorando o desenvolvimento do sistema nervoso, a plasticidade, a memória e a aprendizagem! Mas, antes, que tal fazermos algumas atividades para melhor fixar e ainda expandir alguns conteúdos?

## Atividades de autoavaliação

1. Os neurônios têm formatos e tamanhos variados, conforme sua funcionalidade e localização, e, em geral, têm 4 partes, que são:
   a) Corpo celular ou soma; dendritos; axônio; neurotransmissores.
   b) Corpo celular ou soma; dendritos; axônio; botões terminais.
   c) Corpo celular ou soma; sinapse; axônio; botões terminais.
   d) Corpo celular ou soma; sinapse; axônio; neurotransmissores.
   e) Sinapse; axônio; neurotransmissores; neuroglia.

2. Analise as assertivas a seguir sobre as funções dos neurotransmissores e julgue-as verdadeiras (V) ou falsas (F).
   ( ) Adrenalina – relacionada à reação de luta/fuga, produz excitação corporal.
   ( ) Noradrenalina – inibe os impulsos nervosos, sendo necessária para manter o foco.
   ( ) Dopamina – ligada ao sistema de recompensa do cérebro (prazer), é importante para o controle motor, a motivação e o aprendizado.
   ( ) Serotonina – níveis baixos de serotonina produzem bom humor e felicidade e são importantes para o controle do desejo de comer e da agressividade.

Agora, assinale a alternativa que indica a sequência correta:

a) V, F, V, V.
b) F, F, F, V.
c) F, V, F, F.
d) F, F, V, V.
e) V, V, V, F.

3. Analise as assertivas a seguir sobre as divisões do sistema nervoso e julgue-as verdadeiras (V) ou falsas (F).

( ) Sistema nervoso autônomo (SNA), ou visceral, é parte do sistema nervoso periférico e coordena o meio interno. Recebe as informações das vísceras e elabora as respostas (via sistema endócrino) para a manutenção da homeostase.

( ) SNA tem uma divisão simpática, responsável pelo relaxamento, por assimilar e conservar a energia e recuperar o metabolismo.

( ) O sistema nervoso central tem uma divisão parassimpática, responsável pelo preparo do organismo para situações difíceis, ditas de luta ou de fuga.

( ) O sistema nervoso somático é parte do sistema nervoso periférico, sendo responsável pelo contato do organismo com o meio ambiente, além de receber e enviar informações do corpo para o cérebro e vice-versa.

Agora, assinale a alternativa que indica a sequência correta:

a) V, F, F, V.
b) V, V, V, F.
c) F, V, V, V.
d) F, F, F, V.
e) V, V, F, V.

4. Analise as assertivas a seguir sobre as funções de estruturas do cérebro e julgue-as verdadeiras (V) ou falsas (F).

( ) Tálamo: intérprete do cérebro, traduz sons, cheiros ou sabores em emoções e sentimentos como nojo, desejo, orgulho, arrependimento, culpa ou empatia.

( ) Hipotálamo: regula as funções vitais, como temperatura corporal, ritmos circadianos, pressão sanguínea e nível de glicose. Impele o organismo a agir por impulsos de sede, fome, agressão e sensualidade.

( ) Hipocampo: armazena novas memórias declarativas, recentes e de longo prazo, também de orientação espacial.

( ) Amígdala: responsável pelo processamento das emoções, como o medo, pelo aprendizado, pelo sistema de recompensa (prazer) e pelas reações de luta e fuga. Atua no julgamento emocional dos estímulos externos.

Agora, assinale a alternativa que indica a sequência correta:

a) V, F, F, V.
b) V, V, V, F.
c) F, V, V, V.
d) F, F, F, V.
e) V, V, F, V.

5. A respeito das unidades funcionais de Luria, marque a alternativa correta:

a) 1ª cérebro programador; 2ª cérebro informado; 3ª cérebro desperto.
b) 1ª cérebro desperto; 2ª cérebro programador; 3ª cérebro informado.

c) 1ª cérebro desperto; 2ª cérebro informado; 3ª cérebro programador.
d) 1ª cérebro informado; 2ª cérebro desperto; 3ª cérebro programador.
e) 1ª cérebro programador; 2ª cérebro desperto; 3ª cérebro informado.

## Atividades de aprendizagem

**Questões para reflexão**

1. Relacione as informações sobre o funcionamento cerebral e a prática docente.

2. Com base nos dados que estudou até o momento, quais modificações você poderia fazer em sua prática como professor(a)? Justifique.

**Atividade aplicada: prática**

1. Com base nas suas respostas às perguntas da Seção *Questões para reflexão*, planeje a criação, ou o aperfeiçoamento, de uma atividade didática. Se desejar, faça isso interagindo com seus(suas) estudantes e/ou colegas. Explore o processo coletivo de criação, partilhando seu conhecimento e ouvindo sugestões. Aplique essa ideia/plano e avalie os resultados conjuntamente, principalmente com os estudantes.

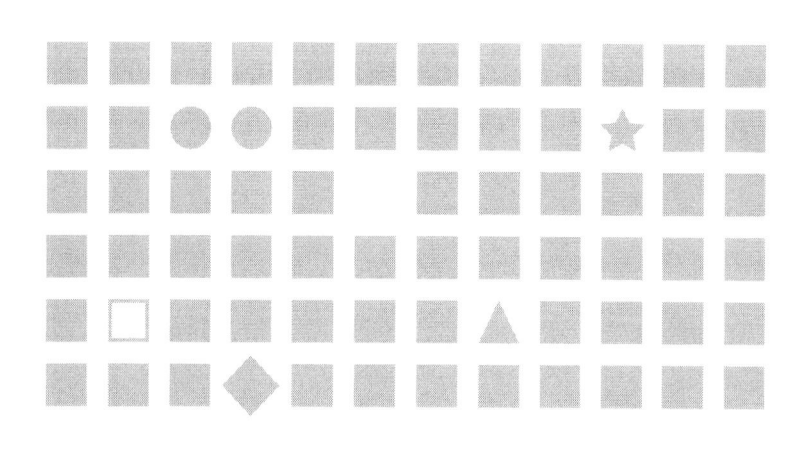

Capítulo 2
# Desenvolvimento do sistema nervoso, plasticidade, memória e aprendizagem

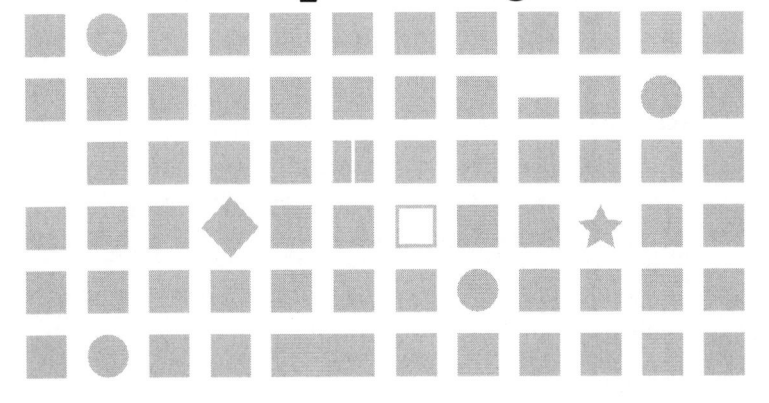

**Bem-vinda(o) ao segundo** capítulo! Nele, vamos explorar o complexo e fantástico desenvolvimento do sistema nervoso e suas células: do nascimento à morte programada. Você descobrirá que existem períodos críticos, nos quais certas funções têm picos de desenvolvimento que não podem ser perdidos – como a visão – e que, após o nascimento, é na interação com o meio que completamos nosso desenvolvimento; aliás, vamos amadurecendo por um período relativamente longo. O córtex pré-frontal, por exemplo, torna-se maduro na segunda década de vida! Isso enfatiza a importância da educação formal e seu determinante papel na aprendizagem.

Você verá que nossos cérebros são plásticos, mutáveis, e que essa plasticidade nos faz eternos aprendizes. Vamos recordar sobre a memória e sua sobreposição com a aprendizagem. Por fim, vamos começar a refletir sobre como otimizar todos esses processos. Avancemos nessa arriscada viagem!

## 2.1 Desenvolvimento do sistema nervoso

Você já observou uma criança com déficit de atenção jogando num celular? Por que ela é extremamente atenta e engajada no jogo e não faz o mesmo em sala de aula? Usualmente, desenvolve raciocínio lógico, resolve problemas, aprimora a memória e aprende rapidamente as regras e como se desenvolver no jogo digital! O que sabem os desenvolvedores de jogos que professores(as) parecem desconhecer? E, se soubessem, uma sala de aula poderia ser tão ou mais interessante do que um jogo no celular?

Vivemos na era da tecnologia, em que tudo muda rapidamente – habitamos a velocidade e a mudança! As crianças e os jovens nativos dessa era têm muita facilidade de se adaptar. Adultos e idosos também o fazem, mas em ritmo mais lento e com esforço maior.

Reflita se a educação tem mudado ou tem se mantido nos moldes medievais de sua origem. Como você deve saber, mudar é o desafio de vida, porque, sem mudança, a vida não se mantém nem evolui.

### 2.1.1 Evolução das células nervosas

O desenvolvimento das células nervosas na fase pré-natal é fascinante.

Basta dizer que um único óvulo fertilizado se transforma em 100 bilhões[1] de neurônios com 100 trilhões de conexões em um curto espaço de tempo. Esse processo intrauterino é amplamente independente de atividade e induzido pela genética. Após o nascimento, as interações com o ambiente passam a modificar o desenvolvimento e desempenha uma função mais importante. (Higgins; Georg, 2010, p. 89)

Um minúsculo tubo de finas paredes que contém células tronco vai gerar todos os neurônios e as demais células nervosas. Esse processo inicia-se nas primeiras semanas do

---

1 Segundo estudos atuais do Laboratório de neuroplasticidade do Instituto de Ciências Biomédicas da Universidade Federal do Rio de Janeiro (UFRJ), liderados pelos neurocientistas Robert Lent e Suzana Herculano-Houzel, a contagem atual é de 86 bilhões de neurônios no cérebro humano, acompanhados de 85 bilhões de células da glia (Zorzetto, 2012).

embrião e ocorre em fases sucessivas, como explicaremos a seguir. Atente que algumas delas podem se sobrepor (Cosenza; Guerra, 2011; Rotta; Ohlweiler; Riesgo, 2006).

Em um local específico do embrião, a região organizadora, ocorre o processo de **identidade neural**, pelo qual o ectoderma se transforma em neuroectoderma por meio de alguns fatores indutores, como folistanina, noguina e cordina (Rotta; Ohlweiler; Riesgo, 2006).

Após a fase anterior, inicia-se a **neurogênese**, ou produção/proliferação celular, isto é, a criação dos neurônios, ou a contínua divisão das células-tronco que, de número reduzido, irão se transformar em bilhões em pouco tempo. As paredes do tubo ficam mais espessas, especialmente junto à cabeça, onde vai se formar o cérebro (Cosenza; Guerra, 2011; Rotta; Ohlweiler; Riesgo, 2006).

Em seguida, ocorre a **migração**, pois, à medida que vão sendo criados, os neurônios precisam se deslocar para os locais que lhes foram designados pela programação genética. "O neurônio jovem migra como se fosse um caracol arrastando a concha. São descritas duas 'levas' migrantes, uma aproximadamente na sétima e outra em torno da décima quarta semana de gestação. Nesta fase, as células gliais servem como guia para os neurônios, durante a mudança de localização" (Rotta; Ohlweiler; Riesgo, 2006, p. 25).

Falhas nesse processo vão impedir que as conexões corretas ocorram posteriormente, gerando alterações, por exemplo, nas funções corticais e, entre elas, o aprendizado (Cosenza; Guerra, 2011; Rotta; Ohlweiler; Riesgo, 2006).

Simultaneamente ao processo de migração, tem início a **diferenciação celular**. As células começam a se desenvolver conforme o programa genético, que lhes orienta a forma, o tamanho e a função que irão ter enquanto tornam-se neurônios adultos, naquele local do sistema nervoso (Cosenza; Guerra, 2011; Rotta; Ohlweiler; Riesgo, 2006). Nesse momento, em que é necessário conectar-se com outros neurônios para que suas funções possam ser executadas, tem início a **sinaptogênese**:

Não é uma tarefa simples, pois muitas fibras (axônios) tem que crescer ao longo de extensos trajetos, passando por territórios desconhecidos e cheios de obstáculos, uma vez que outras estruturas, também em fase de diferenciação, estarão no seu caminho. Nesse percurso, elas são auxiliadas por outras estruturas que, por sinalizações químicas ou mecânicas, as orientam até alcançarem o objetivo final. (Cosenza; Guerra, 2011, p. 28)

Essa fase ocorre em período mais avançado da gestação; de fato, a maior parte das conexões sinápticas serão geradas após o nascimento, sendo mediadas por influências do ambiente.

O desenvolvimento do sistema nervoso implica a produção de mais neurônios e mais sinapses do que aquelas que serão, efetivamente, utilizadas. Nessa fase, ocorre o **refinamento das conexões**, desbastamento ou eliminação sináptica, ou seja, o refinamento do processo sináptico, quando as conexões excedentes, fracas ou, ainda, disfuncionais são eliminadas. Esse processo ocorre em momentos e intensidades diferentes, conforme a região cerebral, seguindo, possivelmente, uma ordem de utilidade. Por exemplo, as áreas sensoriais e motoras são refinadas antes daquelas ligadas às funções executivas (FE) (terceira unidade funcional de Luria).

O córtex frontal, implicado nessas funções, é a última região cerebral a passar pela **eliminação sináptica**, que, nesse caso, ocorre na transição da adolescência para a vida adulta. Importante notar que tal maturidade, ou maturação, acontece não pela expansão da substância cinzenta, mas pela sua redução, ou seja, é um processo qualitativo de melhora das conexões, e não de aumento da sua quantidade. Disfunções na eliminação sináptica têm sido relacionadas a transtornos psiquiátricos; no autismo, por exemplo, a eliminação ocorre menos do que deveria, entretanto, na esquizofrenia, desenvolve-se em excesso (Cosenza; Guerra, 2011; Higgins; Georg, 2010; Rotta; Ohlweiler; Riesgo, 2006).

Para que o sistema nervoso funciona bem, não apenas sinapses precisam ser eliminadas, mas também células neuronais, por essa razão, há a **apoptose**, ou morte programada. Isso ocorre com aquelas que não alcançaram o local correto, não formaram as ligações previstas, ligaram-se incorretamente ou ainda porque se tornaram disfuncionais. Atente que qualquer disfunção em alguma fase pode acarretar problemas, por exemplo, a neurogênese (nascimento dos neurônios) muito intensa ou a apoptose retardada (morte seletiva) têm sido relacionadas à doença de Alzheimer e à depressão (Cosenza; Guerra, 2011; Santos; Andrade; Bueno, 2010; Higgins; Georg, 2010).

A **mielinização** é o processo de envolvimento do axónio por uma camada de mielina, que produz aceleração da transmissão entre os neurônios, visto que a mielina é um tipo de gordura isolante que reduz perdas de informação durante o processo de transmissão. A mielinização parece marcar a fase final de amadurecimento em biológica e ontogenética do sistema nervoso (Rotta; Ohlweiler; Riesgo, 2006). "Para que se tenha uma ideia, a mielinização das vias acústico-visuais se inicia em torno do quinto mês de gestação e só completa seu ciclo mielinogênico após os 20 anos de idade" (Rotta, Ohlweiler, Riesgo, 2006, p. 25).

## 2.1.2 A importância da interação com o meio

Como você aprendeu na seção anterior, a maturação do encéfalo durante o período da gestação, como parte do desenvolvimento do sistema nervoso, é fundamental a seu funcionamento futuro completo.

Você já deve estar pressupondo, portanto, que falhas nesse desenvolvimento poderão levar a futuras disfunções ou transtornos, como dificuldades ou transtornos de aprendizagem. Essas falhas podem ser causadas por fatores genéticos ou do ambiente. por essa razão as gestantes precisam ter muito cuidado nesse período crítico, considerando, em especial, uma nutrição balanceada. É vital evitar o uso de drogas lícitas e ilícitas e manter atitudes preventivas para que não entre em contato com micro-organismos nocivos (Cosenza; Guerra, 2011).

O bebê humano nasce com seu sistema nervoso muito imaturo, diferente de outros animais. Ao nascer, ele tem suas conexões básicas estabelecidas, que lhe permitem funções motoras afetivas e cognitivas iniciais; no entanto é por meio das interações ambientais que essas funções poderão amadurecer e se desenvolver de forma funcional. A visão talvez seja um belo exemplo disso: aprendemos a ver com o passar dos anos, ainda que nossas estruturas óptica e nervosa estejam prontas para visão desde muito cedo (Consenza; Guerra, 2011).

No nascimento a criança já tem pronto o circuito básico da visão e é capaz de enxergar. Mas o que ela enxerga é ainda um esboço do que será capaz de ver em pouco tempo, à medida que for interagindo e sendo estimulada pelo ambiente, o que leva à formação de novas sinapses, além da manutenção das já existentes. Todos nós "aprendemos" a ver, em um período de nossa vida que não deixa registros conscientes, e por isso não nos lembramos dessa aprendizagem. O mesmo ocorre com outros sentidos que possuímos, bem como a nossa habilidade motora. Assim, é a formação de novas ligações sinápticas entre as células no sistema nervoso que vai permitindo o aparecimento de novas capacidades funcionais. A criança nasce com um cérebro de mais ou menos 400g que, ao final do primeiro ano de vida, terá duplicado, pesando cerca de 800g. Considerando-se que não ocorre formação de novas células nervosas nesse período, praticamente todo o crescimento é devido à formação de novas ligações [...], embora ocorra também o aumento da quantidade de mielina e de células gliais.

(Cosenza; Guerra, 2011, p. 32-33)

A importância da estimulação ambiental tem também sido mostrada em experimentos com animais, que, quando submetidos a ambientes empobrecidos ou mesmo sendo privados de estímulos necessários ao desenvolvimento de certas capacidades, mostraram evidentes consequências, não desenvolvendo essas capacidades, mostrando menor quantidade de sinapses nas regiões associadas e córtices cerebrais mais finos. Além disso, em termos do aparecimento de determinadas funções, verificou-se determinados padrões temporais relacionados às diferentes espécies, incluindo a humana. Essas e outras pesquisas levaram à elaboração do conceito de **períodos críticos**, ou receptivos, do desenvolvimento (Cosenza; Guerra, 2011; Higgins; Georg, 2010).

## 2.1.3 Períodos críticos

Você já ouviu dizer que haveria períodos específicos para o desenvolvimento de determinadas funções, que, se não aproveitados, desencadeariam perdas definitivas? Sim, esses períodos existem, mas há evidências de que é possível corrigir tais perdas, ainda que com certos limites e empenho bem maior do que aquele que seria utilizado no período mais favorável. Um exemplo interessante disso é o aprendizado de uma segunda língua, que é realizado com facilidade nos primeiros anos de vida, se comparado com o mesmo aprendizado em idades posteriores (Cosenza; Guerra, 2011).

O sistema nervoso é extremamente plástico nos primeiros anos de vida. A capacidade de formação de novas sinapses é muito grande, o que é explicável pelo longo período de maturação do cérebro, que se estende até os anos da adolescência. Por exemplo: sabemos que o hemisfério esquerdo se ocupa com o processamento da linguagem na maior parte dos indivíduos. No adulto, se as áreas da linguagem sofrem alguma lesão, geralmente se observa uma afasia, uma perda da capacidade de expressar ou de compreender a linguagem verbal. No entanto, na primeira década de vida, podem ocorrer lesões que não deixam sequelas, pois o hemisfério do outro lado ainda pode assumir as funções perdidas, promovendo o aparecimento de novas ligações sinápticas em seus circuitos neuronais. (Cosenza; Guerra, 2011, p. 35)

Esse exemplo mostra a fantástica capacidade plástica do cérebro, como veremos adiante em mais detalhes. A plasticidade é a possibilidade de alteração para adaptar-se às modificações internas ou externas. O cérebro adulto não tem essa capacidade de forma tão intensa, mas a plasticidade nervosa continua durante toda a vida, mesmo que com certas limitações (Cosenza; Guerra, 2011).

Em exemplo complementar, vemos que o período crítico para a visão humana se estende até, mais ou menos, 6 anos de idade. Crianças com catarata congênita tendem a apresentar um déficit visual para o resto da vida se o cristalino não for reparado dentro do período crítico; já um adulto com catarata vai retomar a sua acuidade de visual se o cristalino for corrigido, isso porque o córtex visual já foi desenvolvido em período crítico anterior (Higgins; Georg, 2010).

## 2.2 Plasticidade

Como visto, o desenvolvimento do sistema nervoso implica modificações sucessivas que tendem a seguir uma programação interna, genética, modelada pela interação ambiental, principalmente, após o nascimento. Tais modificações não ocorrem apenas durante o desenvolvimento do sistema nervoso, mas ao longo de toda a vida, ainda que numa proporção menor, como veremos agora, explorando a *plasticidade cerebral*.

Plasticidade cerebral se refere alterações vitalícias na estrutura do cérebro que acompanham a experiência. Esse termo sugere que o cérebro é maleável, como o plástico, e pode ser moldado em diferentes formas, pelo menos em nível microscópico. Os cérebros expostos a diferentes experiências ambientais, são moldados de forma diferente. Por ser parte de nosso ambiente, a cultura ajuda a moldar o cérebro da espécie humana. Poderíamos, portanto, esperar que pessoas em diferentes culturas adquirissem diferenças na estrutura cerebral cujo efeito sobre os seus comportamentos fosse permanente. A plasticidade cerebral não se deve apenas a resposta a eventos externos ao organismo, mas também a resposta a eventos internos, incluindo efeitos hormonais lesões e genes anormais. O cérebro em desenvolvimento, desde o início da vida, é essencialmente responsivo a esses fatores internos, que, por sua vez, alteram a forma que o cérebro reage às experiências externas. (Kolb; Whishaw, 2002, p. 259-260)

Pensando em termos de programação genética, vemos que, ao longo da infância, existe um aumento progressivo das conexões sinápticas, o que é reduzido na adolescência. Esse processo, que conduz à idade adulta, busca otimizar o potencial de aprendizagem pela redução da taxa de aprendizagem do novo com o aumento da capacidade de refletir sobre os aprendizados anteriores (Cosenza; Guerra, 2011).

Em complemento, na interação com o ambiente, a plasticidade mostra-se de essencial utilidade, visto que a maior parte de nossos comportamentos são apreendidos em situação de interação.

O treino e aprendizagem podem levar à criação de novas sinapses e à facilitação do fluxo da informação dentro de um circuito nervoso. É o caso do pianista, que diariamente se torna mais exímio porque o treinamento constante promove alterações em seus circuitos motores e cognitivos, permitindo maior controle e expressão na sua execução musical. Por outro lado, o desuso, ou uma doença, podem fazer com que ligações sejam desfeitas, empobrecendo a comunicação nos circuitos atingidos. (Cosenza; Guerra, 2011, p. 36)

Quando aprendemos coisas novas com base no que já sabemos, aumentamos a complexidade das ligações neuronais anteriores e produzimos ligações novas.

A grande plasticidade no fazer e no desfazer as associações existentes entre as células nervosas é a base da aprendizagem e permanece, felizmente, ao longo de toda a vida. Ela apenas diminui com o passar dos anos, exigindo mais tempo para ocorrer e demandando um esforço maior para que o aprendizado ocorra de fato. (Cosenza; Guerra, 2011, p. 36)

Como pode ser visto, *neuroplasticidade* é quase sinônimo de *aprendizagem*, ou, ao menos, esta não existe sem aquela. Em complemento, não podemos falar de aprendizagem sem considerar os processos da **memória**, a qual também implica neuroplasticidade continuada ao longo de toda a vida. Vamos aprender mais ou recordar sobre ela neste momento.

## 2.3 Memória

*"Memória é aquisição, o armazenamento e a evocação de informação" (Higgins; Georg, 2010, p. 111).*

Interessante notar que, quando conceituamos memória, parece que estamos falando de aprendizagem e, de fato, esses dois processos são interdependentes. No aprendizado, informações são obtidas (adquiridas) e modificam o sistema nervoso (armazenamento), podendo ser vistas em mudanças comportamentais (evocação ou recuperação). *Evocação* é a capacidade de buscar a informação que está armazenada em nossa memória, podendo ser esta de forma explícita (informações) ou procedural (habilidades). Em síntese, **não há aprendizado sem memória** (Cosenza; Guerra, 2011; Kapczinski et al., 2011).

As memórias têm sido classificadas por diferentes aspectos. Se considerarmos o tempo que perduram, teremos a memória imediata, de curta e de longa duração (Cosenza; Guerra, 2011; Kapczinski et al., 2011; Russo, 2015). A **memória imediata**, ou de brevíssima duração, é aquela em que mantemos informações por poucos segundos, por exemplo, quando memorizamos o número de um telefone desconhecido para utilizá-lo em uma chamada – e, em geral, temos dificuldades de guardar mais do que sete dígitos.

Se conseguimos manter tais informações por alguns minutos pela repetição, estamos expandindo a memória imediata para a **memória de curto prazo**, que ocorre, por exemplo, quando procuramos um objeto perdido e precisamos nos lembrar dos locais que já foram olhados para não os repetir. Esses tipos de memórias são rapidamente descartados. Entretanto, se por alguma necessidade ou circunstância elas precisarem ser mantidas por mais tempo, poderão ser consolidadas em uma forma mais duradoura de registro e durar dias, meses ou anos, quando, então, teremos as **memórias de longo prazo** (Higgins; Georg, 2010; Russo, 2015).

Considerando o aspecto de sua **função**, alguns autores entendem a memória imediata, ou a sua extensão, como **memória de trabalho** ou operacional. Precisamos manter algumas informações pelo tempo mínimo necessário para realizar a sua análise e gerenciamento, dessa forma, podemos desenvolver tarefas, inclusive, a aprendizagem (Kapczinski et al., 2011; Russo, 2015).

> A memória de trabalho é imprescindível para entender e contextualizar todo tipo de informação; sem ela, isso não seria possível. Ela nos mantém conscientes sobre onde estamos e o que fazemos a cada momento de nossa vida. [...] é chamada por alguns de "**sistema gerenciador** de informações do cérebro". De fato, exerce essa função e nos permite tomar decisões instantâneas sobre que informações devemos guardar ou recordar. (Kapczinski et al., 2011, p. 112, grifo do original)

Dentre as áreas no cérebro relacionadas a esse tipo de memória, destaca-se o córtex pré-frontal; alterações nessa região podem gerar prejuízos na capacidade de realizar julgamentos de valores. Para Kapczinski et al. (2011, p. 112), "Os indivíduos com essas lesões não conseguem relacionar a realidade com aspectos emocional ou cognitivamente importantes, como, por exemplo, os vinculados às consequências de seus atos. Há lesões do córtex pré-frontal em alguns tipos de psicopatas".

Em termos da forma de processamento, as memórias de longo prazo podem ser classificadas em *explícitas* – quando fazemos um esforço (lembramos) e usamos os conteúdos conscientemente – e *implícitas* – quando as memórias se apresentam, principalmente, na forma de comportamento, sem esforço consciente algum (Gazzaniga; Heatherton, 2005; Russo, 2015).

As informações recordadas nas memórias **explícitas** são ditas *declarativas* porque são passíveis de serem relatadas de forma verbal. Quando esses fatos se referirem à vida da própria pessoa, ou seja, a fatos autobiográficos, temos as *memórias episódicas*; quando se referirem a outros fatos e conhecimentos gerais sobre o mundo, são chamadas de *memórias semânticas*.

As memórias **implícitas** podem se relacionar a atividades motoras, como andar de bicicleta, tocar um instrumento musical, digitar um texto no teclado de um computador. As estruturas envolvidas incluem hipocampo, núcleos de base e cerebelo. Existem também memórias implícitas de natureza emocional – relacionadas aos condicionamentos –, vinculadas ao funcionamento das amígdalas. Por exemplo, quando chegamos ao consultório de um dentista e sentimos medo, possivelmente estamos, não conscientemente, associando o local à dor.

Nesse sistema, são produzidas reações autonômicas e comportamentais automáticas, ou seja, sem percepção consciente. A criação involuntária/não consciente de atitudes e crenças é também uma forma de memória implícita. Em um experimento, foi solicitada aos participantes a leitura de nomes fictícios. No dia seguinte, participaram de "outro estudo" (de fato, era o mesmo, mas eles não sabiam), no qual tinham de avaliar uma lista de nomes indicando quais eram ou não famosos. A leitura do dia anterior afetou suas avaliações, mas as pessoas não sabiam disso, uma vez que não lembravam conscientemente. Outra forma de memória implícita é o **priming**, ou o aprimoramento de repetição, no qual a evocação é influenciada pela exposição parcial do conteúdo a ser recordado, como a asa de um avião para recordá-lo ou um verso de um poema para trazê-lo todo à tona (Gazzaniga; Heatherton, 2005; Kapczinski et al., 2011; Russo, 2015).

## 2.4 Aprendizagem

Antes de apresentar alguns conceitos e abordagens sobre aprendizagem, vamos considerar o sistema de recompensa do cérebro (SRC), que tem relação direta com todas as perspectivas de ensino-aprendizagem. Esse sistema integra várias regiões e tem sido estudado tanto em seres humanos como em outros animais. Ele produz sensações e sentimentos bons, como prazer, felicidade, euforia e está intimamente ligado ao neurotransmissor *dopamina* – que você conheceu no primeiro capítulo – e modula diretamente nossa motivação, atenção e tomada de decisão.

### 2.4.1 Sistema de recompensa do cérebro (SRC)

Esse sistema pode ser dividido em duas partes. Uma delas é responsável pelas **recompensas primárias**, relacionadas às necessidades de sobrevivência, como comida, bebida, sexo e abrigo. Por essa razão, sentimos desejo e mobilizamos nossa atenção para obter comida e bebida. A satisfação que sentimos após uma boa refeição e/ou ingesta de bebida também é consequência do mesmo sistema (Ghadiri; Habermacher; Peters, 2012).

A outra parte é responsável pelas **recompensas secundárias**, aquelas indiretamente ligadas às necessidades de sobrevivência, sendo também importantes a ela. O *status* social, por exemplo, relacionado às recompensas secundárias, reflete um nível primitivo de hierarquia e está indiretamente relacionado à capacidade de sobreviver e encontrar um parceiro adequado. Quanto mais alto o *status* social, maior as chances de suprir essas necessidades.

Outras recompensas secundárias incluem: informação, reconhecimento, gratidão, valor social, altruísmo, confiança e contato físico. Esses elementos evidenciam que a motivação humana é multifacetada e complexa. Em uma organização, por exemplo, é um equívoco pensar que os colaboradores são motivados apenas pelo dinheiro. "Recompensa e prazer têm múltiplas conexões e associações complexas" (Ghadiri; Habermacher; Peters, 2012, p. 32-33, tradução nossa). O mesmo pode ser dito de uma organização educacional.

> O sistema de recompensa é, no entanto, mais do que simplesmente recompensa e motivação, se isso não for suficiente por si só. Também é essencial para os processos de aprendizagem, particularmente o aprendizado de hábitos. Reforço positivo é um elemento-chave da aprendizagem e isso é um elemento do sistema de recompensa. O oposto, o condicionamento do medo, é uma forma de aprendizado, mas os impactos são negativos e colocam o corpo em um estado de estresse. (Ghadiri; Habermacher; Peters, 2012, p. 33, tradução nossa)

Esse sistema envolve áreas importantes do cérebro, todas relacionadas ao processo de aprendizado:

O sistema é caracterizado por seus componentes centrais (núcleo acumbente, área tegmentar ventral e córtex pré-frontal) e seu envolvimento com o sistema límbico (associado às emoções) e com os principais centros responsáveis pela memória (amígdala e hipocampo). Para ativar a pequena estrutura de aproximadamente um centímetro de diâmetro (chamada de núcleo acumbente) apenas precisamos realizar algo que nosso cérebro considere bem-sucedido, ou melhor, que tenha causado a sensação de prazer. Assim que o córtex cerebral reconhece que houve bem-estar ele libera para o núcleo acumbente uma dose do neurotransmissor chamado dopamina. Quanto maior for a liberação desse neurotransmissor, maior atividade da estrutura e maior prazer nosso organismo vivencia como um todo. Este padrão de ativação serve de base para que nosso cérebro aprenda e/ou lembre o que é prazeroso, e serve como base de satisfação e da autoestima, por conseguinte. (Rossa, 2012, p. 6)

Nessa perspectiva, é possível

inferir que um ambiente escolar motivador deva ativar intensamente o SRC através de atividades promotoras de satisfação capazes de gerar o prazer emocional e intelectual. A neurociência consegue explicar através da natureza do funcionamento cerebral por que professores carismáticos, alegres, empáticos, e entusiasmados despertam em seus alunos uma enorme satisfação em aprender: eles conseguem ativar o SRC de seus alunos. Ela também justifica com suporte científico como atividades em grupo realizadas de forma dinâmica e desafiadora ou projetos e saídas de campo, por exemplo, podem gerar uma satisfação ímpar nos seus participantes. A motivação é a base para a obtenção de sucesso em qualquer empreendimento humano. (Rossa, 2012, p. 6)

Interessante notar que o SRC é ativado tanto pelos sentidos sensoriais – quando estes experienciam sensações prazerosas, como uma atividade física, o sabor de um alimento ou um beijo, por exemplo – quanto pela intenção de fazer algo interessante, novo, surpreendente. Podemos sentir prazer ao fazer algo, bem como ao imaginar que faremos. Quando antecipamos, em nossa mente, uma ação ou acontecimento considerados bons, antecipamos também o prazer pelo SRC, que é ativado e nos motiva para a ação (Rossa, 2012).

Particularmente importante à educação é a diferença entre o funcionamento do SRC infantil e o do adolescente.

O mesmo sistema de recompensa cerebral funciona de modo oposto nestas duas fases de desenvolvimento humano: a motivação quase desaparece para o adolescente e é abundante para as crianças. [...]

**O núcleo acumbente perde entre um terço até a metade dos receptores dopaminérgicos desde a infância até a idade adulta.** A consequência mais drástica para o comportamento dos adolescentes é a repentina incapacidade de ativação do sistema de recompensa através de estímulos antes satisfatórios. O tédio, na adolescência, "nasce" desta enorme perda de receptores para dopamina. (Rossa, 2012, p. 7-8, grifo nosso)

Além do tédio, bem característico da adolescência, a capacidade de antecipar sensações prazerosas é muito reduzida também. A preguiça pode ser explicada, em parte, por esse processo neuroquímico, bem como a busca de experiências radicais, de risco, que visam ativar o SRC, entre elas aquelas ligadas ao uso de drogas, lícitas ou não (Rossa, 2012). Nós, humanos, somos intensamente sociais – homo sociologicus –, o que é naturalmente importante à nossa sobrevivência. É adaptativo sermos sociais e, como tal, marcados por nosso sistema de recompensa, que torna gratificantes as interações sociais, pela liberação da dopamina. Adolescentes buscam, intensamente, nas relações sociais, uma compensação para a redução do nível de prazer em comparação com a infância. Nessa fase, intensifica-se a necessidade de pertencimento a grupos, na busca por nova identidade, por parceiros(as) sexuais e pela exploração intelectual e experiencial do mundo. Todos esses elementos, usualmente mediados pelas tecnologias de informação e comunicação (TICs), são estimulantes do SRC e devem ser explorados no contexto educacional (Ghadiri; Habermacher; Peters, 2012; Rossa, 2012).

A diminuição da sensibilidade do sistema de recompensa acarreta um ônus à escola: gerar novos estímulos e intensificar os já existentes. Novidades são estimulantes naturais para os adolescentes, por isso, nesta fase, os comportamentos de risco tornam-se mais observáveis. [...] Estudos em neurobiologia nos sugerem promover a prática desportiva, o estudo de instrumentos musicais e/ou o envolvimento com algum tipo de atividade artística, por exemplo. Estes parecem ser estímulos fortes e novos o suficiente para reativar o enfraquecido SRC dos jovens. (Rossa, 2012, p. 8-9)

Voltando às crianças, elas têm muito mais receptores de dopamina do que adolescentes e adultos. Você deve estar se perguntando: Será por isso que quase tudo as estimula intensamente? Praticamente qualquer atividade pode tornar-se brincadeira e gerar prazer. São, assim, supermotivadas porque descobrem prazer e têm recompensa facilmente, diferente de adolescentes e adultos (Rossa, 2012).

Considerar essa supermotivação natural das crianças, intensificada com a dificuldade de concentração dessa fase, é pensar em atividades que explorem e respeitem esse momento.

As atividades oferecidas às crianças certamente devem levar em conta que elas já são e estão supermotivadas. Parece-nos sensato, então, focar nossos esforços em fortalecer as experiências ricas e agradáveis, e buscar momentos alternados de situações mais calmas e de mais energéticas. [...] Parece plausível deixar que as crianças extravasem sua energia em atividades físicas vigorosas e saudáveis e que as acalmemos para propor reflexões, críticas e construção de raciocínios mais abstratos e refinados. O profissional da educação que trabalha com crianças não deve se frustrar com a falsa falta de atenção ou de educação. Valendo-se do conhecimento que envolve a natureza do funcionamento cerebral do sistema de recompensa da criança, ele pode atribuir à "distinta" dopamina a responsabilidade pelo excesso de motivação das crianças. (Rossa, 2012, p. 9)

Explorar o SRC, considerando as diferentes fases do desenvolvimento humano, é essencial para maximizar a motivação e a colaboração, base do sucesso de qualquer atividade organizacional, com destaque às educacionais. Em complemento aos elementos primários e secundários de recompensa, que, a princípio, influenciam todas as pessoas, é importante lembrar que uma parcela grande desse sistema é também individualizada, definido pela história biográfica de cada pessoa. Há também evidentes e potentes influências coletivas, da cultura e da economia, por exemplo. Assim, estudar e compreender os fatores individuais e coletivos, biológicos e sociais que ativam o SRC são desafios de professores e professoras para que se tornem neurolíderes (Ghadiri; Habermacher; Peters, 2012; Rossa, 2012; Fiuza; Lemos, 2017).

> A escola é de fato local de grandes experiências de vida e aprendizado sadio, é local de busca e encontro de prazer. Onde estão esta satisfação e este bem-estar que deveriam ser espontâneos e intrínsecos à vida estudantil? Professores podem se tornar substâncias estimulantes. Somos capazes de estimular a liberação de dopamina, funcionamos como uma droga altamente positiva. **Somos moduladores de cérebros e nossa responsabilidade é eletroquimicamente mensurável**. Ao entendermos o valor dos conhecimentos oferecidos pela neurociência, poderemos transformar o ambiente escolar em um lugar viciante no sentido mais positivo possível, seremos mais capazes de conscientemente detectar falta de ativação do sistema de recompensa e reestruturar a nossa prática docente e, se necessário, todo o entorno escolar, a fim de promover uma maior fonte de prazer. (Rossa, 2012, p. 10, grifo nosso)

## 2.4.2 Aprendizagem: conceitos e abordagens

Após estudar o SRC, você terá conhecimento dos conceitos e das abordagens sobre aprendizagem.

Aprendizagem é consequência de uma facilitação da passagem da informação ao longo de sinapses. Mecanismos bioquímicos entram em ação, fazendo com que neurotransmissores sejam liberados em maior quantidade ou tenham uma ação mais eficiente na membrana pós-sináptica. Mesmo sem a formação de uma nova ligação, as já existentes passam a ser mais eficientes, ocorrendo o que já podemos chamar de aprendizagem. Para que ela seja mais eficiente e duradoura, novas ligações sinápticas serão construídas, sendo necessário, então, a formação de proteínas e de outras substâncias. Portanto, trata-se de um processo que só será completado depois de algum tempo. [...] aprendizagem se traduz pela formação e consolidação das ligações entre as células nervosas. É fruto de modificações químicas e estruturais do sistema nervoso de cada um, que exigem energia e tempo para se manifestar. Professores podem facilitar o processo, mas, em última análise, aprendizagem é um fenômeno individual e privado e vai obedecer às circunstâncias históricas de cada um de nós. (Cosenza; Guerra, 2011, p. 38)

Como pode ser deduzido do que apresentamos, a aprendizagem depende de um perfeito desenvolvimento do sistema nervoso, baseado na fantástica capacidade plástica desse sistema e nas diferentes formas de memória. Organismos aprendem modificando seus comportamentos, por meio da interação (experiência) com o meio ambiente, buscando adaptar-se a ele para sobreviver (Gazzaniga; Heatherton, 2005).

Ainda sobre o tema, temos uma consideração pertinente de Watson (1930), citado por Marx e Hillix (1978):

> Deem-me uma dúzia de crianças saudáveis, bem formadas, e um ambiente para criá-las que eu próprio especificarei, e eu garanto que, tomando qualquer uma delas ao acaso, prepará--la-ei para tornar-se qualquer tipo de especialista que eu selecione – um médico, advogado, artista, comerciante e, sim, até um pedinte e ladrão, independentemente dos seus talentos, pendores, tendências, aptidões, vocações e raça de seus ancestrais. (Watson, 1930, citado por Marx; Hillix, 1978, p. 244-245)

Mas todo aprendizado/comportamento depende das influências ambientais? Se a resposta for sim, estaremos em sintonia como o modelo **comportamentalista** de aprendizagem, para o qual o comportamento é a **resposta** que um organismo gera por meio de um estímulo. Esse modelo, que teve como precursor John B. Watson (1878-1958), concentra-se no comportamento observável. Ele é baseado na teoria do condicionamento clássico de Pavlov, que explica a associação entre estímulos neutros e comportamentos (Gazzaniga; Heatherton, 2005; Nogueira; Leal, 2015).

O condicionamento ocorre quando o estímulo condicionado passa a ser associado a um estímulo incondicionado. Para que ocorra a aprendizagem, estímulo condicionado precisa ser um preditor confiável do estímulo incondicionado, não simplesmente contíguo. Um modelo cognitivo que explica a maioria dos fenômenos de condicionamento é o modelo de Recorla-Wagner, que afirma que a intensidade do condicionamento é determinada pela extensão em que o estímulo incondicionado é inesperado ou surpreendente. (Gazzaniga; Heatherton, 2005, p. 191)

Watson foi o precursor dessa corrente, desenvolvida por outros pesquisadores, entre eles, Edward Chace Tolman (1886-1959), que considerou a intenção no comportamento; Clark Leonard Hull (1884-1952), que explorou a motivação e as variáveis intervenientes; e Burrhus F. Skinner (1904-1990), que trouxe o conceito de **comportamento operante**, o qual transformou os preceitos originais e humanizou o behaviorismo[2]. Sua ideia central é que agimos sobre o meio e o reforço/recompensa ou não (resposta do meio) mudará nosso repertório básico, ou seja, se o meio reforçar/recompensar nossa ação, tenderemos a repeti-la; caso contrário, tendemos a abandoná-la. Assim, a mudança do ambiente muda nosso comportamento – por exemplo, abandonamos respostas antigas e adquirimos respostas novas quando estas são recompensadas e aquelas não são (Ghadiri; Habermacher; Peters, 2012; Nogueira; Leal, 2015).

Como você já compreendeu, a base do **comportamentalismo** é o reforço que recebemos do meio, coerente com o que vimos acima sobre o **SRC**.

Para Skinner, a escola precisa organizar os conteúdos de modo que os alunos sintam-se estimulados a estudar, seguindo uma sequência de módulos com pouca informação e que ascendem de níveis mais fáceis até os mais difíceis. As respostas devem ter *feedback* imediato (recompensa) e o aluno

[2] Derivado do termo inglês *behaviour*, que significando "conduta", "comportamento", o behaviorismo engloba as mais diferentes teorias, dentro da psicologia, sobre o comportamento.

deve aprender em seu ritmo. O psicólogo chegou a criar uma máquina de ensinar, para maximizar a prática de sua teoria, algo que pode ter sido os primórdios da gamificação (uso de elementos de jogos para engajar os participantes numa atividade). O estudante deve ter autonomia, deixando ao professor um papel secundário. Essa abordagem inspirou o ensino tecnicista no Brasil nos anos de 1970 e foi criticada por considerar a aprendizagem um processo mecânico, automatizado, focado na memória, sem aprofundar e discutir melhor os assuntos.

Outra crítica significativa a essa teoria é que ela negligenciava a possibilidade de alguma intervenção da mente das pessoas entre o estímulo e a resposta resultante. O próprio Skinner reconheceu que o que é reforço positivo para uma pessoa pode ser punição para outra, ou mesmo ser ignorado por outros. Essa abordagem continua sendo bastante importante nas práticas educacionais, no entanto, com o desenvolvimento das ciências cognitivas e das neurociências, ficou evidente que processos afetivos e cognitivos podem mediar a resposta aos estímulos ambientais (Barreto, 2014; Nogueira; Leal, 2015).

Diferentemente do comportamentalismo, que centrava seu foco no ambiente, o biólogo Jean Piaget (1886-1986) entendia que o desenvolvimento e o aprendizado ocorriam pela **interação do sujeito com esse ambiente**, ou seja, era um interacionista. Seu foco foi o estudo do desenvolvimento desse sujeito humano, que, no seu caso, eram seus filhos. Ele abordou hereditariedade, crescimento orgânico, maturação neurofisiológica e a interação com meio. Para ele, essa interação é diferente conforme fases de desenvolvimento próprias de cada faixa de idade. Piaget considerou quatro estágios do desenvolvimento infantil – sensório motor, pensamento pré-operacional, pensamento operatório concreto e pensamento operatório formal –, os quais formaram uma teoria da **inteligência sensório-motriz** (Barreto, 2014).

Outra abordagem sobre desenvolvimento/aprendizagem surgiu com Lev Semenovich Vygotsky (1896-1934), que propôs uma **fusão entre o fisiológico e o social** para estudar a consciência humana, tendo recebido forte influência do materialismo histórico e dialético de Marx e Engels. Para ele, os aspectos biológicos são base para os aspectos sociais. Estes (segunda natureza) moldam aqueles (primeira natureza), criando a possibilidade da própria consciência e individualidade, identidade, comportamentos e perspectivas sobre a realidade. Porém, os aspectos sociais parecem ser também influenciados por possibilidades e limitações da estrutura orgânica. Vygotsky entendia que quatro aspectos constituem o ser humano:

1. filogenético (desenvolvimento da espécie humana);
2. sociogenético (história dos grupos sociais);
3. ontogenético (desenvolvimento do indivíduo);
4. microgenético (aspectos específicos do repertório psicológico do sujeito).

A função psicológica tem origem biológica (material) no cérebro, que, no entanto, é plástico, mutável, sendo moldado na história da espécie e do desenvolvimento individual. Seu proeminente seguidor Alexander Luria, criador das unidades funcionais que apresentamos no Capítulo 1, é considerado o pai da neuropsicologia (Luria, 1981; Vygotsky, 1984). Nesse sentido, Vygotsky defendia que as funções psicológicas são um produto de atividade cerebral e influenciou a Educação ao sugerir a importância do papel da linguagem no desenvolvimento do indivíduo e que a aquisição de conhecimentos decorre pela interação do sujeito com o meio. Esta relação interativa propicia a aquisição dos conhecimentos a partir de relações intra e interpessoais e de troca destas com o meio, a partir de um processo que ele denominou de mediação. A teoria desenvolvida por Vygotsky defendia que a criança tem necessidade de atuar de maneira eficaz e com independência e de ter a capacidade para desenvolver um estado mental de funcionamento superior quando interage com a cultura, portanto a própria criança tem um papel ativo no processo de sua aprendizagem, entretanto não atua sozinha, pois aprende a pensar criando, sozinha ou com a ajuda de alguém, interiorizando progressivamente, os exemplos, modelos e vivências que lhe são mostradas ativamente pelas pessoas a sua volta. (Barreto, 2014, p. 712-721)

Como você pôde observar nesses poucos modelos de desenvolvimento/aprendizagem – iniciando com neurociência e concluindo com prisma sociointeracionista, ou biossocial –, a aprendizagem, ou melhor, o ensino-aprendizagem, é um fenômeno complexo e multifacetado. Para ampliar esse contexto, apresentamos um panorama dessas facetas, algumas das quais serão mais bem exploradas ao longo deste livro, outras, por razão de limitação da obra, não serão mais consideradas, mas indicamos referências para consulta.

## 2.4.3 Aspectos influentes no ensino formal

Iniciemos pelo **ambiente físico**, da **sala de aula**: iluminação, ar e ventilação, temperatura e clima, espaço, *design*, cor e decoração da sala, conforto, aroma etc. Todos esses elementos estimulam nossos sistemas sensoriais, que afetam diretamente nossas emoções, nossa memória, nosso aprendizado, nossas decisões, enfim, nosso comportamento, podendo colaborar ou prejudicar o processo de ensino-aprendizagem (Rodrigues; Oliveira; Diogo, 2015; Sendra-Nadal; Carbonell-Barrachina, 2017; Goldschmidt et al., 2008).

Do ambiente físico, passemos ao **ambiente social/cultural**, da **turma**, em que estão envolvidos elementos importantes como a qualidade das relações entre os estudantes ou o clima interpessoal. O clima afetivo, descontraído, espontâneo, livre de ameaças, favorece o processo de ensino-aprendizagem (Pillay, 2011, Cosenza; Guerra, 2011). O nível médio de desempenho nas atividades escolares também é elemento importante, uma vez que o desempenho grupal influencia o individual, bem como a cultura da turma, isto é, se a turma é cooperativa, inclusiva, ou competitiva, exclusiva. Como você deve imaginar, ambientes estressantes são desfavoráveis ao aprendizado (Gazzaniga; Heatherton, 2005; Pillay, 2011, Cosenza; Guerra, 2011).

Decisivo para determinar ou, ao menos, influir de maneira preponderante no ambiente social/cultural da turma é o(a) **professor(a)**, ou melhor, *mediador(a)*. Como líder, suas habilidades interpessoais/emocionais – capacidades de comunicar, gerir e resolver conflitos, de expressar afeto e estabelecer vínculos, de motivar – são cruciais, para o desenvolvimento da turma. Seu estilo de liderança – autocrático, democrático, *laissez-faire* (inoperante) – refletirá diretamente no clima da turma e em seu desempenho, sua independência, sua criatividade e seu sucesso – fato que ficou claro em um clássico experimento com espaço social realizado por Kurt Lewin em 1939 (Lewin, 1975; Pillay, 2011):

> **Experimento com espaço social** – Nesse experimento, Lewin (1975) explorou a influência da atmosfera social na vida grupal. Para tanto, montou dois grupos com meninos e meninas entre 10 e 11 anos de idade, os quais tinham como objetivo a elaboração de máscaras. No grupo A (democrático), os participantes podiam escolher como fazer as atividades, incluindo organização de subgrupos de trabalho. O líder desse grupo elogiava e criticava objetivamente, estimulava o grupo a criar vários caminhos, aceitava sugestões criativas e estimulava comportamentos práticos e a cooperação entre os participantes (Lewin, 1975). O grupo B (autocrático) deveria fazer o que o primeiro grupo decidia, sendo informado da tarefa pelo seu líder, que agia de forma hostil e agressiva, dominando o grupo, definindo o que, como e com quem as atividades deviam ser feitas. O seu caminho era o único, e não era permitido um movimento livre entre os membros (Lewin, 1975).
> 
> Como resultado, observou-se uma moral e produtividade mais baixas no grupo B, que deixou de produzir quando seu líder abandonou o posto. As crianças desse grupo mostraram-se mais dependentes e submissas ao líder, visto que organização, objetivos e ações foram decididos por ele.

Em contraste, o grupo A manteve a moral e a produtividade altas, mesmo com a saída de seu líder, mostrando uma mentalidade grupal forte (objetivos, organização e ações foram construídos com a participação de todos). Como todos participaram responsável e ativamente nas tomadas de decisão, sem o líder, prosseguiram por sua própria força. Os objetivos eram seus também, não exclusivamente do líder (Lewin, 1975).

Observaram-se ainda formas distintas de interação interpessoal nos dois grupos, com uma forte atitude de individualismo e hostilidade entre os participantes do grupo autocrático. Outras características desse grupo incluem: a) foco no "eu"; b) menos cooperação e submissão entre os membros e maior submissão com o líder; c) menos originalidade nas produções; e d) níveis bem marcados entre o líder e os demais, inclusive, com a criação de um novo nível inferior, na figura do "bode expiatório". Entretanto, o grupo democrático apresentou: a) maior cooperação e cordialidade entre os participantes: foco no "nós"; b) maior submissão entre si e menor com o líder; c) maior originalidade; e d) níveis menos distintos entre o líder e os demais, sem a presença do "bode expiatório" (Lewin, 1975). Ocorreu ainda a troca mútua de crianças de um grupo para o outro, resultando em modificação no comportamento delas, em conformidade com o comportamento predominante no grupo (Lewin, 1975).

Nesse experimento, o estilo e o pensamento do líder dominou a relação entre as crianças e entre elas com o líder, dando suporte ao pensamento de Lewin (1975), de que o clima social de uma criança é o ar que respira ou o solo que pisa. Ele afeta seu sentimento de segurança, comportamento, estilo de vida e objetivos, consequentemente, também as decisões que toma e tomará ao longo de sua vida.

Naturalmente, pensar no desempenho de líder e nas habilidades interpessoais/emocionais de professores e professoras nos reporta à qualidade de sua formação e às condições de trabalho na carreira docente. É óbvio que mais qualidade na formação e nas condições de trabalho refletem diretamente no desempenho docente, sendo uma questão de ordem econômica e política, que temos muito a amadurecer em nossa jovem democracia. A educação não é prioridade nacional máxima, voltada ao projeto de desenvolvimento nacional (Saviani, 2009). Nesse contexto, o(s) referencial(s) teórico(s) e o(s) método(s) didático(s) utilizado(s) são reflexo da formação. A maneira como os professores(as) interpretam o processo de ensino-aprendizagem – e, com base nisso, o(s) método(s) didático(s) utilizado(s) –, é, obviamente, fator determinante no ensino formal.

Todos os fatores anteriores atingem diretamente os(as) **estudantes**, seja auxiliando-os(as), seja prejudicando-os(as). Frequentemente, o baixo desempenho e/ou a desistência dos(das) aprendizes é fruto de elementos não diretamente ligados a eles(elas), fato pouco reconhecido. Contudo, ao olharmos para os(as) estudantes, fatores individuais precisam ser considerados. Entre eles, o desenvolvimento neuropsicomotor e a saúde.

Como você já compreendeu, falhas no desenvolvimento neuropsicomotor ou na saúde afetam o processo de aprendizagem. Por exemplo, problemas respiratórios relacionam-se com dificuldades de aprendizado (Marcus, 2000). Outro fator, possivelmente menos conhecido, diz respeito a diferenças de personalidade. Tomamos como exemplo o aspecto introversão *versus* extroversão. O perfil ideal de estudantes relaciona-se à extroversão, sendo que aqueles(as) introvertidos(as) encontram dificuldades em seu desenvolvimento escolar (e social), apesar de serem portadores de potenciais altamente transformadores (Cain, 2012; Cain; Mone; Moroz, 2016). O desenvolvimento neuropsicomotor, a saúde e, até mesmo, características de personalidade estão também relacionados à qualidade da alimentação e do sono, bem como do consumo adequado de água e da prática de exercícios físicos. Esses fatores são básicos no processo de aprendizagem e serão abordados no Capítulo 6.

A **inteligência de gênero**, ou as diferenças predominantemente neurobiológicas entre estudantes masculinos e femininos, também influencia na educação formal, uma vez que meninos tendem a ter mais problemas de comportamento do que as meninas, além de o cérebro desse gênero levar mais tempo para amadurecer. Os meninos são maioria quando se trata de dificuldades e transtornos de aprendizagem. Uma das possíveis explicações para isso é que as meninas encaixam-se melhor no perfil de "aluno ideal" das escolas. A interação entre fatores (neuro)biológicos e culturais é fruto de controvérsia científica a respeito da *inteligência de gênero*, o que reflete o pouco desenvolvimento da ciência nesse tema. De qualquer forma, é um aspecto que precisa entrar no radar dos(as) educadores(as) (Relvas, 2009; Marturano; Toller; Elias, 2005; Biddulph, 2014; Brizendine, 2006, 2010; Eliot, 2010).

Voltando a processos mais coletivos, chegamos à **família**, considerando, inicialmente, sua estrutura, condições econômico-culturais e relações de gênero. A família constitui-se o primeiro modelo de vínculo, de socialização. Ela oferta não apenas a proteção, mas também as demais condições de sobrevivência e desenvolvimento socioafetivo e cognitivo de seus participantes. O sucesso escolar depende, em grande medida, do apoio familiar, e isso exige que ela tenha recursos econômicos e culturais, incluindo tempo livre e nível escolar da (super)mãe, a qual, usualmente, responsabiliza-se por organizar e acompanhar as atividades escolares dos filhos. A estrutura familiar, incluindo seus novos arranjos, as condições econômico-culturais e as relações de gênero[3] precisam ser consideradas ao se pensar na influência da família sobre o sucesso/fracasso escolar (Carvalho, 2000, 2004; Dessen; Polonia, 2007).

Naturalmente que a situação econômica familiar é fundamental quando pensamos nesse tipo de influência, pois, como sabemos, a vulnerabilidade econômica familiar está relacionada a vários fatores que dificultam a aprendizagem de crianças e jovens. Alimentação, higiene, saúde, proteção e cuidados são prejudicados por situações econômicas precárias (Santos; Graminha, 2005).

Outro aspecto relacionado à família e à inteligência de gênero inclui os fatores psicossociais familiares, como o clima interpessoal, a maturidade emocional e o suporte afetivo oferecido à criança, que influenciam positiva ou negativamente seu desempenho escolar. Ambientes afetivamente protegidos são favoráveis ao desenvolvimento saudável de crianças e jovens. Ambientes estressantes, agressivos (com práticas punitivas, abuso), tensos, são dificultadores, ou mesmo inibidores, desse desenvolvimento, e, como consequência, prejudicam ou impedem a aprendizagem normal, estando também associados a

---

[3] As relações de gênero são assimétricas, pois "pesam" mais para o gênero feminino: as mães, usualmente sobrecarregadas, também se responsabilizam mais do que os pais pela educação dos filhos.

problemas de comportamento escolar. Assim, práticas de prevenção e intervenção nas dificuldades de aprendizagem devem incluir a família (Enricone; Salles, 2011; Ferreira; Marturano, 2002; Pesce, 2009; Santos; Graminha, 2005).

Da família, chegamos à instituição **escola**, o grande palco da educação formal. Iniciamos apenas citando as Diretrizes e Bases da Educação Nacional – estabelecidas pela Lei n. 9.394, de 20 de dezembro de 1996 (Brasil, 1996) –, que definem concepções filosóficas da educação, conteúdos e formas de ensino, metas e objetivos, bem como os valores que permeiam todo o processo. Igualmente importantes são a estrutura, a cultura (valores, valorização) e a economia – (neste caso, o salário dos professores e os recursos pedagógicos, por exemplo). O ambiente escolar, sua estrutura física e recursos tecnológicos, bem como sua forma de funcionar (cultura), podem tanto facilitar como dificultar o ensino e a aprendizagem. Podemos afirmar que a escola pública brasileira enfrenta muitas dificuldades nesse sentido, inclusive a baixa remuneração financeira e a pouca valorização dos professores e professoras, questões importantes que afetam incisivamente o desempenho profissional. Historicamente, esses elementos são reflexos da economia, que conduz a política pública educacional (Souza; Brasil; Nakadaki, 2017; Vigano; Cabral, 2017; Lessa; Souza; Santos, 2018).

Por fim, integrando ainda o elemento escola e ligado aos fatores anteriores, incluímos o estilo de liderança dos(as) gestores(as) e o clima organizacional escolar. Gestões participativas costumam criar ambientes mais agradáveis e mais engajamento do que as autocráticas. Se professores e professoras podem participar das decisões, significa que têm seu valor reconhecido e respeitado (Pillay, 2011; Kultanen; Kalev, 2013).

Para completar este breve sobrevoo por fatores considerados no ensino formal, chegamos ao mais impactante deles, a **economia**. No modelo capitalista neoliberal, é o poder econômico que define a orientação filosófica da educação, visto que é uma das condições a moldar a mentalidade da população. É perigoso ao sistema corrente proporcionar educação que estimule o senso crítico e político, a criatividade, o senso de coletividade e, consequentemente, o valor pessoal e coletivo. Esse direcionamento pode ser visto na reforma da educação brasileira de 2017, por meio da Lei n. 13.415, de 16 de fevereiro de 2017 (Brasil, 2017a), voltada a aumentar uma sociedade de controle (Almeida, 2018; Souza; Brasil; Nakadaki, 2017; Vigano; Cabral, 2017; Lessa; Souza; Santo, 2018).

Outro aspecto negativo da economia neoliberal sobre a educação e sobre a própria vida é a medicalização (da educação e da vida), pela criação e disseminação cultural de doenças "educacionais", como abordaremos no Capítulo 5. Esse movimento, com forte influência geopolítica internacional, influi globalmente nos rumos da ciência, da cultura e de concepções de vida.

De todas as condições que apresentamos nesta seção, talvez, a mais preponderante seja a economia, ou os interesses econômicos, porque são eles que vão definir as políticas públicas sobre a educação e, consequentemente, qual o seu valor e sua direção. A educação é a base do desenvolvimento econômico de qualquer nação, e os países que investiram muito nela progrediram e se destacam no cenário internacional. Infelizmente, nosso país ainda está à margem desse contexto. Reflexões complementares sobre essa influência, nesse caso relacionadas às dificuldades de aprendizado, são apresentadas a seguir.

## 2.4.4 Dificuldades de aprendizagem, a escola e a economia

Extraímos de Ballone (2015) citações que inspiram uma crítica ao fato de que a responsabilidade sobre as dificuldades de aprendizagem recai, quase exclusivamente, sobre as crianças, enquanto as próprias dificuldades da escola – por exemplo, a "dispedagogia" – podem também estar na base dessas dificuldades. Obviamente, a escola é fruto de um contexto maior, econômico-político, como refletimos anteriormente.

Muitas vezes o diagnóstico pouco criterioso de "hiperatividade", "fobia escolar" e afins, servem como atenuante para alguma comodidade ou falha da escola para lidar com processos e métodos de aprendizagem. [...] Percebe-se, com frequência, que algo está muito errado e que, nem sempre, o erro é exatamente das crianças. Por isso, cada caso de Transtorno Específico da Aprendizagem deve ser avaliado particularmente, incluindo na avaliação o entorno familiar e escolar. Se os Transtornos Específicos da Aprendizagem estão presentes no ambiente escolar e ausentes nos outros lugares, o problema deve estar no ambiente de aprendizado e não em algum "distúrbio neurológico" misterioso e não detectável [...]. Essa dificuldade seletiva para o ambiente escolar é suspeitada quando a criança aprende bem em outros cursos (inglês, música...), aprende manipular aparelhos eletroeletrônicos com facilidade, tem boa performance em atividades lúdicas, enfim, quando ela mostra fora da escola que pode aprender como as demais. [...] Muitas vezes os Transtornos Específicos da Aprendizagem são reações compreensíveis de crianças neurologicamente normais, porém, obrigadas a adequar-se às condições adversas das salas de aula. [...] Quando o problema maior é da escola, uma restrição das atividades exagerada pode favorecer falsos diagnósticos de **Crianças Hiperativas**. Se as aulas carecem de atrativos pedagógicos, podem surgir falsos diagnósticos de **Déficit de Atenção**, se a criança é assediada, se apanha de grupos delinquentes escolares, se é submetida a situações vexatórias (para ela, especificamente), pode-se observar falsos diagnósticos de **Fobia Escolar** e assim por diante. (Ballone, 2015)

Tendo em mente esse complexo e multifatorial contexto, passemos a considerar algumas possibilidades de otimizar o ensino-aprendizado.

## 2.5 Como potencializar a plasticidade, a memória e o aprendizado

Todo aprendizado necessita (exige) de **plasticidade**. Nesse sentido, quanto mais aprendemos, mais modificamos nosso cérebro, o qual funciona por demanda e por ação. Quanto mais precisamos dele para enfrentar situações e quanto mais o utilizamos, mais o desenvolvemos. E são as situações ou atividades novas que mais exigem de nosso cérebro e o fazem melhorar.

Nossas atividades do dia a dia são compostas por rotinas que se repetem e vão sendo executadas de maneira cada vez mais automática, que apesar de terem a vantagem de reduzir o esforço intelectual e o tempo gasto, escondem um efeito perverso: limitam o cérebro. Com o avanço da idade, os neurônios do cérebro vão restringindo a capacidade de formar novas sinapses e, ainda, por falta de estímulos, há o risco de perder as antigas. Para contrariar essa tendência, é necessário praticar exercícios "cerebrais" que venham estimular o maior número de neurônios a funcionarem. Estes estímulos nos neurônios levam as células chamadas de gliócitos, dentre elas o principal é o astrócito, a produzirem neurotrofinas. Estas substâncias produzem reações hipertróficas nos neurônios, fazendo com que seus dendritos se ramifiquem e cresçam em direção a outros neurônios, integrando-os às vias nervosas. (Chelles, 2012, p. 1)

A plasticidade do cérebro pode ser estimulada por diferentes meios. Destacamos a realização de novas atividades ou a realização de atividades com as quais estamos acostumados, porém fazendo-as de uma forma diferente. Isso se constitui, literalmente, "ginástica para o cérebro", ou *neuróbica*, expressão que foi cunhada pelos neurocientistas Lawrence Katz e Manning Rubin (Katz; Rubin, 2010), que relacionaram ao cérebro a expressão *Use-o ou perca-o*.

Quando envolvido com aquilo que não lhe é habitual, o cérebro precisa criar novos neurônios e novas sinapses. Entre os exemplos de atividades neuróbicas, indicamos a feitura de tarefas com a mão não dominante, como escrever ou utilizar o *mouse* do computador com a mão esquerda para pessoas destras.

Outras atividades aeróbicas advêm da exploração de nossos sentidos menos desenvolvidos. Lembremos que a visão é nosso sentido dominante: a cada 11 mb da informação que nos chega por segundo, 10 mb são visuais. Assim, tomar banho e selecionar roupas com os olhos fechados, por exemplo, são atividades muito neuróbicas, exploram, principalmente, nossa audição e nosso tato.

Atividades que envolvam o sentido olfativo e o gustativo também são muito oportunas. O olfato é nosso sentido mais antigo e o menos consciente. Como você poderia explorar essências aromáticas ou óleos essenciais, temperos, chás, frutas, entre outros, para fazer exercícios neuróbicos?

Para completar, sugerimos, ainda: a) a prática de exercícios mentais diversos, como resolver charadas, jogos e cálculos; e b) o envolvimento com atividades artísticas, socioafetivas, físicas, que envolvam estados modificados de consciência, como meditação e outras disciplinas mentais.

Se essas atividades fossem desenvolvidas em sala de aula, que resultados trariam aos cérebros dos(as) estudantes? Seriam motivadoras? Poderiam ser integradas a temas curriculares?

É possível otimizar a **memória**, no entanto, é fundamental perceber que o esquecimento é muito importante, inclusive, para que a memória funcione bem. Ainda que influenciado por vários fatores, o esquecer é, essencialmente, uma referência sobre o que é ou não relevante para nós. A seguir, citamos algumas dicas para melhorar a memória e o aprendizado, segundo a monografia *Sem memória não há aprendizagem*, de Giselle Torres Fraga Maleh (2006):

- verifique o excesso de estímulos, isto é, se a carga de temas de que o aluno necessita saber está maior do que a possível;
- dê significado ao que se busca aprender: a memória humana teima em não guardar informações sem significado;
- imprima qualidade referencial às anotações feitas em aula: existe um aforismo que afirma que *a caneta é a melhor*

*memória que existe.* Crie mapas conceituais ou uma linha de sequência de conteúdo para fazer boas anotações;
- utilize estratégias que associem a memória à emoção;
- contextualize o tema estudado;
- trabalhe com habilidades operatórias diversas;
- alterne o tipo de linguagem utilizada (visual, auditiva e sinestésica);
- verbalize de forma cênica os conteúdos a aprender;
- estabeleça relações entre novos conteúdos e aprendizados anteriores para que o caminho da informação seja percorrido novamente (evocação), facilitando seu reconhecimento;
- crie elaborações mentais envolvendo recursos sonoros, visuais; fantasias, significados e humor possibilitam que várias áreas do cérebro trabalhem, ao mesmo tempo, para resgatar informações e estimular a memória;
- utilize gráficos, diagramas, tabelas e organogramas para classificar informações, facilitando o armazenamento pelo cérebro, que as resgatará com mais facilidade;
- reservar os últimos minutos da aula para conversar sobre o conteúdo estudado, permitindo, assim, que o novo conhecimento percorra mais uma vez o caminho no cérebro dos estudantes. Assim, eles poderão fazer uma releitura do que aprenderam;
- brinque, dramatize ou crie jogos para levar emoção à classe, favorecendo a aprendizagem, o que somente trará resultado se houver relação entre o conteúdo e a situação lúdica.

Vamos elencar, agora, alguns elementos neurodidáticos. A proteção afetiva e de confiança proporcionada pelo ambiente escolar é o primeiro deles. Aprendizagem e medo não combinam, tampouco o sentimento de exclusão! Pertencer à comunidade é fundamental.

Seguindo nessa mesma direção, lembremos que as emoções são essenciais ao processo de **aprendizado**, mediando todos os processos cognitivos. Elas modulam diretamente a atenção, a memória, a motivação e a prática sistemática necessária para que o aprendizado se consolide. Não o bastante, são a base para as tomadas de decisão e para a resolução de problemas, aspectos decisivos no processo de ensino-aprendizagem (Cosenza; Guerra, 2011; Lewin, 1975; Pillay, 2011; Aranha; Sholl-Franco, 2012).

Desafios que produzam curiosidade são igualmente importantes, bem como o estímulo a diferentes formas de expressão. As regras são importantes, mas precisam ser flexíveis e passíveis de construção participativa, pois, na Neurodidática, o papel ativo do estudante é crucial, o que demanda mudanças no sistema educacional. E mudar não é fácil! (Cosenza; Guerra, 2011; Pillay, 2011; Maia, 2011; Aranha; Sholl-Franco, 2012; Barreto, 2014).

## Síntese

Parabéns! Chegamos ao "final" de nossa segunda jornada!

Viajamos pelo desenvolvimento do sistema nervoso observando a interação entre fatores genéticos e ambientais, dos quais destacamos os aspectos sociais, preponderantes em nosso desenvolvimento, visto que nascemos muito inacabados. Em certa medida, inacabados estaremos ao longo de toda a vida: eternos aprendizes, flexíveis e plásticos. Como você compreendeu, nas primeiras fases de vida somos ainda mais plásticos e a educação nos molda decisivamente, estimulando-nos a desenvolver ao máximo nossos potenciais, ou, como você pôde observar, algumas vezes nem tanto, porque ela também pode "engessar nossos cérebros", principalmente se levarmos em conta que a educação formal tem estado engessada por séculos, uma vez que seu modelo ainda é muito semelhante àquele que lhe deu origem, lá na distante Idade Média.

Voltemos ao futuro! O conhecimento sobre o sistema nervoso – em especial, sobre o cérebro – pode ser muito importante para modelos educacionais clássicos, como o comportamentalismo e as abordagens interacionistas de Piaget e de Vygotsky. Por isso, como você já sabe, é essencial refletir sobre os vários fatores que influenciam a educação formal, com destaque para a economia, para pensar, sentir, partilhar e agir de forma inovadora.

Como explicamos, cuidar muito bem do período gestacional das mamães é fundamental aos futuros aprendizes. Algumas sugestões incluem: alimentação adequada e suplementação vitamínica, para evitar anemia e fortalecer a imunidade; sono adequado; exercícios leves e moderados; evitar álcool, nicotina e outras drogas, bem como o excesso de cafeína; e, naturalmente, fazer as consultas médicas regulares. Os cuidados se estendem aos anos que se seguem ao nascimento, com alimentação, higiene, cuidados médicos e, em especial, afeto e estimulação sensorial.

Também é importante explorar e estimular a plasticidade, **porque, se plásticos somos, mais plásticos poderemos ser**! Experiências educativas muito bem-sucedidas – como aquela desenvolvida na Finlândia, sobre a qual refletiremos melhor adiante – apostam em experiências neuróbicas, por exemplo, não fixando os estudantes em uma sala, mas alternando-os em várias, as quais também são neuróbicas por conter estímulos visuais coloridos, serem feitas de vidro e serem passíveis de modificação contínua de seu *layout*. Práticas neuróbicas fornecem "abundância de substrato neurológico" para o aprendizado e a inovação.

Por fim, considerar as múltiplas formas de estimular a memória, com base no conhecimento de suas estruturas e bases neurológicas, explorando o máximo das teorias clássicas de aprendizagem, atualizadas e renovadas pelos conhecimentos da neuroeducação e da neurodidática, como sobre o sistema de recompensa do cérebro e seu crucial efeito sobre o processo de **ensino-aprendizagem**. Por falar nisso, quão complexo é esse processo? E quantos fatores podem influenciá-lo?

Desde o ambiente físico e social da sala de aula, passando por características pessoais e a formação do(a) professor(a), por vários aspectos ligados diretamente ao(a) estudante, sua família, a escola e, por fim, o mais crucial dos fatores, a economia.

Conhecer esses múltiplos fatores e suas interações pode possibilitar percepções mais amplas e práticas mais eficientes e eficazes. Porém, não nos basta apenas obter conhecimentos para mudar nossa forma de perceber e agir! É necessário (re)aprender sobre nós mesmos (autoconhecimento), em especial, sobre nossas limitações e capacidades cognitivas e afetivas, temas de nossos próximos desafios!

E você, como "sente" sobre os conteúdos que acabou de estudar? São úteis à sua reflexão e práxis?

Vamos verificar um pouco do que ficou registrado em sua memória?

# Atividades de autoavaliação

1. Ainda que as fases do desenvolvimento das células nervosas possam se sobrepor, elas seguem uma ordem correta de desenvolvimento. Assinale a alternativa que indica corretamente essa ordem:
   a) Migração, apoptose, neurogênese, identidade neural, neurogênese, refinamento das conexões, sinaptogênese e mielinização.
   b) Sinaptogênese, apoptose, neurogênese, migração, identidade neural, diferenciação celular, refinamento das conexões, apoptose e mielinização.
   c) Sinaptogênese, identidade neural, neurogênese, identidade neural, diferenciação celular, refinamento das conexões, apoptose e mielinização.
   d) Identidade neural, neurogênese, migração, sinaptogênese, refinamento das conexões; diferenciação celular, apoptose e mielinização.
   e) Identidade neural, neurogênese, migração, diferenciação celular, sinaptogênese, refinamento das conexões, apoptose e mielinização.

2. Assinale a afirmação correta sobre a plasticidade, nossos sentidos sensoriais e capacidade motora:
   a) Nascemos com os sentidos sensoriais desenvolvidos, mas nossas habilidades motoras vão se desenvolver ao longo da vida.
   b) Nascemos com os sentidos sensoriais desenvolvidos, bem como nossas habilidades motoras.

c) Nascemos com os sentidos sensoriais basicamente funcionais, os quais precisarão ser desenvolvidos, bem como nossas habilidades motoras.

d) Nascemos com os sentidos sensoriais basicamente funcionais, que precisarão ser desenvolvidos, mas nossas habilidades motoras já estão desenvolvidas.

e) Nascemos com os sentidos sensoriais desenvolvidos, bem como nossas habilidades motoras, mas elas vão continuar a se desenvolver ao longo da vida.

3. Assinale a afirmação correta sobre as memórias imediata, de curto e de longo prazo:

a) Na memória imediata, mantemos informações por poucos segundos; na memória de curto prazo, conseguimos retê-las por horas; na memória de longo prazo, os dados são mantidos por dias, meses ou anos.

b) Na memória imediata, mantemos informações por poucos minutos; na memória de curto prazo, conseguimos retê-las por horas; na memória de longo prazo, os dados são mantidos por dias, meses ou anos.

c) Na memória imediata, mantemos informações por poucos minutos; na memória de curto prazo, conseguimos retê-las por dias; na memória de longo prazo, os dados são mantidos por meses ou anos.

d) Na memória imediata, mantemos informações por poucos segundos; na memória de curto prazo, conseguimos retê-las por alguns minutos; na memória de longo prazo, os dados são mantidos por dias, meses ou anos.

e) Na memória imediata, mantemos informações por horas; na memória de curto prazo, conseguimos retê-las por dias; na memória de longo prazo, os dados são mantidos por anos.

4. Analise as assertivas a seguir sobre as dificuldades de aprendizagem e julgue-as verdadeiras (V) ou falsas (F).

( ) O diagnóstico de "hiperatividade" e "fobia escolar" pode, por vezes, indicar as dificuldades da escola no que se refere aos seus métodos de aprendizagem.

( ) A maioria das escolas, em especial as públicas, consegue cumprir sua tarefa com excelência, apesar dos problemas econômicos e políticos.

( ) Se uma criança consegue concentrar-se em atividades fora da escola – por exemplo, em jogos digitais –, mas não o faz bem na escola, deve se tratar de algum transtorno neurológico específico, que precisa ser descoberto e tratado.

( ) Dificuldades de aprendizado podem surgir mediante condições adversas da sala de aula, como uma forma de a criança lidar com elas, mesmo que em condições neurológicas saudáveis.

Agora, assinale a alternativa que indica a sequência correta:

a) V, F, F, V.
b) V, V, V, F.
c) F, V, V, V.
d) F, F, V, F.
e) F, F, F, V.

5. Analise as assertivas a seguir sobre plasticidade e julgue-as verdadeiras (V) ou falsas (F).

( ) A plasticidade pode ser estimulada pela realização de atividades diferentes das quais estamos acostumados, ou ao fazer as mesmas atividades de formas diferentes.

( ) Neuróbica é ginástica para o cérebro se desenvolver, fazer novas sinapses.

( ) Práticas neuróbicas não incluem atividades artísticas, sociais-afetivas e físicas.

( ) Um exemplo de atividades neuróbica é usar a mão não dominante para escrever ou para usar o *mouse* do computador.

Agora, assinale a alternativa que indica a sequência correta:

a) V, V, F, F.
b) V, V, F, V.
c) F, V, V, F.
d) F, F, V, V.
e) F, F, F, V.

## Atividades de aprendizagem

### Questões para reflexão

1. Você considera que seria um exagero afirmar que professores e professoras têm os cérebros de seus(suas) estudantes nas mãos, podendo moldá-los como uma argila macia? Por quê?

2. Quais as implicações do sistema de recompensa do cérebro (SRC) para a educação, considerando educadores e educandos? O que estimula o SRC de professores e professoras?

**Atividade aplicada: prática**

1. Com base nos novos conteúdos estudados neste capítulo, organize uma pequena lista de possibilidades práticas para potencializar sua atuação profissional.

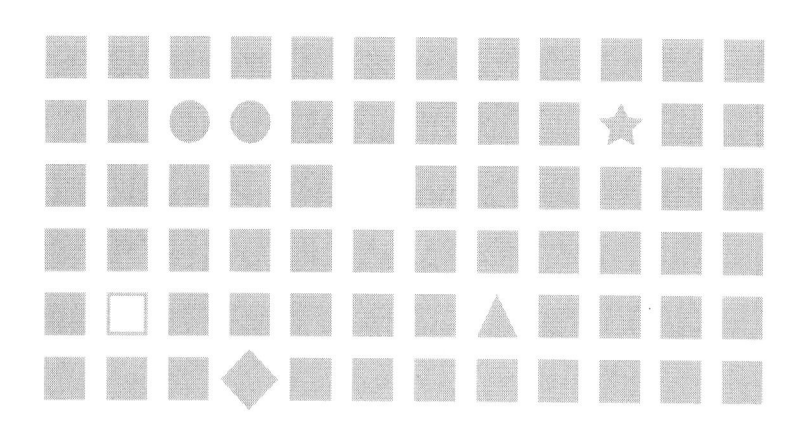

Capítulo 3
# Emoção e aprendizagem

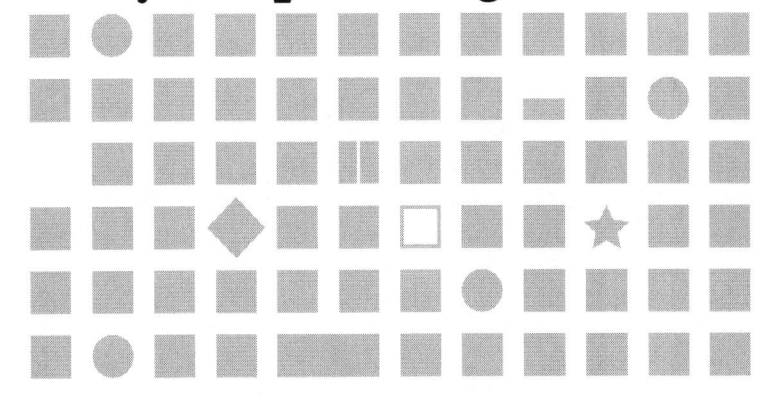

**Chegamos ao terceiro** estágio de nossa viagem, e esse vai ser **emocionante**! Vamos nos aventurar sobre um tema polêmico e fantástico: o papel da emoção na aprendizagem. Neste capítulo, abordaremos um tema polêmico e fantástico: o papel da emoção na aprendizagem. Você vai compreender o que são as emoções, seus principais mecanismos neurobiológicos e como influenciam nossa atenção, memória, motivação, ação, tomada de decisão, autoestima e relacionamentos interpessoais, todos elementos muito importantes no processo de ensino-aprendizado.

Vamos tratar da importância de os professores e as professoras conhecerem e lidarem com suas emoções para cuidar melhor das emoções de seus educandos, bem como da aplicação da inteligência emocional e do autoconhecimento na educação. Além desses recursos surpreendentes, estudaremos a comunicação emocional, que se manifesta por meio da linguagem **não verbal**, como expressões faciais, gestos, tom de voz, movimento dos olhos e do corpo, postura, estilo de caminhar e o grau de proximidade entre as pessoas; na verdade, a primeira forma de comunicação humana e que continua sendo a mais forte. Nesse nível, sempre falamos a verdade! Você consegue dizer o quanto a percebemos ou mesmo se é possível treiná-la e melhorar nossa comunicação? Como maximizar o uso consciente da emoção na educação? Você gosta de *games* digitais? Já ouviu falar de *gamificação*?

## 3.1 Neurobiologia das emoções

Charles Darwin, William James e Sigmund Freud podem ser considerados como alguns dos precursores da pesquisa sobre a emoção. Seus estudos foram apresentados no final do século XIX, gerando controvérsias e inquietações, pois imaginava-se que a razão era independente da emoção, fato que foi, inicialmente, contestado por esses pesquisadores.

As pesquisas neurocientíficas negligenciaram o estudo das emoções até a última década do século XX. Os estudos do século XX localizaram as estruturas cerebrais relacionadas à emoção, mas relegaram-na a seu nível mais primitivo. Tanto a emoção como seu estudo pareciam ser irracionais (Damásio, 1996, 2000, 2011).

Esse contexto mudaria rapidamente. Em um curto período, os estudos que identificaram os estágios críticos da emoção localizaram suas estruturas principais – como as amígdalas, relacionadas ao medo, e o córtex frontal ventromedial – e as relacionaram ao contexto social e à tomada de decisão (Damásio, 1996, 2000, 2011).

Foi também possível identificar a diferença entre emoção e sentimento e descobriu-se que a emoção integra processos de raciocínio e de decisão. Indivíduos muito racionais que tiveram lesões em áreas específicas do cérebro, perdendo certas classes de emoção, perderam também a capacidade de tomar decisões racionais. Não perderam a lógica para lidar com problemas, mas muitas de suas decisões são irracionais e, com frequência, desvantajosas para si e para outras pessoas. O raciocínio destes pacientes deixou de ser influenciado, consciente ou inconscientemente, pelos sinais da emoção. Hoje sabe-se que, em termos da racionalidade, a redução da emoção é tão prejudicial como seu excesso. (Silva, 2017b, p. 3)

A dicotomia entre emoção e razão, ou entre funções afetivas e funções cognitivas, vai sendo reduzida gradativamente com o avanço das pesquisas. Razão e emoção são interdependentes e a relação entre elas é pacífica no processo de aprendizagem.

Em complemento, talvez os estímulos educacionais não lhes sejam tão interessantes, na avaliação emocional, e é a emoção que avalia! Para que a aprendizagem ocorra é importante que as crianças prestem atenção aos conteúdos e registrem na memória de longo prazo. Usualmente aprendizados não são rápidos, a criança precisa na motivação para retornar aos conteúdos, repeti-los, praticá-los ou treinar certas habilidades, como tal leitura, por exemplo. Como não farão isso sozinhas, seus relacionamentos interpessoais serão muito importantes (colegas, amigos, professores, familiares), pois vão precisar de apoio, estimulação, para sentirem-se valorizadas. Todos esses fatores vão auxiliá-las a construir uma autoestima elevada, capaz de lhes dar autoconfiança para enfrentar problemas e tomar decisões. Em todos esses processos a emoção tem papel fundamental. (Silva, 2017b, p. 3)

Crianças que demonstram dificuldade na aprendizagem, pois não conseguem prestar atenção aos conteúdos apresentados, podem não ter ainda amadurecidas/treinadas as estruturas neurológicas relacionadas ao processamento cognitivo ou às funções executivas – FE (Damásio, 1996, 2011; Cosenza; Guerra, 2011).

## 3.1.1 O que é emoção

Não há consenso sobre o que vem a ser emoção. No entanto, algo é certo: ela é muito importante para nossas vidas:

> Sem exceção, homens e mulheres de todas as idades, culturas, níveis de instrução e econômicos têm emoções, atentam para as emoções dos outros, cultivam passatempos que manipulam suas emoções e em grande medida governam suas vidas buscando uma emoção, a felicidade, e procurando evitar emoções desagradáveis. (Damásio, 2000, p. 55)

Reflitamos sobre alguns conceitos. Para Marino Júnior (2005), a emoção tem um componente fisiológico e outro psicológico:

> Emoção é, antes, uma reação aguda que envolve pronunciadas alterações somáticas, experimentadas como uma situação mais ou menos agitada. A sensação e o comportamento que a expressam, bem como a resposta fisiológica interna à situação-estímulo, constituem um todo intimamente relacionado, que é a **emoção propriamente dita**. Assim, a emoção tem ao mesmo tempo componentes fisiológicos, psicológicos e sociais – posto que as outras pessoas constituem geralmente os maiores estímulos emotivos em nosso meio civilizado. (Marino Júnior, 2005, p. 44, grifo do original)

No conceito proposto por Marino Júnior (2005), a emoção tem um componente fisiológico e outro psicológico. Damásio (1996, 2000, 2011), neurocientista português, importante pesquisados contemporâneo sobre a emoção e a consciência, considera que a emoção e o sentimento formem um contínuo, do fisiológico ao psicológico.

Emoções são programas de ações complexos e em grande medida automatizados, engendradas pela evolução. As ações são completadas por um programa cognitivo que inclui certas ideias e modos de cognição, mas o mundo das emoções é sobretudo feito de ações executadas no nosso corpo, desde expressões faciais e posturas até mudanças nas vísceras e meio interno. Os sentimentos emocionais, por outro lado, são as percepções compostas daquilo que ocorre no nosso corpo e na nossa mente quando uma emoção está em curso. No que diz respeito ao corpo, os sentimentos são imagens de ações e não ações propriamente ditas; o mundo dos sentimentos é feito de percepções executadas em mapas cerebrais. [...] Enquanto as emoções constituem ações acompanhadas por ideias e certos modos de pensar, os sentimentos emocionais são principalmente percepções daquilo que o nosso corpo faz durante a emoção, com percepções do nosso estado de espírito durante esse mesmo lapso de tempo. (Damásio, 2011, p. 142)

Em síntese, a **emoção** constitui-se um conjunto de reações orgânicas que podem ser percebidas por um observador externo; apesar disso, seus mecanismos básicos não requererem consciência daquele que as vivencia. A emoção é **pública** e, usualmente, **não consciente**. Em complemento, o **sentimento** – que é percepção mais consciente do efeito emocional – tende a ser **privado**, ou seja, observadores externos não conseguem perceber os sentimentos vividos por outra pessoa, mas sentimentos podem também ocorrer sem a percepção consciente do sujeito (Damásio, 1996, 2000, 2011).

É possível controlar, em parte, a expressão de algumas emoções, ainda que a maioria das pessoas não consiga fazê-lo bem. Mas não controlamos o fluxo das emoções, tampouco suas reações automáticas, viscerais. Quando um estímulo sensorial é processado, representado, de forma consciente ou não consciente, não temos acesso nem controle dos mecanismos neurológicos envolvidos no processamento emocional (Damásio, 2000).

> Não precisamos ter consciência do indutor de uma emoção, com frequência não temos e somos incapazes de controlar intencionalmente as emoções. Você pode perceber-se num estado de tristeza ou de felicidade e ainda assim não ter nenhuma ideia dos motivos responsáveis por este estado específico. [...] não necessariamente prestamos atenção às representações que induzem emoções e que depois conduzem a sentimentos, independentemente de elas significarem ou não algo externo ao organismo ou algo lembrado internamente. Representações do exterior ou do interior podem ocorrer independentemente de um exame consciente e ainda assim induzir reações emocionais. Emoções podem ser induzidas de maneira inconsciente [...]. (Damásio, 2000, p. 70-71)

Como apresentado anteriormente, emoções fazem parte do nosso *"kit de sobrevivência"*. Em outras palavras, elas têm função evolutiva, nos auxiliam nos processos de adaptação às mudanças do meio. Elas trabalham, usualmente, a favor da nossa sobrevivência. Juntamente com o sistema de recompensa, as emoções têm a fundamental função de avaliar a relevância (se é ou não importante) e a valência (se é bom ou ruim) dos estímulos que se apresentam ao organismo. Em síntese, avaliam se esses estímulos nos trazem prejuízos/riscos ou benefícios. Se nos trouxeram benefícios, precisamos agir adequadamente, aproveitar a situação, valorizá-la, colaborar com ela. Mas, se trouxerem riscos ou prejuízos, também precisamos agir de forma coerente para, por exemplo, podemos nos esquivar, fugir ou lutar (Damásio, 1996, 2000, 2011; Gazzaniga; Heatherton, 2005; Cosenza; Guerra, 2011; Ferreira, 2014).

Sendo ela responsável pela atribuição de valor aos estímulos que chegam, é inevitável que influencie sobremaneira nossos processos de atenção, motivação e a ação que se seguem. Como registra a valência de cada experiência para podermos compará-las com as que virão, ela também está associada à memória, atribuindo-lhes significado afetivo, valor. Por fim, relacionada à atenção, memória, julgamento, motivação e a ação, modula nosso raciocínio e participa de forma crucial na tomada de decisão. Não menos importante, as emoções são expressas no rosto e outros comportamentos não verbais, por isso são essenciais a interação social, visto que o seu reconhecimento, mesmo que num nível não consciente, é parte essencial da comunicação humana. (Silva, 2017b, p. 5)

Possivelmente, as emoções sejam fundamentais para todas as nossas atividades, como é mostrado nos casos clínicos em que as estruturas neurológicas relacionadas às emoções sofreram lesões ou disfunções. Um dos pacientes estudados por António Damásio, chamado *Elliot*, teve um tumor entre os olhos, que foi retirado por meio de uma cirurgia. Infelizmente, o processo cirúrgico retirou também partes do lobo frontal direito, diretamente relacionado às emoções. O efeito foi desastroso. Após a cirurgia, o paciente não conseguia sentir mais suas emoções e, como consequência, perdeu seu emprego, investiu em uma aventura comercial fracassada, divorciou-se, casou-se novamente e se divorciou pela segunda vez.

Em síntese, não era mais capaz de tomar decisões simples, não conseguia aprender com seus erros e mostrava comportamento de indiferença ante os problemas. Também não conseguiu mais reagir às emoções das outras pessoas, fato fundamental para as relações sociais (Gazzaniga; Heatherton, 2005; Cosenza; Guerra, 2011; Ferreira, 2014; Damásio, 1996, 2000, 2011).

As emoções têm sido classificadas como *primárias* ou *secundárias*. As **primárias**, mais relacionadas à evolução e à adaptação. Essas emoções básicas são marcadas por estados específicos que independem de fatores culturais. Raiva, medo, tristeza, nojo e felicidade/alegria, surpresa e desprezo constituem as emoções primárias.

As emoções **secundárias** baseiam-se nas primárias e têm forte modulação cultural, entre elas o remorso, a culpa e a submissão. Para compreendê-las, consideremos alguns de seus mecanismos neurobiológicos.

### 3.1.2 Mecanismos neurobiológicos das emoções

Não há consenso entre os pesquisadores sobre quais regiões, efetivamente, fazem parte do sistema das emoções. Algumas referências mais comuns sobre essas estruturas indicam a participação do giro cingulado anterior, do hipotálamo, de núcleos da base, da ínsula, do estriado, da amígdala e do córtex pré-frontal. Inicialmente, vamos explorar as três últimas indicadas, as quais se relacionam tanto com os processos emocionais quanto com os cognitivos/racionais (Gazzaniga; Ivry; Mangun, 2006; Phelps; Delgado, 2009).

Multifuncional e com várias conexões, o **estriado** é uma estrutura relacionada ao **comportamento motivado**, dirigido a metas. Isso acontece porque tem fundamental importância no sistema de recompensa do cérebro (SRC), relacionado à liberação do neurotransmissor dopamina, o qual produz prazer. O estriado tem conexões com o córtex pré-frontal e com estruturas ligadas ao processamento emocional, como a amígdala e os centros dopaminérgicos (sistema de recompensa). Ele registra o valor de uma experiência que foi recompensada (liberação de dopamina) e aprende sobre o estímulo e sobre quais ações precisam ser feitas para obtê-lo novamente. Atua na expectativa ou na antecipação de recompensas primárias, como dinheiro e uma bebida, bem como na ânsia pela utilização de drogas ilícitas. Mostra-se também funcional na predição de erros e no aprendizado de confiar nas pessoas, algo fundamental para as relações sociais, principalmente na antecipação de experiências sociais futuras. Para Phelps e Delgado (2009, p. 1095, tradução nossa), "informações sociais podem modular a função do estriado envolvida no processamento de recompensas, particularmente, quando as expectativas sociais são violadas".

**Figura 3.1** – Amígdala e hipocampo

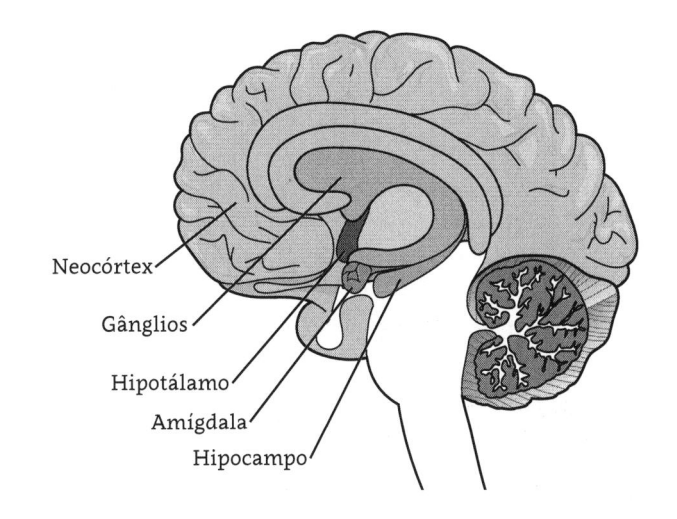

Neocórtex
Gânglios
Hipotálamo
Amígdala
Hipocampo

A segunda estrutura que vamos considerar é a **amígdala**, que se localiza no lobo temporal, conectada à parte anterior do hipocampo. Entre suas múltiplas importantes funções, destacam-se **o aprendizado e a memória emocional**. Por meio do aprendizado emocional, novas respostas podem ser produzidas, o que não ocorre se houver alguma lesão ou disfunção nas amígdalas, no entanto, as respostas a estímulos inatos permanecem iguais (Gazzaniga; Ivry; Mangun, 2006, 2019).

Um exemplo disso é o clássico condicionamento aversivo, em que um estímulo neutro se torna aversivo por estar associado a um evento primário. Num laboratório, um rato é alocado numa gaiola, na qual, de vez em quando, uma luz é acesa por 4 segundos (estímulo condicionante). Quando o rato está habituado com este estímulo, um choque elétrico (estímulo incondicionado que produz uma resposta incondicionada) passa a ser aplicado ao animal logo antes da luz apagar, associando-a ao choque. Após algumas repetições desse procedimento, o animal aprende que a luz precede o choque, e mesmo quando o choque não é mais apresentado em seguida da luz, o rato a teme (resposta condicionada). Se repetidas exposições da luz sem o choque são apresentadas, extingue-se a resposta condicionada. O dano na amígdala não impede respostas incondicionadas a eventos aversivos, ou seja, ela não é necessária para respostas incondicionadas ao medo, mas dificulta ou mesmo impede o aprendizado da resposta condicionada (implícita, fisiológica) a estímulos neutros associados a outros aversivos. (Gazzaniga; Ivry; Mangun, 2006, citados por Silva, 2017b, p. 7)

O exemplo da citação é válido também para os seres humanos, como sugerem os testes de condicionamento aversivo que monitoram a resposta da condutância da pele (Gazzaniga; Ivry; Mangun, 2006, 2019).

Como dissemos, a amígdala participa do aprendizado no qual o condicionamento ocorre pela experiência direta com estímulo aversivo. Esse aprendizado é chamado de *implícito*. Outro tipo de aprendizado, dito *explícito*, ou *paradigma do medo instruído*, é também mediado pelas amígdalas. Nele, as propriedades explícitas aversivas são aprendidas por outro meio – por exemplo, a comunicação oral. Nesse caso, temos a participação do hipocampo, relacionado ao aprender, fixar e recuperar a memória. Pacientes com prejuízos na amígdala também não foram capazes de reagir ao condicionamento pelo paradigma do medo instruído, diferente dos pacientes controle, com suas amídalas funcionais (Gazzaniga; Ivry; Mangun, 2006, 2019).

As amígdalas também participam do **processo de reconhecimento facial**, em particular, **das emoções** expressas na face, com destaque para a emoção do medo. Pacientes com amígdalas disfuncionais têm dificuldade de reconhecer essas expressões. Apesar da ênfase no papel da amígdala na resposta para estímulos aversivos ou ameaçadores, ela também exerce função importante na resposta de estímulos positivos (Gazzaniga; Ivry; Mangun, 2006, 2019).

Em síntese, a amígdala relaciona-se com o armazenamento/aprendizado do valor emocional (positivo ou negativo) dos estímulos e com expressão fisiológica do medo. Dessa forma, pode **modular a cognição na presença de eventos emocionais**, assegurando que receberão prioridade – por exemplo, na interação com o hipocampo, garante que serão armazenados e consolidados, persistindo na **memória**. Sua conexão com o córtex sensorial facilita a **atenção** para estímulos emocionais, aumentando as respostas sensoriais corticais. Além de reconhecer emoções faciais, a amígdala está também envolvida na avaliação das faces – por exemplo, se são mais ou menos confiáveis – e das qualidades de um membro de um grupo social, bem como de intenções sociais. A função de modular a cognição e representar aspectos de valor social pode influenciar de muitas formas a **tomada de decisão** (Phelps; Delgado, 2009).

Como você pode perceber, tanto o estriado como a amígdala têm função de representar valores dos fatos. O estriado está ligado ao valor dos sinais de recompensas (sistema de recompensa), desde as recompensas mais básicas, relacionadas à comida, bebida, sexo e abrigo, até as mais complexas, como a cooperação social. A amígdala está mais relacionada à representação do significado emocional, que pode levar a evitar uma situação. Há evidências de que ambas as estruturas têm funções que mediam aprendizados apetitivos e aversivos. Mesmo que muitos estudos não focalizem no estriado, vários deles relatam a ativação dessa estrutura quando da ativação da amígdala, sugerindo, assim, que ambos interagem em suas tarefas. Por exemplo, a interação entre amígdala e estriado pode ter uma função de mediação de ações que diminuam exposição a eventos temerosos. De fato, estudos sugerem que ambas trabalham em conjunto para representar valores aprendidos tanto para reforçadores apetitivos como aversivos (Phelps; Delgado, 2009; Ghadiri; Habermacher; Peters, 2012).

Passemos, agora, à terceira estrutura relacionada à neurobiologia das emoções: **o córtex pré-frontal** e suas subestruturas.

> **Preste atenção!**
>
> Curiosamente, essa estrutura é considerada a mais importante dos processos racionais e mantém vínculos funcionais e anatômicos com várias estruturas do processamento emocional. Observe, então, a íntima relação entre emoção e cognição!

O córtex pré-frontal recebe múltiplas influências e é uma espécie de "cabine de comando", exercendo sua ampla influência sobre outras estruturas cerebrais. É nele que ocorrem os **processos de raciocínio** – eventualmente, conscientes – e os **processos emocionais**, tipicamente não conscientes, mas que nele podem se manifestar sobre a forma de sentimentos e, portanto, serem percebidos.

Lesões nas partes medial e orbital do córtex pré-frontal e lesões ou disfunções na amígdala prejudicam o processamento emocional, tanto ligado a processos pessoais como sociais. Pessoas com essas lesões ou disfunções mostram incapacidades de fazer boas decisões para si próprios. Um paciente, por exemplo apresentou incapacidade de reconhecer e experimentar o medo, bem como dificuldades na tomada racional de decisões (Gil, 2005; Purves et al., 2005).

Evidências semelhantes de influências emocionais sobre o processo de tomada de decisão também nos são fornecidas a partir de estudos de pacientes com lesões nos córtices pré--frontais orbital e medial. Essas observações clínicas sugerem que a amígdala e o córtex pré-frontal, assim como suas conexões estriatais e talâmicas, não estão envolvidos apenas no processamento das emoções, mas participam também do complexo processamento neuronal responsável por aquilo que consideramos pensamento racional. (Purves et al., 2005, p. 643-644)

Uma subárea do córtex pré-frontal é o córtex orbitofrontal, ilustrado na Figura 3.2. Ele fica na base do lobo frontal e divide-se em córtex pré-frontal ventromedial (1 – área central) e córtex orbitofrontal lateral, ou córtex pré-frontal latero--orbital (2 – áreas laterais). Entre suas funções, destaca-se a de "regular nossas capacidades de inibir, avaliar e agir com a informação emocional e social" (Gazzaniga; Ivry; Mangun, 2006, p. 565). Exercem capacidades fundamentais na tomada de decisão, principalmente em situações socioemocionais, nas quais nossas metas atuais e nossos valores precisam ser integrados com os estímulos do ambiente para que façamos uma escolha adequada (Gazzaniga; Ivry; Mangun, 2006, 2019).

Existem ações habituais derivadas da informação perceptiva, novas informações que requerem flexibilidade no planejamento, metas internas, informações emocionais e do ambiente, dicas emocionais internas e dicas sociais. Esses fatores são todos combinados quando decisões são tomadas. Dependendo da tarefa a ser decidida, alguns destes fatores podem ser mais importantes que outros. Se nossa habilidade de processar qualquer tipo de informação está prejudicada, a tomada de decisão ficará alterada. O córtex orbitofrontal parece ser especialmente importante para processar, avaliar e filtrar informações sociais e emocionais. O resultado é que um dano nesta região prejudicará a habilidade de tomar decisões que requerem realimentação de sinais sociais e emocionais. (Gazzaniga; Ivry; Mangun, 2006, p. 565)

**Figura 3.2** – Córtex orbitofrontal

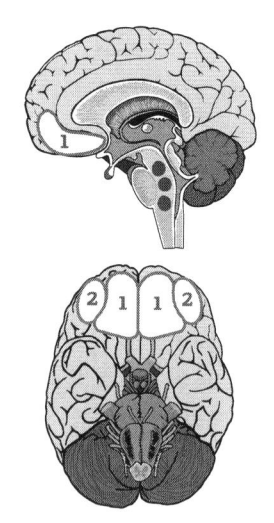

udaix/Shutterstock

Danos nessas regiões levam pacientes ao comportamento imitativo, quando copiam ações inofensivas ou socialmente inapropriadas. Outras dificuldades sociais incluem mudanças de personalidade, irresponsabilidade, despreocupação com presente e futuro, diminuição da consciência e da empatia social, além de desconsideração pelas regras sociais e pelas próprias condições problemáticas em que se envolvem, relatando seus problemas como se fossem observadores não envolvidos nas situações (Gazzaniga; Ivry; Mangun, 2006).

Das estruturas que você acabou de conhecer, seguimos para uma subárea, o córtex pré-frontal ventromedial, de especial interesse para a tomada de decisão porque foi por meio do estudo dessa área que Antonio Damásio desenvolveu a sua hipótese dos marcadores somáticos (MS). Para Damásio (1996), o processamento racional precisa da memória para funcionar e ela se relaciona com os **marcadores somáticos**, que representam os padrões mentais e de comportamento e as correspondentes características fisiológicas geradas quando foram registradas. Esses marcadores somáticos seriam especialmente importantes quando existissem emoções negativas relacionadas a uma determinada informação; eles ainda seriam cruciais no processo de tomada de decisão.

Um marco no início dos estudos neurológicos da tomada de decisão humana foi o caso de Phineas Gage, um operário da construção de estradas de ferro nos Estados Unidos. Gage, considerado o mais capaz e eficiente entre os empregados, chefiava uma grande quantidade de homens na missão de assentar os trilhos da ferrovia através de Vermont. No verão de 1948, quando preparava explosivos para abrir caminho para a rodovia, ao calcar a pólvora com uma barra de ferro, provocou uma explosão que, além de lhe jogar a 30 metros de distância, lhe rendeu uma perfuração na região do **córtex pré-frontal ventromedial** (CPFVM) do cérebro, produzida pela barra de metal que atravessou seu crânio. Surpreendentemente, não morreu e ainda se recuperou rapidamente. Apesar de aparentar não ter sofrido alguma sequela, seu comportamento social e sua personalidade modificaram-se radicalmente, levando-o a perder seu emprego. Gage não conseguia mais fazer escolhas acertadas, ao contrário, elas eram desvantajosas. Seu caráter degenerou-se, emergindo uma personalidade nefanda. Apesar disso, manteve a integridade de várias funções mentais, como atenção, percepção, memória, linguagem e inteligência (Damásio, 1996).

**Figura 3.3** – Cérebro de Gage, perfurado pela barra de metal

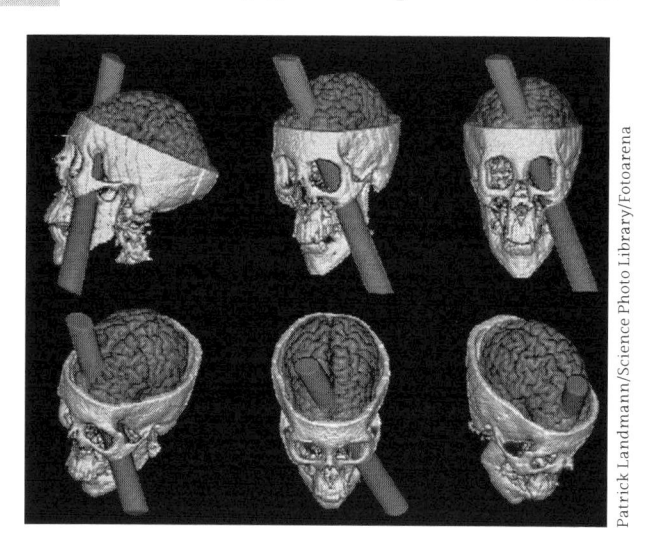

O caso Gage marcou a literatura científica, pois, com base nele, foi reconhecida a função dos lobos frontais para a tomada

de decisões, para o comportamento social e para as características de personalidade. Outros casos envolvendo danos no CPFVM foram estudados, confirmando os achados anteriores sobre os prejuízos para a tomada de decisão, principalmente as de caráter econômico, bem como para o comportamento social e, em especial, nas relações interpessoais. Curioso notar que esses pacientes mantêm os níveis de intelecto, a lógica, a memória e a capacidade de aprender. Igualmente, eles não têm problemas na linguagem nem na percepção. Conseguem reconhecer suas falhas ao decidirem, mas não conseguem evitá-las em situações futuras semelhantes. Continuam a decidir contra seus próprios interesses e daqueles que lhes são caros. Justamente esse contraste entre capacidades intelectivas, ou cognitivas, aparentemente intactas, e falhas no processamento emocional induziu Damásio a pensar no papel da emoção para o sucesso ou a falha da tomada de decisão. Esse raciocínio embasa sua hipótese dos marcadores somáticos, ou seja, o quanto a emoção participa da tomada de decisão (Damásio, 1996, 2000, 2011; Bechara; Damásio, 2005).

Em síntese, os marcadores somáticos antecipam as possíveis consequências de uma decisão, atualizando a emoção relacionada aos efeitos de decisões anteriores semelhantes. Assim o fazendo, teriam a função de orientar para melhores decisões. Não significa dizer que as emoções saudáveis não possam ser também prejudiciais ao processo de tomada de decisão, ou seja, conduzir para escolhas ruins. Somente o conhecimento consciente, sem a base emocional, não é suficiente para fazer decisões vantajosas. Em síntese a tomada de decisão é tanto racional como emocional, sendo influenciada ou mesmo conduzida tanto por processos conscientes como inconscientes. (Damásio, 1996, 2000, 2011; Bechara; Damásio, 2005, citados por Silva, 2017b, p. 11-12)

Memória, atenção, tomada de decisão, motivação/prazer e regulação do comportamento, entre outras funções: qual é a relação de todos esses fatores com o ensinar e o aprender?

## 3.2 A influência das emoções no ensino/aprendizado

O estímulo emocional que chama nossa atenção pode estimular nossa memória!

Podemos considerar dois tipos de atenção: a reflexa e a executiva. A **atenção reflexa** funciona no nível subcortical, básico, estando **relacionada ao alerta, à vigília**. Ela é involuntária/automática, ou seja, não consciente, ativada por processos metabólicos e instintivos, como a busca de alimentos, a proteção e o sexo. Sempre que algum estímulo novo surge, a atenção reflexa é ativada para avaliá-lo.

Em complemento à atenção reflexa, temos a **atenção executiva**, que funciona no nível cortical. Ela é voluntária, consciente e mais difícil de ser utilizada pelas crianças porque seu uso **depende da maturação neurológica**, nem sempre finalizada na idade infantil. Esse tipo de atenção é também **modulado por interesses e motivações prévias**.

Tanto na atenção reflexa como na executiva vemos o fator **emoção modulando a cognição**, dando ênfase a certos conteúdos que terão alto funcionamento cortical garantido, bem como o armazenamento e a consolidação na memória de longo prazo. No entanto, os estímulos que não receberem avaliação emocional significativa serão pouco ou nada percebidos conscientemente (atenção), terão funcionamento cortical mínimo ou nulo e, consequentemente, não serão registrados com destaque na memória, ou, simplesmente, não serão memorizados. (Cosenza; Guerra, 2011; Phelps; Delgado, 2009).

E sobre nossa motivação?

No nível básico da motivação, podemos falar do sistema de recompensa do cérebro (SRC), que marca com prazer experiências gratificantes. Assim, tendemos a repetir comportamentos que nos (re)conduzam a recompensas (prazer) e, simultaneamente, nos esquivar de ações marcadas como arriscadas ou desprazerosas, sejam comportamentos/ações relacionados à sobrevivência, sejam a questões mais subjetivas, como nossos interesses pessoais.

Na perspectiva de recompensa, temos também o fator temporal: se conseguimos um prazer imediato ou se precisamos esperar uma recompensa posterior. Se temos uma meta pessoal significativa, que irá nos recompensar em médio ou em longo prazo, podemos até aceitar situações adversas no presente, tendo em vista os resultados positivos que esperamos no futuro.

> **Importante!**
>
> A maioria dos nossos comportamentos motivados são apreendidos! Assim, cabe indagar se fomos ensinados a nos motivar para o estudo. Sabemos fazer isso? Sabemos extrair prazer do ato imediato de estudar? Conseguimos fazê-lo sonhando com realizações futuras? (Damásio, 1996; Gazzaniga; Heatherton, 2005; Cosenza; Guerra, 2011).

### 3.2.1 Luz, emoção, digo, câmera, ação!

A motivação está relacionada ao sistema emocional do cérebro e tem ligação direta com os sistemas de ação. Mais do que pensamentos, as ações são fundamentais para estimular nossa motivação e os comportamentos voltados a metas, como o aprendizado, que necessita de prática e treinamento para ser consolidado. Então, pensemos: A educação nos emociona a tal ponto de nos colocar em ação? Ou nos põe em ação para que possamos nos emocionar e nos motivar ainda mais? Ela cria em nós a "necessidade" de treinar, aprimorar e, ainda, inovar? (Cosenza; Guerra, 2011; Pillay, 2011).

O clima interpessoal é o ar que respiramos! A escola está atenta a esse fator, produzindo atividades para melhorar as relações interpessoais, reduzir ameaças, desconfianças e medos e aumentar o sentimento de confiança?

> A confiança é essencial para o aprendizado e inversamente proporcional ao medo, que ativa a ínsula e a amígdala! Um ambiente escolar confiável e um espaço motivacional livre do medo libera o pensamento para focar nos temas

relevantes, desativando a amígdala e ativando o sistema de recompensa (que gera prazer) em vez de usá-lo para resolver os conflitos! [...] E o que nos põe para cima? O otimismo de nossos(as) mediadores(as) reduz o funcionamento da amígdala, aumenta nossa atenção e reduz alguma sensação interna de dor. É uma imagem que guia, acalma emoções negativas e estimula as positivas. Espelhamos essa esperança e otimismo, sentimo-nos valorizados, com elevada autoestima. (Pillay, citado por Silva, 2017b, p. 13)

Um ambiente escolar que procure gerenciar o papel da emoção no aprendizado pode potencializá-lo, bem como auxiliar a melhores tomadas de decisão, tanto por estudantes como por professores(as), visto que a emoção é fundamental para a tomada de decisão (Damásio, 2011; Pillay, 2011).

Cabe lembrar que ambientes ameaçadores perturbam a atenção, geram estresse e ativam o córtex cingulado anterior, ligado à detecção de conflitos no cérebro e relacionado à atenção. A memória de trabalho e a de longo prazo, essenciais ao aprendizado, são também prejudicadas por esses ambientes. Por fim, desmotivam, rebaixam a autoestima e prejudicam tomadas de decisão! (Damásio, 1996; Cosenza; Guerra, 2011; Pillay, 2011).

Por tudo isso, é importante que o ambiente escolar seja planejado de forma a mobilizar as emoções positivas (entusiasmo, curiosidade, envolvimento, desafio), enquanto as negativas (ansiedade, apatia, medo, frustração) devem ser evitadas para que não perturbem a aprendizagem. [...] O ambiente escolar deve ser estimulante, de forma que as pessoas se sintam reconhecidas, ao mesmo tempo em que as ameaças precisam ser identificadas e reduzidas ao mínimo. Usando o andamento dos tempos musicais como metáfora, podemos dizer que o ideal é que o ambiente na escola seja alegre moderato, ou seja, estimulante e alegre, mas que permita o relaxamento e minimize a ansiedade. Considerando a tendência gregária dos adolescentes, é bom estimular a confiança no grupo e estimular os trabalhos em colaboração. Na sala de aula, são importantes os momentos de descontração, e para isso pode-se fazer uso do humor, das artes e da música nos momentos adequados. (Cosenza; Guerra, 2011, p. 84)

As situações estressantes devem ser identificadas e corrigidas, como o excesso disciplinar e avaliativo, as brincadeiras maldosas dos colegas ou mesmo do professor, as dificuldades escolares não resolvidas. Nessas e outras situações, os(as) estudantes sentem-se desemparados(as) ante dificuldades que não conseguem controlar nem superar (Cosenza; Guerra, 2011).

Nesse contexto, é importante considerar também as emoções de professores e professoras. Por exemplo, por meio da linguagem emocional, que é corporal, mensagens contrárias aos objetivos educativos podem ser enviadas sem que percebamos, visto que a linguagem corporal é, usualmente, não consciente. Aliás, nossa vida emocional é, em grande parte, autônoma e não percebida por nós (Cosenza; Guerra, 2011). Dessa forma, "emoções, como vimos, podem ter origem inconsciente e serem atribuídas outras fontes ou outro contexto. Assim, a origem das reações emocionais na escola pode estar relacionada com problemas externos, originados, por exemplo, no contexto familiar ou social" (Cosenza; Guerra, 2011, p. 84).

Por essa razão, é importante aprender a perceber e a lidar melhor com nossas emoções. Elas são inevitáveis, básicas a tudo o que fazemos e podem ser mais bem expressas e administradas por nós. Estamos falando de *autoconhecimento*, que, no caso específico da emoção, pode ser chamada de *inteligência emocional*, ligada tanto às funções executivas (cognitivas) como às afetivas, como veremos a seguir (Cosenza; Guerra, 2011).

Como defendem Cosenza e Guerra (2011, p. 85), "a adequada expressão das emoções deve ser respeitada e desenvolvida, o que contribui, certamente, para aprendizagem, a diminuição dos problemas de disciplina e a preparação de indivíduos mais capazes de viver a vida em sociedade e de atingir a plenitude de realização pessoal".

## 3.3 Inteligência emocional, autoconhecimento e ensino/aprendizado

O conceito de inteligência emocional (IE) surge do estudo das relações entre emoção e inteligência e foi elaborado por Peter Salovey e John Mayer, em 1990. Eles se inspiraram na teoria das inteligências múltiplas, de Howard Gardner, criada nos anos 1980, que propunha nove tipos de inteligências, entre as quais, a intra e a interpessoal. Salovey e Mayer entenderam que esses dois tipos de inteligência estavam relacionados às emoções e, portanto, representariam nova inteligência (Gonzaga; Rodrigues, 2018).

O conceito original considerava a IE como "o subconjunto da inteligência social que envolve a capacidade de monitorar os sentimentos e emoções de si mesmo e dos outros, discriminá-los e usar essas informações para orientar o pensamento e as ações" (Mayer; Salovey, 1990, p. 189, tradução nossa). Desde esse estudo seminal, várias pesquisas foram desenvolvidas e o próprio conceito ampliado.

A partir de 1995, a temática ganhou popularidade mundial com o lançamento do livro jornalístico *Inteligência emocional*, escrito por Daniel Goleman (1995, 2001), psicólogo e redator científico. No entanto, o fato também atraiu rejeição do mundo acadêmico, visto que Goleman não apresentou uma definição objetiva para IE e incluiu áreas vastas da personalidade, extrapolando os limites cognitivos e emocionais (Neta; García; Gargallo, 2008).

Buscando trazer, novamente, o conceito de IE ao rigor acadêmico, Mayer e Salovey revisaram e atualizaram seu conceito, configurando-o claramente como um **modelo de habilidades cognitivas**, diferenciando-o daqueles que incluíam características de personalidade e motivacionais, ou seja, modelos mistos (Neta; García; Gargallo, 2008).

O conceito revisado de Mayer e Salovey, publicado em 2007, mostra a inteligência emocional como quatro conjuntos de habilidades mentais relacionadas (Mayer; Salovey, 2007, citados por Neta; García; Gargallo, 2008, p. 12):

A inteligência emocional implica a habilidade para [1] perceber e valorar com exatidão a emoção; a habilidade para [2] acessar e ou gerar sentimentos quando esses facilitam o pensamento; a habilidade para [3] compreender a emoção e o conhecimento emocional, e a habilidade para [4] regular as emoções que promovem o crescimento emocional e intelectual.

O conceito é assim comentado por Neta, García e Gargallo (2008, p. 13):

A [1] **percepção e identificação emocional** se referem à habilidade para perceber e identificar as emoções próprias e alheias, incluindo na voz das pessoas, nas obras de arte, na música, nas histórias. O segundo componente, a [2] **facilitação emocional**, envolve a habilidade para usar as emoções para facilitar os processos cognitivos (na solução de problemas, tomada de decisões, relações interpessoais). [3] **Compreender a emoção** implica conhecer os termos relacionados com as emoções e as formas como estas se combinam, progridem e mudam. O último nível, o de [4] **regulação emocional**, trata da habilidade de saber usar estratégias para mudar os próprios sentimentos e saber avaliar se elas são eficazes ou não.

O modelo de habilidades, ou aptidões, cognitivas de Mayer e Salovey é considerado autêntico, servindo como:

modelo de referência para as pesquisas na área devido ao rigor teórico e empírico, tanto no que se refere à formalização conceitual, quanto aos instrumentos de medida de autoinforme e de execução, cujas experimentações têm aumentado seu índice de fiabilidade; também tem sido considerado como o mais factível para o desenvolvimento de programas de intervenção. (Neta; García; Gargallo, 2008, p. 13-14)

Retomando o trecho comentado anteriormente, de Neta, García e Gargallo (2008, p. 13), poderíamos indagar: Perceber, gerar, compreender e regular quais emoções?

Paul Ekman (2011), um dos maiores pesquisadores mundiais das microexpressões faciais, descobriu que um conjunto de emoções pode ser universalmente reconhecida apesar das diferenças culturais, ou seja, as emoções diferem em termos de padrões faciais e atividade fisiológica. Com base em seus estudos, elaborou uma classificação de emoções básicas que integram seis estados emocionais: **medo, raiva, aversão, alegria, tristeza e surpresa**. Para Ekman (2011), as emoções têm caráter evolutivo e nos preparam para lidar rapidamente com eventos básicos da nossa vida.

As seis emoções básicas que Ekman (2011) estudou relacionam-se com temas universais, os quais, com base em avaliações automáticas que fazemos do mundo, agem como gatilhos que disparam emoções. No entanto, existem variações de caráter individual e cultural relacionados às emoções. O Quadro 3.1 mostra os temas universais e as emoções relacionadas.

**Quadro 3.1** – Relação entre temas universais e emoções

| Emoção | Tema universal / Gatilho associado acionada por... |
|---|---|
| Raiva | Reação a ataque, defesa de próprios interesses |
| Medo | Sensação de ameaça iminente |
| Tristeza | Perda de algo de valor |
| Nojo | Violação a gostos ou preferências pessoais |
| Surpresa | Alguma novidade que se apresenta |
| Alegria | Presença ou percepção de algo de valor |

Fonte: Gonzaga; Rodrigues, 2018, p. 9.

Essas são as principais emoções que nos orientam no dia a dia, seja na vida pessoal, seja na profissional. Naturalmente, também orientam a vida escolar de professores(as) e alunos(as) e todos(as) os(as) profissionais envolvidos.

Apesar da controvérsia científica em torno dos modelos (Woyciekoski; Hutz, 2009; Neta; García; Gargallo, 2008), natural ao desenvolvimento de qualquer modelo novo sobre inteligência humana, e outras possibilidades teóricas, como as de habilidade e competência social[1], ressaltamos a importância de considerar, seriamente, o valor do trabalho com as emoções para o processo de ensino-aprendizagem. Para exemplificar, relataremos, na Seção 3.3, a experiência de uma professora no ensino fundamental, desenvolvida sob a supervisão de Arantes (2002).

Além dos modelos de Mayer e Salovey (2007) e do muito conhecido modelo de competências emocionais de Goleman (1995, 2001), existem outros, como o modelo de inteligência social e emocional de BAR-ON (1997, citado por Neta; García; Gargallo, 2008); o modelo de Cooper e Sawaf (1997, citado por Neta; García; Gargallo, 2008); o modelo de aprendizagem de IE

---

[1] Habilidade social refere-se a um construto descritivo dos comportamentos sociais valorizados em determinada cultura com alta probabilidade de resultados favoráveis para o indivíduo, seu grupo e comunidade que podem contribuir para um desempenho socialmente competente em tarefas interpessoais (Del Prette; Del Prette, 2018, p. 293-296). Portfólio de habilidades sociais: comunicação, civilidade, fazer e manter amizade, empatia, assertivas, expressar solidariedade, manejar conflitos e resolver problemas interpessoais, expressar afeto e intimidade (namoro, sexo), coordenar grupo e falar em público (Del Prette; Del Prette, 2018, p. 347-391). Competência social é um constructo avaliativo do desempenho de um indivíduo (pensamentos, sentimentos e ações) em uma tarefa interpessoal que atende aos objetivos do indivíduo e às demandas da situação e cultura, produzindo resultados positivos conforme critérios instrumentais e éticos (Del Prette; Del Prette, 2018, p. 485-488).

de Nelson e Low (2011); e o modelo de habilidades socioemocionais da Casel[2] (Casel, 2020; Durlak et al., 2015).

Nas últimas duas décadas, as pesquisas de IE no Brasil vêm avançando, como nos mostram Gonzaga e Monteiro (2011), que, fazendo uma revisão nas bases de dados Index PSI, Lilacs, Pepsic e Scielo, encontraram 37 estudos, sendo 12 teóricos e 25 empíricos. As pesquisadoras concluem que esses estudos são suficientes para a validação da medida de IE, mas que ainda é necessário avançar com a pesquisa de correlacionar esse constructo com outras áreas, como educação, social, trabalho e clínica.

De fato, vários estudos nacionais e internacionais têm explorado correlações e/ou aplicações da IE, por exemplo: bem-estar psicológico de homens e mulheres na meia-idade e na velhice (Queroz; Neri, 2005); bem-estar no trabalho (Nascimento, 2006; Barros, 2011); assertividade em enfermeiros (Costa, 2009); desempenho no trabalho (Cobêro; Primi; Muniz, 2006); aplicação da IE na vida profissional (Cortizo; Andrade, 2017); competência profissional, mais especificamente (Silva et al., 2017); congruência pessoa-ambiente e satisfação intrínseca

---

2   Casel (Collaborative for Academic, Social, and Emotional Learning) significa "aprendizagem colaborativa acadêmica, social e emocional", em tradução livre. Seu modelo de habilidades socioemocionais inclui: autoconsciência, autogestão, consciência social, habilidades de relacionamento e tomada de decisão responsável. Esse foi um dos modelos que orientou o Ministério da Educação (MEC) na adoção das habilidades socioemocionais em nossa educação básica. Isso ocorreu por meio da Base Nacional Comum Curricular (BNCC), promulgada em de dezembro de 2017, que normatiza toda a educação básica brasileira. A BNCC apresenta dez competências gerais a serem desenvolvidas, nas quais estão as competências socioemocionais, que deverão estar presentes nos currículos escolares até 2020 (Brasil, 2017b, 2020a, 2020b).

no trabalho (Batista, 2018). Incluem também a relação entre IE, bem-estar e saúde mental (Prior, 2017) e inteligência, habilidades sociais, variáveis sociodemográficas e profissionais (Nascimento, 2018).

Estudos também têm explorado a correlação e/ou aplicação da IE no contexto escolar, visto que a atividade docente requer habilidades interpessoais que envolvem observar e lidar com as emoções dos demais – o que somente é possível pelo desenvolvimento intrapessoal, ou autoconhecimento, que requer perceber e gerir suas próprias emoções.

Outros estudos têm mostrado a importância da IE nas relações entre professores(as) e alunos(as) e entre estes(as), com destaque para a gestão e a resolução de conflitos (Nunes-Valente; Monteiro, 2016). Nesse sentido, pesquisas têm verificado, por exemplo, as possíveis contribuições da IE para o exercício docente (Andrade; Neta, 2017), incluindo a vulnerabilidade ao estresse desses profissionais em contexto escolar (Sousa, 2013). Há também estudos para verificar se a IE pode contribuir para estratégias de enfrentamento em estudantes universitários (Cardoso, 2011) e a relação entre IE e o rendimento escolar em crianças do primeiro ciclo do ensino básico (Silva, 2012).

### 3.3.1 Exemplo de inteligência emocional e aprendizagem

Desenvolvida sob a supervisão de Arantes (2002), a proposta, inicialmente, solicitava que os(as) estudantes recordassem experiências difíceis, fazendo registros individuais sobre elas, o que incluía desenhos e anotações. Depois, voluntários(as) relataram suas experiências e mostraram suas anotações e desenhos. O passo seguinte foi encontrar soluções para os conflitos apresentados publicamente. Para isso, foi solicitado aos alunos e alunas que buscassem formas de solucionar o conflito apresentado, com o objetivo de levá-los a refletir sobre a forma como haviam atuado no passado e como atuariam hoje, caso revivessem o mesmo conflito. As crianças elaboraram soluções de diferentes naturezas: organizar uma festa, dar-se um presente, rezar, ressuscitar a pessoa falecida, conversar com amigos, chorar, dentre outras. (Arantes, 2002, p. 19-20)

Em seguida, as crianças apresentaram as soluções para o grupo, que refletiu conjuntamente sobre a eficácia das soluções encontradas e também avaliou as emoções e os pensamentos vividos para cada solução.

Após este trabalho inicial, quando os alunos e alunas tiveram a oportunidade de se expressarem e discutirem com o grupo suas ideias acerca dos conflitos vividos, desenvolvendo não só a percepção e tomada de consciência dos sentimentos e emoções, como também sua capacidade dialógica e cognitiva, várias atividades foram elaboradas e realizadas, utilizando-se das diferentes áreas do conhecimento "científico" como instrumentos para a formação desses alunos e alunas. (Arantes, 2002, p. 20)

As atividades incluíram: "expressão oral e corporal dos sentimentos; produção de textos, classificação e seriação das causas dos sentimentos negativos do grupo; a 'localização' corporal dos sentimentos; história de vida; e a questão do consumismo compensando carências afetivas" (Arantes, 2002, p. 20).

A prática buscou exemplificar como é possível considerar, integradamente, características racionais e emotivas dos conceitos trabalhados, isso feito por meio da educação da afetividade (IE). Conteúdos tradicionais foram trabalhados junto com os afetivos, estabelecendo-se pontes com a vida prática dos(as) estudantes. A pesquisadora conclui:

> Resumindo, com esse tipo de proposta educacional, a escola entende que da mesma forma que os estudantes aprendem a somar, a conhecer a natureza e a se apropriar da escrita, é fundamental para suas vidas que conheçam a si mesmos e a seus colegas, e as causas e consequências dos conflitos cotidianos. Trabalhando dessa maneira, por meio de situações que solicitem a resolução de conflitos, a educação atinge o duplo objetivo de preparar alunos e alunas para a vida cotidiana, ao mesmo tempo que não fragmenta as dimensões cognitiva e afetiva no trabalho com as disciplinas curriculares. [...] De mais a mais, a recusa a este trabalho contribuirá para a consolidação do "analfabetismo emocional" na sociedade contemporânea. (Arantes, 2002, p. 21)

Práticas como essa estão se tornando mais comuns nas escolas brasileiras, como pode ser visto no YouTube, na busca pela expressão "exemplo de inteligência emocional na escola brasileira". A IE inclui o reconhecimento da emoção dos outros e, para isso, a percepção de expressões não verbais na comunicação é crucial. Passemos a elas.

## 3.4 Emoção, adaptação social e comunicação não verbal

Como você sabe, seres humanos são sociais e as emoções constituem parte importante nesse processo de socialização, com destaque para comunicação não verbal. Expressamos nossas emoções por meio do rosto e de outras posturas corporais e também reconhecemos as emoções das outras pessoas, recebendo resposta sobre o nosso comportamento. Dessa forma, a interação social pode ser mais adequada à necessidade do outro ou dos grupos com os quais interagimos (Ferreira, 2014).

**Figura 3.4** – Linguagem corporal na comunicação

Syda Productions/Shutterstock

A leitura corporal ocorre, principalmente, de forma não consciente, via neurônios-espelho – grupos de células cerebrais que são ativadas em regiões específicas de nosso cérebro quando vemos alguém agir, expressar intenção e/ou emoção por meio do corpo (em especial, pela face) e/ou pelo comportamento. Quando vemos um corpo ou parte dele se mover, isso é representado em nosso cérebro, via neurônios-espelho. Se não gostamos da pessoa, é porque não gostamos do que acabou de ser registrado, automaticamente, no nosso cérebro (Pillay, 2011; Callegaro, 2011).

Por esse mesmo mecanismo, nossa linguagem corporal influencia automaticamente os outros e é possível nos beneficiarmos se tivermos mais consciência disso. Uma vez que essa ação é registrada em nosso cérebro, ele, provavelmente, vai também estimular áreas afins da emoção (Pillay, 2011; Callegaro, 2011).

Nossa comunicação é, predominantemente, não verbal, não consciente, implícita e modulada por processos afetivos. Sendo mais forte do que a comunicação verbal, define a qualidade da comunicação e, usualmente, não a percebemos, nem nossas verdadeiras intenções ao comunicar. Os processos que utilizamos para enviar, receber, interpretar e, principalmente, enviesar e filtrar as informações que nos chegam, ocorrem, em sua maioria, longe da nossa percepção consciente.

A maior parte da informação que chega até nossos canais sensoriais é filtrada ou excluída e não chega a se tornar consciente. Parte dela é percebida, mas não processada, pode também ser enviesada ou, ainda, esquecida. Para completar, em geral, não percebemos quando nossa comunicação é falha (Pillay, 2011; Callegaro, 2011).

> A comunicação não verbal inclui expressões faciais, gestos, tom de voz, movimento dos olhos (dilatação da pupila) e do corpo, postura, estilo de caminhar e a proximidade entre as pessoas, ou a Proxêmica. É crucial para compreender e predizer o comportamento alheio – julgamentos rápidos, perigo

ou amizade? O sentimento em relação aos outros é muitas vezes baseado nas impressões definidas pela comunicação não verbal. Confiar em alguém depende mais da forma com qual a pessoa fala algo coisa do que o conteúdo de sua fala [...]. A expressão facial é nossa mais profunda verdade! O rosto comunica nosso estado emocional, interesse, desconfiança etc. Todos os mamíferos demonstram suas emoções através de expressões faciais e posturas corporais. Foi a primeira forma de comunicação humana e continua sendo uma das mais fortes. (Pillay, 2011; Callegaro, 2011, citados por Silva, 2017b, p. 18)

Em termos das expressões faciais, elas transmitem uma comunicação básica.

A interpretação das expressões faciais tem enormes implicações na sala de aula e na vida em geral. Quando um aluno sente que a expressão facial de um professor transmite algum tipo de mensagem ameaçadora, então o cérebro desse aluno entra em nodo de pânico e o novo aprendizado é impedido (isso é independente se o professor pretende fazer uma expressão ameaçadora ou não ou se estudante interpretou mal a expressão do professor). [...] Relacionado a rostos, presume-se que os neurônios-espelho desempenham um papel na compreensão das expressões faciais dos outros à medida que a pessoa "usa" a face do outro, por assim dizer, quando interpreta os sentimentos e intenções por trás da expressão no rosto. [...] Além disso, o cérebro humano julga os tons de voz dos outros para níveis de ameaça de maneira rápida e muitas vezes inconsciente, influenciando o modo como a informação dessas fontes é percebida (por exemplo, válida, inválida, confiável, indigna de confiança). [...] Grandes professores sabem como usar suas vozes para atrair os alunos para discussões em sala de aula. Isso significa que eles administram seus níveis de entonação conscientemente para não repelir ou entediar os alunos, mas sim transmitir uma sensação de excitação e intriga sobre o assunto. (Tokuhama-Espinosa, 2011, p. 126-127)

Assim, treinar a percepção consciente da comunicação não verbal, tanto pessoal como das outras pessoas, pode se constituir em potente instrumento de diagnóstico e intervenção educacional por parte de docentes. É necessário, para tanto, conhecimento e treinamento sistemático de habilidades comunicativas.

Moscovici (2003) propõe algumas técnicas básicas: paráfrase cognitiva, descrição do comportamento e paráfrase emocional, que descrevemos a seguir.

Por meio da técnica da **paráfrase cognitiva** (de conteúdo), basicamente, repetimos com as nossas próprias palavras aquilo que foi dito pela outra pessoa, verificando se, de fato, entendemos. Importante não partir do princípio de que conseguimos entender, pois isso pode servir como um viés de confirmação. Quando acreditamos que compreendemos corretamente, então, filtramos/enviesamos as informações para confirmar aquilo em que acreditamos. Ao repetir da nossa forma, ou até mesmo utilizando as palavras que foram ditas, procuramos verificar e aumentar a precisão na comunicação mútua. A outra pessoa, ao ouvir aquilo que dissemos, também irá se tornar mais consciente do conteúdo, uma forma de *feedback*.

Trata-se de uma escuta ativa e empática, que busca, sinceramente, perceber pelo prisma do outro(a). Em situações de conflito, esse recurso pode ser extremamente útil, visto que a demonstração de interesse real pelo prisma do outro implica respeito e expressa um tipo de emoção diferente daquela frequentemente enviada no contexto do conflito. Assim, utilizar a paráfrase cognitiva quando alguém está irritado(a) conosco ou nos criticando severamente pode produzir um efeito diferenciado na compreensão. Lembrando que emoções fortes, principalmente as negativas, costumam produzir efeitos de enviesamento que dificultam muito, ou mesmo impedem, a comunicação eficaz entre as pessoas.

O recurso da **descrição do comportamento** é também uma paráfrase, porém em termos de comportamentos observáveis, e não de conteúdos que foram comunicados. Nessa descrição, relatamos ações específicas que observamos para verificar se percebemos corretamente o que aconteceu. Porém, e esta é a parte mais difícil, evitamos julgar os fatos. Para podermos fazer isso, precisamos observar a nós mesmos(as), visto que, usualmente, julgamos tudo o que percebemos. É um mecanismo natural de adaptação ao contexto.

Em outras palavras, relatar o que aconteceu sem emitir julgamentos não é um processo biologicamente natural, entretanto, é plenamente possível de ser feito por meio de treinamento. Em síntese, precisamos observar nosso comportamento e nosso julgamento, o qual é baseado em nossas emoções, que, comumente, são reações automáticas àquilo que vivenciamos, frequentemente, pelo comportamento das outras pessoas.

Como visto, as emoções guiam nossa comunicação, nosso julgamento e a consequente tomada de decisão. Por isso, perceber as emoções das pessoas que se relacionam conosco é muito importante. Na **paráfrase emocional**, ou verificação de percepção de sentimentos, relatamos, com devido respeito e habilidade, o que acreditamos que o(a) outro(a) está sentindo para verificar se compreendemos seus sentimentos. Podemos fazer isso observando atentamente o comportamento não verbal do(a) emissor(a), pois esse comportamento expressa as emoções da pessoa e, em geral, não mente!

Em resumo, a ideia é treinar a paráfrase cognitiva, comportamental e emocional. Se assim o fizermos, talvez possamos estabelecer uma comunicação empática e profunda, porque inclusiva de elementos emocionais, usualmente não conscientes durante uma comunicação. Para podermos fazer isso, precisamos treinar, primeiro, perceber a nós mesmos(as), pois, sem que consigamos nos perceber, dificilmente conseguiremos perceber o(a) outro(a) sem projetar nossos próprios processos emocionais sobre os demais, enviesando nossa percepção e a consequente comunicação.

Como visto, a emoção é fundamental para as relações humanas e para o aprendizado, comumente delas decorrente. Os *games* digitais parecem explorar ao máximo o potencial da emoção para mobilizar comportamentos, inclusive, educativos, por isso incluímos o próximo item, sobre gamificação.

## 3.5 Gamificação (*gamification*): emoção maximizada e educação

Gamificação é um conceito que começou no século passado e, no início deste século, tomou dimensões mundiais. O termo foi criado em 2003 por Nick Pelling, por meio de sua empresa Comunda, criada para ofertar a *gamification* de produtos e serviços

Em 2007, Bunchball criou uma plataforma de *gamification* com o objetivo de engajar as pessoas por meio de um placar com pontos e distintivos, ou seja, usar o lúdico para emocionar e motivar os participantes. Em 2010, a ludificação/gamificação conquistou o mercado mundial de massas, o que continua ocorrendo na atualidade, devido à sua eficácia sólida na aprendizagem e em vários tipos de negócios (Alves, 2015).

Em essência, a gamificação se utiliza de elementos dos jogos (lógica, dinâmica, estética, cooperação e competição, narrativa, entre outros) em ambientes diferentes daqueles originais dos jogos, como nas organizações e na educação, por exemplo. Assim, dá nova roupagem às atividades, deixando-as divertidas, estimulando o engajamento das pessoas, promovendo a aprendizagem e a resolução de problemas (Alves, 2015).

Os elementos dos jogos podem ser usados por meios virtuais/digitais, através das tecnologias de informação e comunicação (TICs) ou por meios analógicos.

> Jogos são divertidos, prazerosos e podemos jogar por horas sem perceber o tempo passar. Eles engajam e isso pode ser transferido para qualquer ambiente de aprendizagem. Têm origem biológica (são anteriores a cultura), podendo ser vistos em várias espécies animais, com finalidade adaptativa de aprendizagem, de treino para a vida futura. Usualmente é espontâneo, motivado pela necessidade de sobrevivência e prazer. É uma "evasão" da realidade comum, um faz de conta, uma realidade paralela, modificada, com regras próprias, mas que prepara para a vida concreta. Simula a perfeição num mundo fascinante, mágico, frequentemente harmônico, prazeroso, mesmo que incerto. Também é tenso, visto

estar voltado ao alcance de objetivos de acordo com regras. Elementos como metas, regras, retroalimentação, motivação, alinhamento, lidar com estresse e tensão são essenciais para qualquer organização, no entanto usualmente estão relacionados somente com emoções negativas. O jogo, se bem elaborado e conduzido, permite que tudo isso seja conquistado com prazer, alegria, fantasia e qualidade nas relações. O resultado é visível nos níveis de rendimento da equipe em relação às metas definidas. (Alves, 2015, citada por Silva, 2017b, p. 11-12)

A gamificação[3] tem ampla aplicabilidade. Na área da aprendizagem, seja na educação formal, seja na organizacional, ela pode/estimula: a) aprimorar habilidades; b) superar desafios; c) aumentar e manter o engajamento/atenção; d) maximização dos resultados do processo de aprendizagem; e) mudança de comportamento e f) socialização (Borges et al., 2013).

## Síntese

Parabéns! Vamos concluindo mais um ciclo de nossa trilha!

Este capítulo tratou sobre a importância da emoção no ensino e na aprendizagem. Estamos sempre emocionados, assim como nossos alunos e alunas. A emoção é nossa guia evolutiva! São sofisticadas estruturas voltadas a nos orientar e permitir vantagem adaptativa em todas as áreas de nossa vida.

Essa é a base de nossas boas decisões! Indica-nos o que é bom ou ruim para o nosso organismo; em que devemos ou não

---

[3] Existem muitos exemplos de gamificação na aprendizagem que renderam êxito, como pode ser observado em Fardo (2013). Para saber mais sobre gamificação, consultar Alves (2015), Mattar (2009), Prensky (2010), Chee (2015), Santaella, Nesteriuk e Fava (2018) e Mattar (2020).

prestar atenção. As emoções foram consideradas inferiores à razão por séculos e séculos, por isso deviam permanecer controladas; assim, nossas funções racionais, "superiores", poderiam agir livremente. Esse equívoco foi reparado com base nas pesquisas neurocientíficas, mas a emoção ainda não tem seu valor devidamente considerado na educação. Muitos docentes desconhecem as funções da emoção na vida em geral e, em específico, no multifacetado processo de ensino-aprendizagem. Desconhecem que a avaliação que fazem em relação aos(as) estudantes é mediada por emoções e que a qualidade dos relacionamentos e da comunicação é, em grande medida, baseada nelas. Além disso, desconhecem que as emoções vão facilitar, dificultar ou mesmo impedir o ensino e a aprendizagem. Precisamos estudá-las sistematicamente e, também, treinar percebê-las em nós e em nossos(as) estudantes. Podemos ainda treinar técnicas e desenvolver habilidades socioemocionais a fim de utilizar o máximo potencial das emoções para educar, aprender e viver melhor!

## Atividades de autoavaliação

1. Assinale a alternativa que indica corretamente a diferença entre emoção e sentimento:
    a) Emoção é um conjunto de reações subjetivas que, frequentemente, ocorre de forma consciente, mas, como se manifesta no corpo, pode ser percebida por um observador externo, ou seja, é pública. O sentimento é a percepção mais consciente do efeito emocional e tende a ser privado, ou seja, quem olha de fora não sabe quais sentimentos ocorrem com alguém.

b) Emoção é um conjunto de reações orgânicas que, frequentemente, ocorre fora da consciência, mas, como não se manifesta no corpo, não pode ser percebida por um observador externo, ou seja, é privada. O sentimento é a percepção mais consciente do efeito emocional e tende a ser público, ou seja, quem olha de fora sabe quais sentimentos ocorrem com alguém.

c) Emoção é um conjunto de reações orgânicas que, frequentemente, ocorre fora da consciência, mas, como se manifesta no corpo, pode ser percebida por um observador externo, ou seja, é pública. O sentimento é percepção mais consciente do efeito emocional e tende a ser privado, ou seja, quem olha de fora não sabe quais sentimentos ocorrem com alguém.

d) Emoção é um conjunto de reações subjetivas que, frequentemente, ocorre fora da consciência, mas, como se manifesta no corpo, pode ser percebida por um observador externo, ou seja, é pública. O sentimento é percepção inconsciente do efeito emocional e também tende a ser público, ou seja, quem olha de fora sabe que sentimentos ocorrem com alguém.

e) Emoção é um conjunto de reações subjetivas que, frequentemente, ocorre fora da consciência, mas, como não se manifesta no corpo, não pode ser percebida por um observador externo, ou seja, é privada. O sentimento é percepção inconsciente do efeito emocional e tende a ser público, ou seja, quem olha de fora sabe que sentimentos ocorrem com alguém.

2. Como você estudou neste capítulo, crianças que demonstram dificuldade na aprendizagem, que não conseguem prestar atenção aos conteúdos apresentados, podem não ter ainda amadurecidas/treinadas as estruturas neurológicas relacionadas ao processamento cognitivo ou às funções executivas (Damásio, 1996, 2011; Cosenza; Guerra, 2011). "Em complemento, talvez os estímulos educacionais não lhes sejam tão interessantes, na avaliação emocional, e é a emoção que avalia! Para que a aprendizagem ocorra é importante que as crianças prestem atenção aos conteúdos e registrem na memória de longo prazo" (Silva, 2017b, p. 3).

Considerando o trecho citado, analise as assertivas a seguir sobre a influência da emoção no aprendizado e julgue-as verdadeiras (V) ou falsas (F).

( ) A emoção avalia cada estímulo sensorial que nos chega, assim, influencia a atenção, a motivação e a ação.
( ) A emoção influencia a memória, registrando apenas situações traumáticas, que vão bloquear o(a) aluno(a).
( ) A emoção prejudica nosso raciocínio e a tomada de decisão. Para que possamos raciocinar e decidir bem, precisamos neutralizar nossas emoções!
( ) A emoção é importante na interação social por meio da comunicação não verbal.

Agora, assinale a alternativa que indica a sequência correta:

a) V, V, F, F.
b) V, F, F, V.
c) F, V, V, F.

d) V, F, V, V.
e) V, V, V, F.

3. Como você estudou neste capítulo: "A inteligência emocional implica a habilidade para perceber e valorar com exatidão a emoção; a habilidade para acessar e ou gerar sentimentos quando estes facilitam o pensamento; a habilidade para compreender a emoção e o conhecimento emocional, e a habilidade para regular as emoções que promovem o crescimento emocional e intelectual" (Mayer; Salovey, 2007, citado por Neta; García; Gargallo, 2008, p. 12).

Considerando o trecho citado, analise as assertivas a seguir sobre a inteligência emocional e julgue-as verdadeiras (V) falsas (F).

( ) A percepção e a identificação emocional são habilidades para identificar nossas próprias emoções, não as alheias, com as quais não devemos nos envolver.

( ) A facilitação emocional é a habilidade para usar as emoções a fim de facilitar os processos cognitivos, como tomar decisões, por exemplo.

( ) Compreender a emoção é conhecer os termos/nomes das emoções e as formas como elas se combinam.

( ) A regulação emocional é usar estratégias para mudar os próprios sentimentos e também os sentimentos dos outros.

Agora, assinale a alternativa que indica a sequência correta:

a) V, V, F, F.
b) V, F, F, V.

c) F, V, V, F.
d) F, F, V, V.
e) V, V, V, F.

4. Como você estudou neste capítulo: "A comunicação não verbal inclui expressões faciais, gestos, tom de voz, movimento dos olhos (dilatação da pupila) e do corpo, postura, estilo de caminhar e a proximidade entre as pessoas, ou a Proxêmica. É crucial para compreender e predizer o comportamento alheio – julgamentos rápidos, perigo ou amizade? O sentimento em relação aos outros é muitas vezes baseado nas impressões definidas pela comunicação não verbal. Confiar em alguém depende mais da forma com a qual a pessoa fala algo do que o conteúdo de sua fala" (Pillay, 2011; Callegaro, 2011, citado por Silva, 2017b, p. 18).

Considerando o trecho citado, analise as assertivas a seguir e julgue-as verdadeiras (V) ou falsas (F).

( ) A emoção é nosso principal comunicador e é por meio dela que a qualidade da comunicação se estabelece.

( ) Nossa comunicação é muito mais não verbal do que verbal, muito mais não consciente do que consciente. Ela é, em grande medida, determinada pela emoção.

( ) A comunicação verbal é mais poderosa do que a comunicação não verbal.

( ) Usualmente, percebemos nossas verdadeiras intenções de comunicar, bem como os mecanismos que usamos para enviar as informação verbais e não verbais.

Agora, assinale a alternativa que indica a sequência correta:

a) V, V, F, F.
b) V, F, F, V.
c) F, V, V, F.
d) F, F, V, V.
e) V, V, V, F.

5. Como vimos na Seção 3.5, a gamificação se utiliza de elementos dos jogos (lógica, dinâmica, estética, cooperação e competição, narrativa, entre outros) em ambientes diferentes daqueles originais dos jogos, como as organizações e a educação, por exemplo. Assim, dá nova roupagem às atividades, deixando-as divertidas, estimulando o engajamento das pessoas, promovendo a aprendizagem e a resolução de problemas (Alves, 2015).

Os elementos dos jogos podem ser usados por meios virtuais/digitais, através das TICs, ou por meios analógicos.

Considerando o trecho citado, analise as assertivas a seguir e julgue-as verdadeiras (V) ou falsas(F).

( ) A origem dos jogos está em seres humanos que desejavam diversão.

( ) Jogos são motivados pela necessidade de sobrevivência e de prazer.

( ) Os jogos constituem-se uma fuga da realidade, por isso, perigosos, visto que afastam as pessoas da vida concreta.

( ) Metas, regras, retroalimentação, motivação, alinhamento, lidar com o estresse e tensão podem estar presentes nos jogos e serem trabalhados com emoções positivas.

Agora, assinale a alternativa que indica a sequência correta:

a) V, V, F, F.
b) F, V, F, V.
c) F, F, V, F.
d) V, F, V, V.
e) V, V, V, F.

## Atividades de aprendizagem

**Questões para reflexão**

1. Se atenção, memória, motivação, ação, tomada de decisão, autoestima e relacionamentos interpessoais – todos fundamentais ao ensino-aprendizado – são mediados por emoções, como fazemos para percebê-las e lidar com elas em nós mesmo(a) e nos(as) estudantes?

2. A comunicação não verbal é mais forte do que a verbal, é mediada pelas emoções, mas ocorre, usualmente, de forma não consciente. O que fazer para torná-la mais consciente e utilizá-la para melhorar a comunicação?

**Atividade aplicada: prática**

1. Elabore uma atividade para estimular a inteligência emocional de seus(suas) alunos(as). Além dos estudos deste capítulo, busque na internet mais informações e experiências realizadas; organize e registre suas ideias e converse com os(as) estudantes, falando da importância das emoções para vida e para a escola. Oriente que também pesquisem o tema e, com eles(as), construa uma atividade (talvez até um jogo) que explore a percepção e o manejo consciente das emoções no ambiente escolar.

Capítulo 4
# Funções executivas e aprendizagem

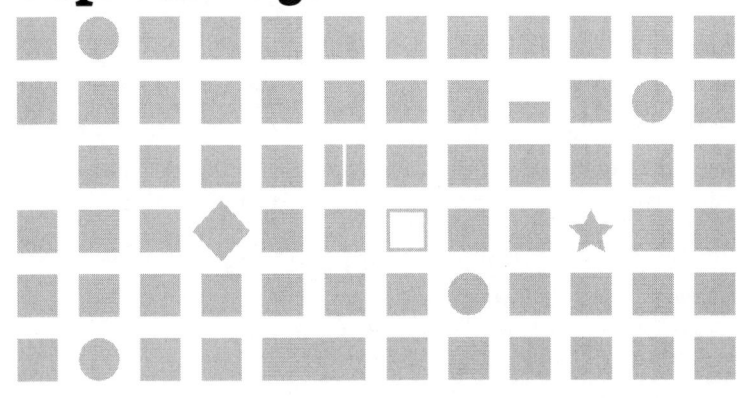

Chegamos ao quarto capítulo desta experiência e, nele, vamos explorar aquelas que podem ser consideradas as mais importantes habilidades humanas, ou que nos caracterizam como seres humanos: as funções executivas (FE). Por meio delas, podemos dirigir nossa atenção a certos estímulos, suspendendo outros indesejados. Podemos também planejar e resolver problemas, controlar nossos impulsos, ter uma mente flexível, adaptável às mudanças ambientais, raciocinar por categorização e ter fluência verbal e comportamental.

Neste capítulo, você vai conhecer os modelos teóricos, ou explicativos, dessas funções, sobre as quais buscaremos fazer uma síntese, bem como as estruturas cerebrais e como elas se relacionam com a aprendizagem.

Iniciemos essa nova incursão, ou excursão.

## 4.1 Contextualização e conceitos

Em uma pesquisa curiosa e importante da psicologia do desenvolvimento, Walter Mischel (Fuentes et al., 2014) criou uma situação na qual crianças de 4 anos precisariam enfrentar um problema. Individualmente, as crianças permaneciam em uma sala, sentadas diante de uma mesa sobre a qual havia um *marshmallow* e um sino. Elas recebiam a instrução de que, se conseguissem aguardar por um certo tempo sem comer aquele *marshmallow*, ganhariam outro. Mas, se desejassem, poderiam comê-lo a qualquer momento e tocar o sino, caso em que não ganhariam o segundo.

As crianças que participaram dessa pesquisa foram acompanhadas por décadas, gerando estudos complementares ao original. Aquelas que conseguiram adiar o prazer, mostraram-se melhores em relação à cognição social, no enfrentamento de dificuldades, nos resultados escolares na adolescência e em atividades de inibição aos 18 anos.

Esse e outros estudos indicam que o desenvolvimento inicial de algumas FE relaciona-se ao desempenho positivo em vários aspectos da vida. Porém, em contraste com aquelas crianças que, já aos 4 anos, conseguiram inibir seus impulsos, sabe-se que as FE e suas estruturas neurológicas, em geral, amadurecem lentamente. Em outras palavras, o curso natural do desenvolvimento das FE relaciona-se mais àquelas crianças que não conseguiram inibir os impulsos.

Também é conhecido que o desenvolvimento e a maturação dessas funções estão diretamente relacionados à interação com o meio ambiente, ou seja, fatores socioambientais poderão favorecer ou prejudicar o desenvolvimento das FE Esse fato evidencia a importância essencial da educação para o desenvolvimento integral de crianças, jovens e adultos.

Será que a escola estaria "desenvolvida para estimular esse desenvolvimento"? Qual a sua opinião sobre isso?

Existe grande interesse sobre as FE, como pode ser visto pelas crescentes publicações e eventos acerca do tema. Porém, muitas dúvidas permanecem a respeito do que são essas funções. Em geral, considera-se que precisamos planejar e executar atividades – sejam cotidianas, sejam novas – em nosso processo de adaptação ao ambiente. É necessário também monitorá-las, verificando se alcançaram suas metas, e, se não for o caso, precisamos planejar e executar correções. As **FE** são, portanto, habilidades exigidas nesses procedimentos (Fuentes et al., 2014; Hamdan; Pereira, 2009; Capovilla, 2006). Vejamos mais alguns conceitos.

As funções executivas correspondem a um conjunto de habilidades, que de forma integrada, permitem ao indivíduo direcionar comportamentos a metas, avaliar a eficiência e adequação desses comportamentos, abandonar estratégias ineficazes em prol de outras mais eficientes e desse modo, resolver problemas imediatos, de médio e de longo prazo. [...] Para a realização bem-sucedida de diversas tarefas cotidianas, o indivíduo deve identificar claramente seu objetivo final e traçar um plano de metas dentro de uma organização hierárquica que facilite a consecução. Em seguida deve executar os paços planejados, avaliando constantemente o sucesso de cada um deles, corrigindo aqueles que não foram bem-sucedidos e adotando novas estratégias quando necessário. Ao mesmo tempo, o sujeito deve manter o foco da atenção na tarefa que está realizando, monitorar sua atenção e integrar temporalmente os passos que já foram realizados, bem como aquele está sendo executado e os seguintes. Também deverá armazenar temporariamente em sua memória as informações que serão usadas durante toda a realização da tarefa e esse armazenamento temporário deve ficar protegido do efeito de distratores. (Fuentes et al., 2014, p. 115)

As funções executivas também "apresentam importante valor adaptativo, facilitando o gerenciamento em relação a outras habilidades cognitivas como se fossem o maestro de uma orquestra o general de um exército" (Malloy-Diniz et al., 2010, p. 94).

Por serem funções essenciais, se funcionarem mal não conseguimos organizar e fazer as tarefas de nossa vida cotidiana (trabalho, família e outras esferas), perdemos nossa adaptação ocupacional e social, incluindo o controle emocional. As alterações das FE se relacionam com transtornos cognitivos e psiquiátricos, como esquizofrenia, autismo e transtorno de déficit de atenção e hiperatividade (Hamdan; Pereira, 2009; Malloy-Diniz et al., 2010).

essas habilidades permitem ao indivíduo perceber e responder de modo adaptativo aos estímulos, responder frente a um objetivo complexo proposto, antecipar objetivos e consequências futuras e mudar planos de ação de modo flexível. [...] permitem ao indivíduo exercer controle e regular tanto seu comportamento frente às exigências e as demandas ambientais, quanto todo o processamento de informação. [...] orientam e gerenciam funções cognitivas emocionais e comportamentais. [...] iniciam por volta dos 2 meses, estendendo-se até aproximadamente os 20 anos de idade, quando tendem a se estabilizar até o envelhecimento quando parecem declinar. (Seabra; Dias, 2012, p. 34)

Neste momento, você deve estar querendo saber quais são as FE. Malloy-Diniz et al. (2010, p. 94-95) incluem "planejamento, controle inibitório, tomada de decisões, flexibilidade cognitiva, memória operacional, atenção, categorização, fluência, criatividade", enquanto Hamdan e Pereira (2009, p. 386) falam de "atenção, concentração, seletividade de estímulos, capacidade de abstração, planejamento, flexibilidade de controle mental, autocontrole e memória operacional".

Para esclarecer as dúvidas que podem surgir a respeito das funções cognitivas, a seguir, abordaremos algumas delas para que você possa refletir mais sobre o assunto.

## 4.1.1 Dúvidas metodológicas e conceituais sobre as funções executivas

Provavelmente, você está se questionando sobre quais são as FE e quais são os instrumentos empregados na sua avaliação neuropsicológica, bem como se elas são coordenadas por uma única função ou atuam em módulos independentes e quais as áreas cerebrais envolvidas em seu processamento. Há evidências de que as FE relacionam-se com as áreas frontais do córtex. No entanto,

> uma lesão cortical frontal pode ser suficiente, mas não é necessariamente a causa do comprometimento executivo. Apesar das correlações entre funções executivas e lesões frontais ainda não serem plenamente compreendidas, evidências sugerem que lesões, numa rede mais ampla (na rede frontalglânglio basal-tálamocortical), são necessárias para o comprometimento das FE. (Hamdan; Pereira, 2009, p. 390)

Em outras palavras, uma função cortical frontal pode estar disfuncional por causa de lesões subcorticais[1], sem que exista uma patologia cortical frontal evidente. As FE dependem da

---

[1] Funções corticais frontais são aquelas relacionadas ao lobo frontal do cérebro, em particular, ao córtex pré-frontal, como planejamento, tomada de decisão, atenção. Áreas subcorticais são aquelas que ficam abaixo do córtex, como aquelas destacadamente relacionadas às emoções, como as amígdalas e o hipocampo.

integridade do sistema frontal amplo, que inclui áreas subcorticais (Hamdan; Pereira, 2009).

Outra questão intrigante é se as FE influenciam e/ou são influenciadas por outras funções. Não há dúvidas de que as FE influenciam no funcionamento de outros domínios, o que é percebido, por exemplo, por testes que visam avaliar funções não executivas, como as visuoespaciais, a memória e a linguagem, e que mostram disfuncionalidades quando há patologias frontais porque dependem do controle executivo (Hamdan; Pereira, 2009). Mas, para dificultar um pouco mais, "lesões fora do sistema frontal podem interferir no desempenho de testes de FE, na ausência de disfunção executiva, pela interrupção dos processos que estão sob seu controle durante a realização da tarefa" (Hamdan; Pereira, 2009, p. 390).

Existe apenas uma FE ou várias?

Alguns autores sustentam a ideia de um executivo único [...]; outros, em oposição, de controles múltiplos para operações cognitivas diferentes [...]. As diferentes medidas neuropsicológicas não sustentam a afirmação de um construto executivo único, ou seja, as medidas de funções executivas são de natureza multidimensional, nenhuma medida avalia todos os domínios das FE e a combinação de diferentes medidas pode complementar a análise das FE. (Hamdan; Pereira, 2009, p. 390)

Como você pode concluir, questões importantes ainda permanecem dúbias e há ainda problemas teóricos e metodológicos que limitam as avaliações e estudos das FE.

(a) os pacientes, avaliados em amostras, nem sempre apresentam lesões frontais; (b) a inexistência de uma delimitação unitária para as FE; (c) a simples distinção entre processos automáticos e processos controlados não explica a complexidade dos mecanismos de controle; (d) a distinção entre tarefas complexas (relacionadas ao lobo frontal) e tarefas simples (relacionadas a outras áreas corticais) também não explica a diferença entre as funções e as distintas áreas corticais; (e) o papel principal do lobo frontal, possivelmente, está relacionado ao comportamento afetivo e emocional, ao desenvolvimento pessoal, ao juízo social e à autoconsciência, aspectos não avaliados nesses estudos. (Hamdan; Pereira, 2009, p. 390)

Os resultados das avaliações das FE somente serão profícuos se elas se basearem nos fundamentos teóricos do modelo adotado. No entanto, como essa base teórica ainda é controversa, é a validade ecológica que deve orientar a escolha dos testes. Em outras palavras, é necessário que o foco sejam os mecanismos subjacentes aos déficits experenciados pelo(a) avaliando(a) diariamente e que tenham relação com a utilização prática das capacidades avaliadas (Hamdan; Pereira, 2009; Malloy-Diniz et al., 2016).

## 4.2 Modelos teóricos das funções executivas

Para compreender melhor a complexidade das FE, apresentaremos os principais modelos teóricos sobre essas funções.

O modelo das **unidades funcionais** de Luria (1966), já citado no Capítulo 1, foi o precursor nas explicações sobre as FE.

A terceira unidade funcional está envolvida no planejamento, na regulação e na verificação do comportamento deliberativo, bem como relacionada com o córtex frontal (Hamdan; Pereira, 2009; Malloy-Diniz et al., 2010; Luria, 1981).

Lezak (1995, 2004, 2012) deu continuidade ao modelo de Luria e criou a expressão *funções executivas*. Para Lezak, as FE têm quatro aspectos: 1) formulação de metas voluntárias, volição; 2) planejamento; 3) realização de planos dirigidos a metas ou comportamento com propósito; 4) execução efetiva de atividades dirigidas a metas (Fuentes et al., 2014; Hamdan; Pereira, 2009; Seabra; Dias, 2012).

O **sistema atencional supervisor** (SAS), de Shallice (1982), propõe que os lobos frontais realizam processos, de certa forma, independentes, como definição de metas, geração, seleção, inibição e monitoramento de esquemas (Malloy-Diniz et al., 2010).

Stuss e Benson (1986) propuseram o **sistema tríplice de controle atencional e executivo**, em que três estruturas controlam a atenção e as FE: 1) sistema reticular ativador ascendente; 2) sistema de projeções talâmicas difusas, que mantém o tônus atencional e a vigília (estado de vigilância ou alerta); 3) sistema tálamo-frontal, responsável pelo controle da atenção (Malloy-Diniz et al., 2010).

O **modelo de integração temporal**, de Fuster (2008), defende que estas três funções promovem a organização temporal do comportamento: controle inibitório, mudança de cenário e memória de trabalho (Malloy-Diniz et al., 2010).

Allan Baddeley e Goldman-Rackir (1996) sugerem, com o modelo de **memória operacional**, que as informações que permitem tarefas de diferentes processos cognitivos ficam sempre disponíveis (Malloy-Diniz et al., 2010).

O modelo de **marcadores somáticos** (MS), importante e atual modelo de Damásio e Bechara (1994; 2000), indica que estruturas pré-frontais e suas conexões subcorticais ativam sensações viscerais e musculoesqueléticas (corpóreas) que servem de referência, de alerta sobre risco ou benefício, modulando a tomada de decisões num nível não consciente. Pela memória emocional, os marcadores somáticos antecipam potenciais consequências de uma decisão pela evocação da emoção relacionada aos efeitos de tomadas de decisão semelhantes prévias. Isso orienta na direção de tomadas de decisão melhores, ainda que as emoções também possam ser prejudiciais à tomada de decisão. Entretanto, não é o que acontece na maioria dos casos. Importante é que somente o conhecimento racional, "consciente", não é suficiente para tomadas de decisão vantajosas. A base emocional é fundamental para a tomada de decisão, sendo predominantemente não consciente. Tanto os processos mais afetivos (emocionais) quanto os mais cognitivos e conscientes conduzem à tomada de decisão. A integração dessas duas categorias é cada vez mais evidente nas pesquisas sobre tomada de decisão (Malloy-Diniz et al., 2010; Damásio, 2009; Bechara; Damásio, 2005; Pessoa, 2013).

O **modelo dos quatro domínios das funções executivas**, de Cicerone, Levin, Malec, Stuss e White (citados por Seabra; Dias, 2012) inclui as seguintes funções:

1. **Cognitivas**: Dirigem e controlam o comportamento por meio de inibição de informações não relevantes; seleção, integração e manipulação das informações pertinentes; planejamento e flexibilização da cognição e comportamento;

monitoramento de atitudes; regulação da memória de trabalho e dos mecanismos atencionais.

2. **Reguladoras do comportamento**: Atuam na regulação do comportamento quando a escolha da resposta adaptativa não pode ser realizada pela análise cognitiva ou pelos sinais do ambiente.
3. **Reguladoras da atividade**: Responsável pelo início e pela manutenção de ações deliberadas, voltadas a metas, e por processos mentais.
4. **Processos metacognitivos**: Relacionadas à teoria da mente, ou seja, à estimação do que ocorre na mente das outras pessoas, à autoconsciência e ao ajustamento do comportamento em ambiente social.

O **modelo de três componentes**, defendido por vários autores, considera que o controle inibitório, a memória de trabalho e a flexibilidade mental agem de forma integrada e possibilitam a relação mental de ideias (anteriores e atuais), a mudança adaptativa de perspectivas, a manipulação e o autocontrole, a atenção seletiva e sustentada (Seabra; Dias, 2012).

O **modelo das funções executivas quentes e frias**, também defendido por diversos autores, considera que as FE quentes são aquelas ligadas mais ao processamento emocional e motivacional, envolvido no julgamento custo/benefício ligado à história (pessoal e coletiva) e à interpretação pessoal. Esse julgamento vai orientar a tomada de decisão. Os processos afetivos (quentes) são também a base para a cognição social e a teoria da mente. Seus substratos neurológicos têm forte relação com o córtex pré-frontal orbitofrontal. Já as FE frias (lógica e abstração) estão associadas aos processos mais cognitivos, como categorização, flexibilidade cognitiva, fluência verbal, ligadas, principalmente, ao córtex pré-frontal dorsolateral (Fuentes et al., 2014; Malloy-Diniz et al., 2010).

Neste ponto, você deve estar se perguntando: O que são, afinal, as FE e quais substratos neurológicos as constituem? Não há consenso científico sobre isso. Arriscamo-nos a buscar uma tentativa de síntese, arbitrária e especulativa, a qual, naturalmente, carece de corroboração de pesquisa:

- **Processamento consciente *versus* não consciente**: Talvez, as FE estejam mais relacionadas aos comportamentos controlados e conscientes do que àqueles automáticos e não conscientes. Estudos recentes, no entanto, sugerem algo diferente: mesmo os comportamentos mais controlados e conscientes podem ser modulados por processos não conscientes, automáticos, como a tomada de decisão (Malloy-Diniz et al., 2010; Damásio, 2009; Bechara; Damásio, 2005). Um novo modelo sobre o processamento inconsciente adiciona complexidade a essa questão, mostrando evidências de que nossa forma básica de funcionar é não consciente (Callegaro, 2011; Hassin; Uleman; Bargh, 2005; Engel; Singer, 2008; Cosenza, 2016; Gazzaniga, 2011; Gazzaniga, Ivry, Mangun, 2019; Bargh, 2020).
- **Uma função executiva ou várias?** Existe pouca evidência para a perspectiva de que exista uma função executiva, um supervisor, regente da orquestra ou general. Os dados de pesquisa suportam que essa supervisão e esse controle, voltados à adaptação do comportamento, são feitos em conjunto, por vários processos integrados e interdependentes (Hamdan; Pereira, 2009; Callegaro, 2011; Hassin; Uleman; Bargh, 2005).

- **Cognição-razão-fria *versus* afeto-emoção-quente**: Estudos atuais indicam que processos mais afetivos (ou emocionais) modulam continuamente aqueles mais racionais ou cognitivos, e vice-versa. Apesar disso, essa dicotomia entre eles permanece, como um resquício cultural de uma certa independência e superioridade daqueles denominados *cognitivos*. Alguns pesquisadores sugerem modelos que desconsideram processos afetivos das FE, mas estudos das estruturas neurobiológicas a elas relacionadas mostram, de forma evidente, a participação essencial de estruturas relacionadas às emoções, indicando que um modelo sobre as FE será completo se levar em conta as funções consideradas frias e também aquelas definidas como quentes (Fuentes et al., 2014; Malloy-Diniz et al., 2010; Damásio, 2009; Bechara; Damásio, 2005; Callegaro, 2011; Hassin; Uleman; Bargh, 2005; Pessoa, 2013).
- **Elementos das funções executivas**: Há pouco consenso sobre quais elementos compõem as FEs. Os que são mais considerados na literatura incluem: 1) planejamento e solução de problemas; 2) controle inibitório; 3) tomada de decisão; 4) flexibilidade cognitiva; 5) memória operacional/de trabalho; 6) categorização; e 7) fluência verbal e comportamental. O elemento 8, atenção, às vezes, é apresentado como parte das FEs, como na atenção seletiva, controle inibitório e redes atencionais (Fuentes et al., 2014; Hutz, 2012). Mas isso não é consenso, outros pesquisadores o indicam como elemento distinto, ligado às FEs, mas sem fazer parte delas (Malloy-Diniz et al., 2010; Seabra; Dias, 2012).

## 4.3 Neurobiologia das funções executivas

As estruturas frontais, com destaque para o **córtex pré-frontal**, têm sido fortemente relacionadas às FE, mas pacientes sem lesões nessas regiões também apresentam disfunções executivas, mostrando que o quadro não está completo. Por exemplo, pacientes com leões no **tálamo** apresentam disfunções nas FE (demências degenerativas, comportamento antissocial, dislexia e alterações do envelhecimento). Como o córtex frontal é uma estrutura altamente conectada com outras regiões corticais e também subcorticais, as pesquisas das FE nas patologias neurológicas e nos transtornos psiquiátricos são muito difíceis (Hamdan; Pereira, 2009).

**Figura 4.1** – Córtex pré-frontal orbitofrontal e dorsolateral

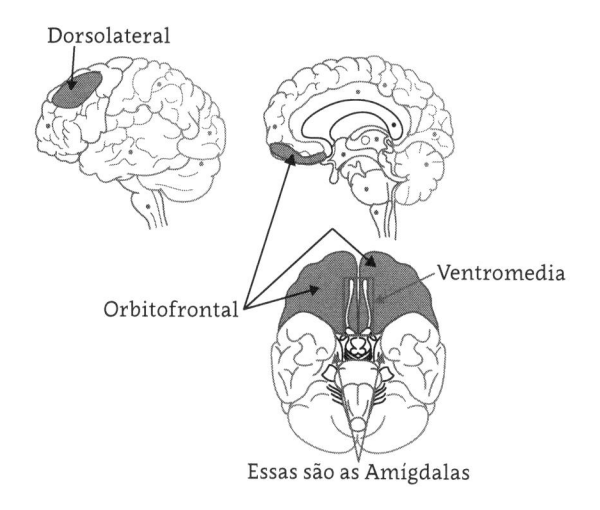

Dorsolateral

Orbitofrontal

Ventromedia

Essas são as Amígdalas

Veronika By/Shutterstock

**Sintomas *versus* circuitos frontoestriais**

Quando as conexões entre o giro cíngulo anterior e as estruturas subcorticais estão comprometidas, "geralmente, acarretam manifestações comportamentais como apatia, desmotivação, dificuldades no controle atencional e desinibição de respostas instintivas" (Malloy-Diniz et al., 2010, p. 95).

Disfunções no **córtex pré-frontal dorsolateral** criam dificuldades na elaboração de metas, no planejamento e na solução de problemas. Prejudicam ainda o monitoramento da aprendizagem e atenção, a memória operacional e a flexibilidade cognitiva, o julgamento e a abstração.

O **córtex pré-frontal orbitofrontal**, região completar, se disfuncional, produz notáveis alterações na personalidade e no comportamento, incluindo a incapacidade de inibir necessidades imediatas e comportamentos socialmente impropriados, o que prejudica a tomada de decisão adaptativa, em termos de benefícios futuros (Malloy-Diniz et al., 2010). A Figura 4.1 ilustra as duas regiões comentadas.

É evidente a grande importância das as regiões **pré-frontais** para as FE. Essas regiões estão conectadas com outras estruturas tanto corticais como subcorticais, influenciando e sendo influenciadas, de forma interdependente, por todo o sistema cerebral. Observa-se, assim, a complexidade e a crucial importância dessas estruturas.

Em adição, podem ser consideradas como as mais importantes do ponto de vista evolutivo. Desenvolveram-se, gradativamente, na evolução animal, em especial, nos mamíferos, alcançando seu ápice nos seres humanos.

De fato, são as estruturas mais novas na evolução filogenética. Também são aquelas que mais demoram para amadurecer na criança, que continuam a se desenvolver até o final da adolescência e estarão plenas não antes do início da vida adulta. Por exemplo, os bebês se limitam a reagir aos estímulos imediatos. No primeiro ano de vida conseguem ignorar alguns estímulos irrelevantes. Aos três anos, desenvolvem a noção de tempo e já conseguem planejar e flexibilizar estratégias. Terão essas habilidades aperfeiçoadas lá por volta dos sete anos de idade. O córtex pré-frontal continua a amadurecer até o final da adolescência, através da ramificação de dendritos e a formação e eliminação de sinapses. E por fim, o importante processo da mielinização dos axônios prossegue até a segunda década de vida. (Fuentes et al., 2014; Cosenza; Guerra, 2011, citados por Silva, 2017c, p. 9)

## 4.4 Explorando as funções executivas

Como visto, as FE são essenciais ao processo de aprendizagem e suas disfunções, tanto de base predominantemente neurológica como mais relacionadas a processos ambientais, precisam ser avaliadas para que as intervenções sejam eficientes e ecologicamente eficazes, ou seja, se mostrem positivas tanto nos testes como na vida prática dos(as) estudantes.

Os desafios dessas avaliações são imensos se considerarmos a complexidade do que se avalia, a pouca maturidade teórica de base sobre as FE, bem como que as avaliações podem ocorrer na idade pré-escolar ou na infância, implicando em complexas variáveis intervenientes, como: a) o grau de maturidade neurológica, b) a variabilidade típica dessas fases e c) a forte influência psicossocial, que potencialmente inclui processos educativos inapropriados e/ou ineficazes.

Pode-se afirmar que o exame ou avaliação neuropsicológica baseia-se em três elementos: a) entrevista clínica, b) avaliação comportamental/funcional e c) as escalas ou testes neuropsicológicos. Os dois primeiros elementos devem dar suporte ao levantamento de uma hipótese a qual será testada pelos testes neuropsicológicos. (Malloy-Diniz et al., 2016, citados por Silva, 2017c, p. 10)

Tão importante quanto a entrevista é a avaliação/observação funcional das FE em diferentes contextos. Essa observação permite verificar se o resultado destes corresponde à realidade da pessoa avaliada. Isso é chamado de *validade ecológica*. Para facilitar essa observação, Malloy-Diniz et al. (2010, p. 101-102) apresentam um modelo clínico com seis elementos:

1. iniciação e conduta;
2. inibição de respostas;
3. persistência na tarefa;
4. organização;
5. abstração;
6. conscientização.

Atente que a avaliação/observação funcional deve incluir situações da vida real nos contextos em que ocorrem, visto que isso confere à avaliação neuropsicológica mais validade ecológica e, ainda, indica áreas que precisam de mais exploração por meio de testes neuropsicológicos. Para que seja observado o desempenho do paciente, a tarefa escolhida deve ser precisa e ter um grau adequado à sua realidade, incluindo inteligência, idade e gênero (Malloy-Diniz et al., 2010).

## 4.4.1 Testes (neuro)psicológicos das funções executivas

Antes de comentarmos sobre os testes (neuro)psicológicos, é necessário fazer alguns esclarecimentos.

Vários testes são de uso exclusivo de psicólogos e psicólogas, entretanto profissionais de outras categorias, ligados à educação, por exemplo, podem beneficiar-se dos resultados desses testes se trabalharem em parceria com aqueles(as) profissionais. Equipes multi ou interdisciplinares são muito eficazes para a realização de avaliações e intervenções (neuro)psicológicas, visto integrar perspectivas diversas no processo de avaliação e intervenção. Contudo, vários testes psicológicos e neuropsicológicos não são restritos aos profissionais da psicologia.

Outro aspecto importante é que testes psicológicos e alguns testes neuropsicológicos passam por avaliação do Conselho Federal de Psicologia para avaliar se tais instrumentos têm qualidade técnico-científica para serem utilizados pelos profissionais. Para que um teste psicológico seja utilizado, ele precisa ter sido avaliado e aprovado pelo Sistema de Avaliação de Testes Psicológicos (Satepsi). Alguns testes neuropsicológicos também são avaliados pelo Satepsi, casos em que devem também ter sido aprovados para serem utilizados.

Testes neuropsicológicos que não forem avaliados pelo Satepsi podem também ser utilizados, desde que contem com fundamentação científica adequada, ou seja, que tenham sido traduzidos, adaptados (no caso de testes estrangeiros) e validados por pesquisas publicadas em periódicos ou eventos científicos de credibilidade.

Para você verificar as informações sobre os testes psicológicos e alguns testes neuropsicológicos, se são favoráveis ou desfavoráveis, privativos ou não aos profissionais da psicologia, é possível acessar o site[2] do Sistema de Avaliação de Testes Psicológicos. Importante notar que a consulta deve ser continuada, para profissionais que precisam usar os testes, visto que sua avaliação é um processo dinâmico e as informações sobre eles é mutável.

Após essa breve introdução, voltemos aos testes para avaliar as FE. Existem baterias de testes que avaliam várias FE, dentre elas, citamos a Bads e o Neupsilin:

- **Bads** (Bateria da avaliação comportamental da síndrome disexecutiva): Traduzida para o português por Ricardo O. Souza e Sergio L. Schmidt, avalia vários aspectos das FE (planejamento solução de problemas controle inibitório e flexibilidade cognitiva) por meio de tarefas semelhantes àquelas do dia a dia. É composta por seis tarefas neuropsicológicas e por uma escala de avaliação de sintomas disexecutivos, a qual é preenchida pelo paciente e por alguém próximo a ele. Pode ser utilizada em pessoas entre 16 e 87 anos, mas também há uma versão para crianças e adolescentes (Bads-C). A versão brasileira

---

[2] Para saber mais sobre os testes, acesse, no site do Conselho Federal de Psicologia, a aba sobre Sistema de avaliação de testes psicológicos. Disponível em: <http://satepsi.cfp.org.br>. Acesso: 10 jan. 2021.

está sendo pesquisada em populações de idosos (Fuentes et al., 2014; Armentano et al., 2009; Armentano, 2011).

- **Neupsilin e neupsilin-inf**: Trata-se de teste novo, comercializado pela editora Vetor, que avalia os seguintes processos cognitivos: orientação temporoespacial, atenção concentrada, percepção visual, cinco sistemas de memória (trabalho, verbal, episódica-semântica, visual e prospectiva), habilidades aritméticas, componentes de linguagem oral e escrita (linguagem automática, nomeação, repetição, compreensão oral e escrita, leitura, escrita copiada, espontânea e ditada), praxias, FE (resolução de problemas e fluência). Ele foi construído para ser um instrumento neuropsicológico de breve aplicação, com dois focos: 1) a avalição neuropsicológica breve de populações neurológicas e 2) a criação de um perfil neuropsicológico de indivíduos de 12 a 90 anos, de, no mínimo, 1 ano de estudo (Fontoura et al., 2012).

Existem também testes específicos para as diversas funções. Uma lista das FE e seus respectivos testes pode ser vista no quadro a seguir.

**Quadro 4.1** – Funções executivas e alguns testes que as avaliam

| Função executiva | Testes |
|---|---|
| Planejamento e solução de problemas | Torre de Londres – TOL (Malloy-Diniz et al., 2010, 2016; Ortiz et al., 2008), Torre de Hanoi (Hamdan; Pereira, 2009) e Testes de Labirintos (Fuentes et al., 2014). |

*(continua)*

(Quadro 4.1 – continuação)

| Função executiva | Testes |
|---|---|
| Controle inibitório e impulsividade<br>a) Impulsividade motora<br>b) Impulsividade atencional<br>c) Impulsividade por não planejamento | a) CPT-II – Tarefa de *performance* contínua de Conners (Fuentes et al., 2014; Malloy-Diniz et al., 2010).<br>b) CPT-II – Tarefa de *performance* contínua de Conners (Fuentes et al., 2014; Malloy-Diniz, et al., 2010) (erros por omissão). Teste de seleção de cartas do Wisconsin (WCST) – falhas na manutenção do cenário (seleção de cartas) (Malloy-Diniz et al., 2010; Ortiz et al., 2008). Teste das Trilhas (Seabra; Dias, 2012). Teste de Stroop de cores e palavras (Fuentes et al., 2014).<br>c) Teste de jogar a dinheiro Iowa (Iowa Gambling Test – IGT) (Fuentes et al., 2014; Malloy-Diniz et al., 2010). |
| Tomada de decisão | Teste de jogar a dinheiro Iowa (Iowa Gambling Test – IGT) (Fuentes et al., 2014; Malloy-Diniz et al., 2010). |
| Flexibilidade cognitiva | Teste de trilhas – partes A e B (Seabra; Dias, 2012). |
| Memória operacional ou de trabalho | Alça fonológica – repetição de dígitos presentes nas escalas Wechsler de memória, Wechsler de inteligência para crianças [WISC-III] e adultos [WAIS-III] (Malloy-Diniz et al., 2010); Alça visoespacial – Blocos de Corsi – medida não verbal (Fuentes et al., 2014; Malloy-Diniz et al., 2010); Executivo central – Trigramas de consoantes de Brown e Peterson, PSAT – teste de adição de série auditiva (Fuentes et al., 2014). |

*(Quadro 4.1 – conclusão)*

| Função executiva | Testes |
|---|---|
| Categorização | WAIS-III tem um bom teste para a capacidade de categorização, o subteste "semelhanças", que possui estímulos com graus crescentes de dificuldade. Teste de seleção de cartas do Wiscosin (WCST). Teste de identificação de objetos comuns (ou teste das 20 perguntas) (Fuentes et al., 2014). |
| Fluência verbal e comportamental | Fluência não verbal – Cinco pontos (fluência para desenhos). Fluência Verbal – FAS (Seabra; Capovilla, 2009). |
| Atenção | Testes para fluência verbal fonética (FAS) ou semântica; Teste de trilhas; Testes de Stroop; CPT-II – Tarefa de performance contínua de Conners; Tavis-3; Teste de Atenção por Cancelamento – TAC (Seabra; Capovilla, 2009; Seabra; Dias, 2012). |

Passemos, agora, a explorar mais as referidas funções para, depois, refletirmos sobre sua importância no processo de aprendizagem no ensino formal.

## 4.4.2 Explorando as funções executivas

Apresentaremos, nesta seção, alguns dos processos constituintes das FE que nos permitem regular comportamento e pensamento.

Os primeiros são o **planejamento** e a **solução de problemas**. Planejamento é a capacidade de estabelecer a melhor forma de alcançar um objetivo (que pode ser um problema definido) considerando a hierarquização de passos e os instrumentos necessários à realização da meta (Fuentes et al., 2014;

Malloy-Diniz et al., 2010). Três componentes são necessários para a execução de um plano de ação (Hutz, 2012): 1) identificar o objetivo e desenvolver subojetivos; 2) prever as consequências da escolha de determinado objetivo; e 3) determinar quais são os passos necessários para atingir os subobjetivos.

Outros processos são o **controle inibitório** e **a impulsividade**: controle inibitório implica "**inibir** respostas prepotentes (aquelas para as quais o indivíduo tem forte tendência), ou reações a estímulos distratores que interrompem o curso eficaz de uma ação, bem como interromper respostas que estejam em curso" (Fuentes et al., 2014, p. 126). Dificuldades, nesse item, se relacionam com a impulsividade.

A impulsividade tem aspectos cognitivos e comportamentais, ocorrendo quando: "1) há mudanças no curso da ação sem que seja feito um julgamento consciente prévio; 2) ocorrem comportamentos impensados; e 3) se manifesta uma tendência a agir com menor nível de planejamento em comparação a indivíduos com o mesmo nível intelectual" (Malloy-Diniz et al., 2010, p. 108).

Barratt (citado por Silva, 2017c, p. 13) propõe um modelo tríplice de impulsividade:

1. **Impulsividade motora**: Respostas motoras e não refletidas e prepotentes. São o foco principal da avaliação neuropsicológica da impulsividade e do seu controle inibitório, geralmente medida pelos chamados *erros preservativos* ou pelos erros por resposta a estímulos não alvo.
2. **Impulsividade atencional**: Respostas fora de contexto em função da atenção descontrolada – usualmente medida por provas que requerem o controle e a sustentação da atenção ao longo do tempo.

3. **Impulsividade por não planejamento**: Respostas imediatistas sem a reflexão de suas consequências futuras. Essa impulsividade se relaciona à tomada de decisão que se caracteriza pela escolha de uma entre várias alternativas em situações quem incluem algum nível de risco e incerteza. Alternativas devem ser avaliadas em seus diversos elementos, considerando o custo-benefício, ou seja, as consequências de tal decisão em curto, médio e longo prazos. Também aspectos sociais e morais devem ser considerados, ou seja, a repercussão da decisão para si e para as outras pessoas e, ainda, autoconsciência, ou seja, a reflexão sobre as possibilidades pessoais de arcar com a escolha.

A **tomada de decisão** (TD) é um complexo processo cognitivo e afetivo, consciente e inconsciente no qual ocorre a seleção de uma opção ou mais. Vários elementos das FE são ativos na tomada de decisão, como controle inibitório, memória de trabalho, flexibilidade cognitiva e planejamento (Fuentes et al., 2014; Malloy-Diniz et al., 2010).

A **flexibilidade cognitiva** é quando o ambiente mostra que nossas ações ou pensamentos estão inapropriados e é possível mudá-los. Essa é a capacidade da flexibilidade cognitiva (Fuentes et al., 2014; Malloy-Diniz et al., 2010; Seabra; Dias, 2012).

A **memória operacional ou de trabalho** é um "Sistema que funciona com capacidade limitada, adaptada a estocar e também manipular informações permitindo, dessa maneira, a realização de tarefas cognitivas como o raciocínio, a compreensão, a resolução de problemas" (Hutz, 2012, p. 148). Ela media a percepção, a memória de longo prazo e as respostas ao meio ambiente (Malloy-Diniz et al., 2010).

Um estudo a respeito da memória de trabalho é o modelo cognitivo de Baddley e Hitch – 1974/2003, composto por um sistema **executivo central** que trabalha em conjunto com dois outros sistemas escravos. A Figura 4.2 ilustra o modelo.

**Figura 4.2** – Modelo cognitivo de Baddley e Hitch

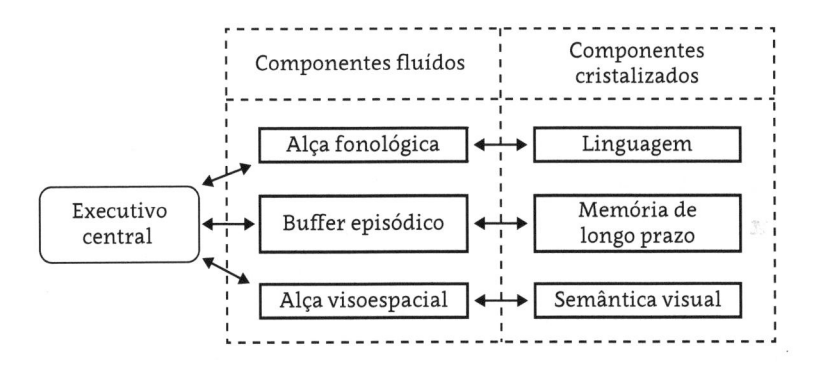

```
┌─────────────────────────┬──────────────────────────┐
│   Componentes fluidos   │     Componentes          │
│                         │     cristalizados        │
└─────────────────────────┴──────────────────────────┘

              ┌──────────────────┐     ┌──────────────────┐
              │  Alça fonológica │◄──►│    Linguagem      │
              └──────────────────┘     └──────────────────┘
 ┌──────────┐
 │ Executivo│◄──►┌──────────────────┐◄──►┌──────────────────┐
 │ central  │    │ Buffer episódico │     │   Memória de     │
 └──────────┘    └──────────────────┘     │   longo prazo    │
                                           └──────────────────┘
              ┌──────────────────┐     ┌──────────────────┐
              │ Alça visoespacial│◄──►│ Semântica visual  │
              └──────────────────┘     └──────────────────┘
```

Fonte: Malloy-Diniz et al., 2010, p. 105.

Segundo esse modelo cognitivo, o executivo central gerencia as informações, controla a atenção, inibe a influências que distraem a atenção bem como informações irrelevantes e ainda administra atividades simultâneas (Malloy-Diniz et al., 2010).

Seus elementos fluidos incluem: a) alça fonológica – que mantém informações verbais; b) alça viso-espacial – que sustenta informações visuais e espaciais; c) *buffer* episódico – que armazena vários tipos de informações, como aquelas dos outros sistemas e da memória de longo prazo (Malloy-Diniz et al., 2010).

Seguindo nos processos das FE, vamos falar da **categorização**, a organização dos elementos em categorias que têm características e propriedades estruturadoras em comum. Por exemplo: cão, gato, elefante e galinha são animais; carro, barco e motocicleta são meios de transporte. No pensamento concreto, a função de categorização é falha, tal como em processos neurodegenerativos das degenerações frontotemporais e da demência de Alzheimer; pacientes nessa condição não conseguem agrupar estímulos em uma categoria mais abrangente, focando-se apenas nas características particulares (Fuentes et al., 2014; Malloy-Diniz et al., 2010).

A **fluência verbal e comportamental** é a capacidade de emitir comportamentos dentro de uma estrutura de regras específica. Pode ser dividida em um componente verbal, por meio da produção de palavras, e um componente não verbal, considerado pela produção gráfica. A análise da fluência deve considerar os erros preservativos (repetições) e não preservativos (emissão de respostas alheias à categoria ou variações) (Malloy-Diniz et al., 2010).

A **atenção** pode ser considerada

> um sistema complexo de componentes integrantes que permitem ao indivíduo filtrar informações relevantes em função de determinantes internos ou intenções, manter e manipular informações mentais além de monitorar e modular respostas a estímulos. [...] está relacionada com vários processos básicos, como a seleção sensorial (filtrar, focalizar, alterar a seleção automaticamente), seleção de respostas (intenção de responder, iniciação e inibição, controle supervisor), capacidade atencional (como alerta) e desempenho sustentado (como vigilância). (Seabra; Dias, 2012, p. 39)

Para Posner (citado por Fuentes et al., 2014), três módulos compõem o sistema atencional:

1) Alerta/vigília – [...] diz respeito à ativação e à responsividade do sistema nervoso central a estímulos externos e internos, envolvendo ativação de regiões subcorticais como o tronco encefálico, o tálamo e o diencéfalo. 2) Orientação/processos atencionais automáticos – [...] sistema relacionado ao direcionamento do foco atencional diante de estímulos ambientais. Envolvem a modulação dos recursos sensoriais e de processamento com relação ao estímulo-alvo, além do uso de esquemas fortemente consolidados pelo organismo, como a leitura e a contagem. Esse segundo aspecto da atenção é muito associado às regiões posteriores do córtex cerebral, sobretudo os lobos occipitais e parietais. Além disso, esse sistema apresenta também conexões com regiões dos lobos frontais relacionadas aos movimentos oculares e manuais e à linguagem expressiva. 3) Atenção executiva/processos atencionais controlados – [...] envolvem recursos de natureza executiva, permitindo ao sujeito a mudança voluntária de foco, a manutenção do tono atencional e a resolução de conflitos atencionais em situações que demandam inibição, flexibilidade e alternância. [...] São associados às regiões anteriores do sistema nervoso central, incluindo porções anteriores do giro cíngulo. (Fuentes et al., 2014, p. 133-134)

A atenção reflexa (módulos de alerta/vigília) é ascendente (relacionada a estruturas subcorticais), involuntária e não consciente. Processos metabólicos e comportamentos instintivos (como a busca de alimento, proteção e sexo) ativam esse tipo de atenção, bem como a avaliação de estímulos ambientais novos, que precisam ser considerados se são favoráveis ou perigosos ao organismo. Em contraposição, são processos predominantemente corticais que coordenam a atenção executiva, ou seja, esta é descendente (de cima para baixo) e tende a ser mais voluntária e consciente também. Crianças e idosos podem usá-la com mais dificuldade, principalmente, no que diz respeito à inibição de estímulos distraidores (Cosenza; Guerra, 2011).

Em outra perspectiva, a atenção pode ser observada com base em cinco elementos (Malloy-Diniz et al., 2010):

1. **Nível de alerta ou ativação**: Semelhante ao primeiro módulo de Posner (alerta/vigília), apresenta os seguintes mecanismos: **tônico**, a regulação interna, fisiológica, que define o grau de alerta da pessoa ou o quanto está acordada, apta a reagir às demandas ambientais, incluindo ainda o ciclo sono-vigília e o nível da vigília, a capacidade de focar; e **fásica**, mais regulada pelos estímulos ambientais, modula a capacidade de responder de forma breve, focando a atenção interna ou externamente.

2. **Seletividade**: Como o nome sugere, trata-se da capacidade de selecionar um estímulo, ou parte dele, e manter-se focado nele, suspendendo a influência dos demais, considerados irrelevantes. É crucial essa capacidade, visto que somos constantemente bombardeados por imensa quantidade de estímulos, sejam eles externos, sejam internos (memórias e pensamentos contínuos).

3. **Alternância**: Se a seletividade nos permite focar, selecionar, a alternância nos faculta alternar entre diferentes estímulos, ou grupos deles, de forma sucessiva.

4. **Divisão**: Diz respeito à controversa capacidade de focar, simultaneamente, em dois ou mais estímulos.
5. **Sustentação ou atenção controlada**: Por meio dela, conseguimos manter o foco e o padrão de consciência por tempo prolongado.

Após termos considerado, de forma breve, as FE, passemos a pensar sobre a sua importância para o processo de ensino-aprendizagem.

## 4.5 Funções executivas e aprendizagem

Não é difícil perceber quão importantes são as FE para a aprendizagem e vice-versa! O alto desenvolvimento dessas funções por parte dos(as) alunos(as) pode ser o sonho de muitos(as) professores(as), correto? Esse possível sonho parece estar muito relacionado ao modelo educacional clássico. Mas, como essas funções são as mais lentas para serem desenvolvidas/amadurecidas, muitas crianças não se encaixam nessa expectativa ideal e, em função disso, têm dificuldades de aprendizagem.

De fato, crianças com boa capacidade de autocontrole são capazes de analisar as exigências da tarefa e escolher os recursos necessários para solucioná-la, incluindo pedir ajuda a outros indivíduos se necessário, de forma a alcançar seu objetivo [...], e relações têm sido observadas entre habilidades executivas e desempenho escolar medido em termos de notas. [...] Por outro lado, há evidências de que crianças com funções executivas pobres apresentam dificuldades para prestar atenção à aula, para completar trabalhos, inibir comportamentos impulsivos. É difícil para tais crianças atender as demandas escolares, o que, por sua vez, pode produzir nos professores atitudes de raiva e frustração, agravando ainda mais a tendência de afastamento da criança em relação à escola e reforçando, na criança, uma autopercepção negativa como estudante. (Seabra; Dias, 2012, p. 38)

O amadurecimento básico das FE ocorre, aproximadamente, por volta dos 7 anos de idade e, no final da adolescência, tendem a estar bem-estabelecidas. O ápice das FE, comumente, ocorre próximo do fim da segunda década de vida! No entanto é preciso que lembremos que há grande variabilidade nesse processo, seja por mecanismos mais individuais, seja por aqueles mais coletivos.

As FE somente se desenvolvem na relação das crianças com seu ambiente social. Por isso, é essencial que esse ambiente seja bem-estruturado, principalmente a escola e a educação formal, visto que o contexto atual é marcado, cada vez mais, pela ausência dos pais em relação às crianças.

Estaria a escola respeitando as fases de maturação e contribuindo para o desenvolvimento das FE?

As atividades escolares são focadas mais na memorização e na repetição, e acredita-se que o estudante comum desenvolverá por conta própria a capacidade de planejar o seu tempo, priorizando informações [...] monitorando o seu progresso e refletindo sobre o seu trabalho. [...] crianças e adolescentes, na maioria das escolas, e mesmo no ambiente familiar, não estão expostos a estratégias que privilegiam o desenvolvimento de funções executivas. [...] Se tudo é compulsório, não se aprende a lidar com a incerteza e adquirir um comportamento flexível. Se não há desafios e o ambiente é muito confortável, não há estímulo para mudar para melhor. Se não há tolerância aos erros, não se aprende a desenvolver as respostas alternativas e inibir as indesejáveis. (Cosenza; Guerra, 2011, p. 94)

Agora, vamos refletir sobre as diversas FE e o aprendizado. Um(a) estudante com dificuldades de **planejamento e solução de problemas** terá limitação em seu aprendizado. Será que o ensino estimula essas habilidades? Autonomia (para o planejamento) e criatividade-flexibilidade (necessários à resolução de problemas) são valorizadas na escola?

Se pensarmos no **controle inibitório e na impulsividade**, não é difícil de imaginarmos a sua importância no aprendizado. A disciplina escolar é essencial ao ensino e costuma ser obtida com base em regras institucionais que devem ser seguidas pelos(as) estudantes, sabendo que, se não as seguirem, serão punidos(as) por isso. Trata-se de um condicionamento disciplinar que, por um lado, se é necessário à ordem institucional, por outro, não estimula a reflexão sobre as próprias ações e a autodisciplina, que implica a inibição voluntária de algumas ações.

Algo semelhante ocorre com a **tomada de decisão**! As escolas recebem as decisões prontas das instâncias governamentais. Diretores, coordenadores e professores devem segui-las e têm pouquíssima autonomia. Se os(as) professores(as) pouco decidem, o que diremos dos estudantes? Aprende-se a decidir decidindo e observando as consequências de suas decisões, mas somente é convidado(a) a tomar decisões quem tem valor! Quem não tem valor não decide, apenas segue. Ainda que com certas restrições, muitas decisões podem ser partilhadas com os(as) estudantes, como ocorre em países onde a educação alcança seus níveis mais elevados, como na Finlândia, por exemplo, no qual professores e alunos decidem o currículo em sala de aula. Tomar decisões de forma autônoma, interdependente e democrática talvez seja uma das habilidades mais importantes das FE porque implica criatividade, flexibilidade cognitiva, controle inibitório planejamento, e todas as demais FE.

Em nosso contexto educacional, um espaço que pode ser exercitado em termos do exercício da tomada de decisão relativamente autônoma é a construção do Projeto Político Pedagógico (PPP), um instrumento que contempla a especificidade da escola e pode ser feito de forma coletiva, envolvendo a comunidade escolar num debate democrático (Oliveira, 2021a, 2021b).

É através dele [PPP] que a comunidade escolar pode desenvolver um trabalho coletivo, cujas responsabilidades pessoais e coletivas são assumidas para execução dos objetivos estabelecidos. (Oliveira, 2021a)

Quando a autonomia é vista como uma forma de inserir a comunidade no processo decisório da escola, a gestão democrática passa a ser uma prática presente na escola que procura deixar de lado as práticas autoritárias que estão em vigor na sociedade, assumindo uma postura de participação e emancipação. A autonomia da escola tem que se mostrar como uma forma eficaz de melhorar a qualidade e promover um ensino de qualidade. Ela tem que ser vantajosa em relação a seus custos e benefícios políticos, negociando permanentemente os seus interesses. (Oliveira, 2021b)

Ainda que atrelado a documentos de caráter normativo, como a Base Nacional Comum Curricular (BNCC) e o Plano Nacional de Educação (PNE), o "espaço de manobra" oportunizado pela construção coletiva dos PPP pode e deve ser explorado como um movimento/exercício em busca progressiva da **autonomia** da **tomada de decisão**. Exercício esse que pode envolver, inclusive, os/as estudantes e ser exemplo para eles/elas.

A **flexibilidade cognitiva** também é importante, visto que adaptação às mudanças do contexto é essencial à vida e ao desenvolvimento. Mas tal flexibilidade seria estimulada na escola? Ou melhor, existem várias possibilidades de resolver questões ou apenas uma é a correta? Vários pontos de vista podem conviver respeitosamente? A escola inclusiva traz vantagens a flexibilidade cognitiva, visto que aprende e ensina o aluno a conviver com a diversidade, com a pluralidade!

Quanto à **memória operacional** ou de trabalho, praticamente, todas as atividades (em especial, as escolares) a estimulam, visto que é necessária para todas elas. A **categorização** é igualmente muito valorizada e estimulada na escola, visto ser essencial a todas as formas de aprendizado. Em parte, a **fluência verbal e comportamental**, também o são, principalmente, a verbal, em detrimento da não verbal, que é menos valorizada, como as produções gráficas e artísticas.

## Preste atenção!

E o que poderíamos refletir sobre a atenção? Se você seguir esta sugestão e aumentar seu nível de atenção a este tema, estará utilizando **atenção executiva**, aquela que é considerada predominantemente voluntária e consciente (coordenada de cima para baixo), ainda que também possa ser influenciada por processos motivacionais ou emocionais não conscientes. Então, à medida que o córtex pré-frontal das crianças vai amadurecendo, elas se tornam mais e mais capazes de dirigir e sustentar sua atenção em estímulos relevantes, por meio da seleção e da exclusão daqueles irrelevantes. Em contrapartida, os outros dois níveis de atenção (*alerta/vigília* e *orientação/processos atencionais automáticos*) funcionam de forma automática, sem a intervenção da consciência. São definidos de baixo para cima, sendo praticamente controlados por circunstâncias externas, que no nosso caso se constituem métodos e recursos didáticos e o(a) professor(a) em si. Como a atenção executiva depende da maturidade cerebral, até que ela se consolide como a principal fonte de controle atencional, virá de fora e será definida de forma não voluntária, não consciente. Nesse sentido, vemos a necessidade da forma de ensinar ser apropriada (estímulo ambiental significativo e prazeroso, por exemplo) para atrair e manter a atenção dos(as) estudantes. Se os estímulos não forem apropriados, como poderíamos avaliar os comportamentos desatentos? Nessa situação, poderíamos falar de "transtornos" de atenção?

É muito provável que existam transtornos da atenção, mas, possivelmente, em número bem menor do que os "diagnósticos" técnicos e/ou as avaliações do senso comum. Nesse sentido, a **avaliação da atenção requer muita atenção**, visto ser influenciada por vários fatores, como cansaço, sono, uso de substâncias psicoativas e álcool, humor, ansiedade, motivação, nível de maturação cerebral, entre outros.

A atenção varia ao longo dos dias e ainda dentro do mesmo dia. É fortemente influenciada ou, mesmo, depende do interesse e da necessidade em relação à tarefa: aquelas que geram prazer (ativam o sistema de recompensa) atraem e mantêm a atenção mais facilmente. Por exemplo, muitas crianças têm excelente atenção para *videogames* ou outros jogos digitais, mas não conseguem tê-la para estudar. Isso pode ocorrer por limitações da própria criança (deficiência atencional) ou por limitações do método de ensino (*dispedagogia*), que não atrai e não mantém a atenção da criança (Malloy-Diniz et al., 2010; Cosenza; Guerra, 2011; Aranha; Sholl-Franco, 2012).

Várias funções cognitivas se relacionam com a atenção e, em especial, com a memória. Suas disfunções se relacionam com vários transtornos; o mais frequente deles é o transtorno de déficit de atenção e hiperatividade (TDAH), com suposta prevalência de 5% em crianças e 4% em adultos. A atenção é, usualmente, alterada por lesões cerebrais, independentemente do local da lesão. Por vezes, é o único efeito de lesões sutis, como traumatismos cranioencefálicos leves e em pessoas com disfunções cerebrovasculares, bem como naquelas com demências. Suas alterações estão presentes na esquizofrenia, na dislexia e em transtornos invasivos do desenvolvimento (Malloy-Diniz et al., 2010).

## Síntese

Parabéns, leitor! Finalizamos mais um trecho de nossa trilha! Exploramos as controvérsias teóricas das funções executivas (FE), evidenciando que se trata de uma área de estudo ainda em fase inicial. Não há certezas sobre o que são elas e quais estruturas cerebrais estão envolvidas em seu funcionamento: se são mais conscientes, voluntárias e racionais, ou predominantemente não conscientes e automáticas, afetivas. Por fim, ainda está por ser construído um modelo que integre diferentes abordagens experimentais e teóricas.

Apesar disso, sabemos que são elementares ao ensino-aprendizagem. Crianças com FE bem-desenvolvidas se enquadram no modelo escolar ideal.

São aquelas que, resistindo à tentação de comer imediatamente um *marshmallow*, conseguiram aguardar para comer dois e, o mais importante, ao longo de suas vidas destacaram-se em vários aspectos, incluindo o acadêmico, em relação aquelas crianças que não conseguiram inibir seus impulsos. Mas o que pensar daquelas que, não tendo suas estruturas neurológicas amadurecidas, devoraram o *marshmallow*? São elas que vão apresentar dificuldades de atenção e concentração, que serão inquietas, não conseguirão planejar, executar e corrigir suas tarefas, e ainda serão inseguras ao decidirem por si mesmas? São as principais candidatas a apresentarem dificuldades ou transtornos de aprendizagem? (Silva, 2017c, p. 13)

Salvo exceções, talvez a educação ainda não integre/inclua em sua teoria e prática essas crianças, nem formas sistemáticas de estimular o desenvolvimento de suas FE, tornando-as capazes de utilizar de forma mais completa essas capacidades filogeneticamente por último desenvolvidas na espécie humana. Se isso estiver correto, o que poderia ser feito a respeito? Passemos para atividades completares.

## Atividades de autoavaliação

1. Assinale a afirmação correta sobre as funções executivas:
    a) São exclusivamente importantes para o controle emocional, por isso seu papel é fundamental no processo de ensino-aprendizagem.
    b) São essenciais, pois, se não funcionarem, não conseguimos trabalhar, constituir família, ter vida social, entre outras atividades.
    c) No transtorno de déficit de atenção e hiperatividade (TDAH), as funções executivas estão alteradas, o que não ocorre com a esquizofrenia e o autismo.
    d) São as mais rápidas a serem amadurecidas, visto sua importância para a vida. Por volta dos dois meses de idade, já estão praticamente maduras.
    e) No transtorno de déficit de atenção e hiperatividade (TDAH), as funções executivas estão equilibradas, o que não ocorre com a esquizofrenia e o autismo.

2. "Quais são as funções executivas? Quais são os instrumentos empregados na sua avaliação neuropsicológica? São elas coordenadas por uma única função ou atuam em módulos independentes? Apesar da grande quantidade de pesquisas sobre as funções executivas, essa área é ainda muito

imatura em termos de seu desenvolvimento teórico, fato evidenciado pelas dúvidas básicas que ainda se mantêm".

Considerando o trecho citado, analise as assertivas a seguir e julgue-as verdadeiras (V) ou falsas (F).

( ) As funções executivas são exclusivamente relacionadas aos comportamentos controlados e conscientes.

( ) As funções executivas representam um centro de controle do comportamento e de outras funções cognitivas, assim como um general ou um maestro.

( ) As funções executivas são relacionadas somente aos processos racionais, constituindo-se funções que nos caracterizam como seres humanos, diferentes dos animais.

( ) As funções executivas envolvem tanto a cognição--razão-fria como o afeto-emoção-quente.

Agora, assinale a alternativa que apresenta a sequência correta:

a) V, V, F, F.
b) F, V, V, V.
c) F, F, F, V.
d) F, V, F, V.
e) V, F, F, V.

3. Complete a sentença a seguir, considerando as possibilidades indicadas nas alternativas. Depois, assinale a alternativa com a sequência correta:

Aos _____ anos, crianças desenvolvem a noção de tempo e já conseguem planejar e flexibilizar estratégias. Terão essas habilidades aperfeiçoadas lá por volta dos _____ anos de idade. O córtex pré-frontal continua a amadurecer até o final da adolescência, por meio da ramificação de dendritos e da formação e eliminação de sinapses. E por fim, o importante processo da mielinização dos axônios prossegue até a _____ década de vida.

a) três, cinco, segunda.
b) dois, cinco, primeira.
c) três, sete, segunda.
d) dois, sete, segunda.
e) três, cinco, primeira.

4. Conforme vimos neste capítulo, "as funções executivas são essenciais ao processo de aprendizagem e suas disfunções, tanto de base predominantemente neurológica como mais relacionadas a processos ambientais, precisam ser avaliadas para que as intervenções sejam eficientes e ecologicamente eficazes, ou seja, se mostrem positivas tanto nos testes como na vida prática dos(as) estudantes.

Os desafios dessas avaliações são imensos se considerarmos a complexidade do que se avalia, a pouca maturidade teórica de base sobre as funções executivas. Também, que as avaliações podem ocorrer na idade pré-escolar ou na infância, implicando em complexas variáveis intervenientes como: a) o grau de maturidade neurológica, b) a variabilidade típica dessas fases e c) a forte influência psicossocial, que potencialmente inclui processos educativos inapropriados e/ou ineficazes".

Considerando o trecho citado, assinale a alternativa correta sobre os elementos da avaliação neuropsicológica:

a) Entrevista clínica, avaliação psicossocial e testes de hipóteses.
b) Entrevista neurológica, avaliação comportamental/funcional e testes de hipóteses.
c) Entrevista neurológica, avaliação psicossocial e testes neuropsicológicos.
d) Entrevista clínica, avaliação comportamental/funcional e testes neuropsicológicos.
e) Entrevista neurológica, avaliação psicossocial e testes de hipóteses.

5. Como vimos no texto, "não é difícil perceber quão importantes são as funções executivas para a aprendizagem e vice-versa! O alto desenvolvimento dessas funções por parte dos(as) alunos(as) pode ser o sonho de muitos(as) professores(as), correto? Esse possível sonho parece estar muito relacionado ao modelo educacional clássico. Mas, como essas funções as mais lentas para serem desenvolvidas/amadurecidas, muitas crianças não se encaixam nessa expectativa ideal e, em função disso, têm dificuldades de aprendizagem".

Considerando o trecho citado, analise as assertivas a seguir e julgue-as verdadeiras (V) ou falsas (F).

( ) Autonomia (para o planejamento) e criatividade-flexibilidade (necessários à resolução de problemas) são sempre valorizadas na escola, pública ou privada.
( ) As escolas públicas recebem as decisões prontas das instâncias governamentais. Diretores, coordenadores e professores devem segui-las e têm pouca autonomia.

Se os(as) professores(as) pouco decidem, o que se dirá dos estudantes!

( ) A disciplina escolar é essencial ao ensino e costuma ser obtida por meio de regras institucionais que devem ser seguidas pelos(as) estudantes. A ordem institucional é necessária, no entanto, não estimula a autodisciplina, a reflexão sobre as próprias ações.

( ) A maioria das escolas costuma estimular a flexibilidade cognitiva, ofertando várias possibilidades para resolver questões ou várias respostas corretas aos estudantes.

Agora, assinale a alternativa que apresenta a sequência correta:

a) V, V, F, V.
b) F, V, V, F.
c) F, F, V, F.
d) V, F, F, V.
e) V, V, V, F.

## Atividades de aprendizagem

### Questões para reflexão

1. O conhecimento sobre as funções executivas ainda é muito imaturo, o que torna bastante difícil, arriscada e de imensa responsabilidade qualquer avaliação dessas funções. Em contraste, parece haver, em nosso país, uma cultura de diagnósticos rápidos de transtorno de déficit de atenção e hiperatividade (TDAH). Como você compreende esse fato?

2. As funções executivas são essenciais para o aprendizado e este é fundamental para o desenvolvimento delas, visto que são as últimas a amadurecer e extremamente sensíveis à influência do meio. Como deve agir a escola para, por um lado, lidar com a imaturidade dessas funções e, por outro, estimular para que se desenvolvam?

**Atividade aplicada: prática**

1. Na sua prática docente, o que poderia ser criado ou melhorado para aprimorar o desenvolvimento das funções executivas de seus(suas) alunos(as)? Que tal fazer uma lista dessas possibilidades, numerando-as quanto à aplicabilidade?

Capítulo 5
# O papel da atenção no processamento das informações

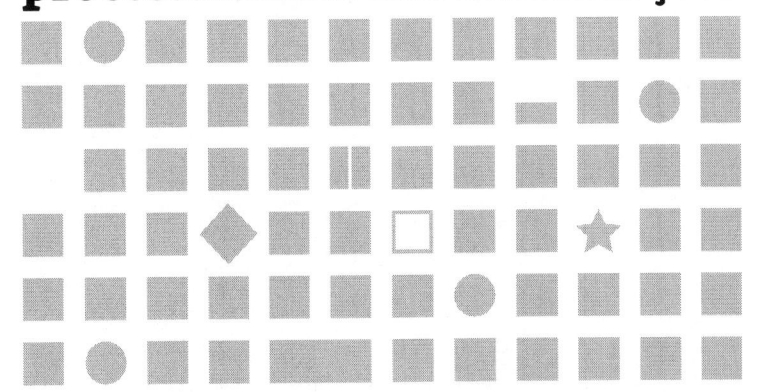

Chegamos à quinta fase da nossa aventura por trilhas da neuroeducação! Nela, vamos chamar sua **atenção** para conceitos de extrema importância!

Neste instante, você está usando sua atenção de forma deliberada, intencional, para ler este texto. Se ouvir um barulho mais intenso, pode focar-se nele e pausar/parar a leitura, ou, ao menos, distrair-se dela. Como deseja concluí-la, você retoma o foco. Mas um pensamento intruso, sem relação com o texto, lhe vem à mente logo, distraindo-o(a) mais uma vez. Novamente, você volta a focar-se. Essa capacidade de focar e manter a atenção está amadurecida em você, mas, nas crianças, ela leva um certo tempo para se consolidar.

Este é o tema da quinta fase de nossa aventura por trilhas da neuroeducação: **atenção**.

Vamos conhecer mais sobre as bases neuronais relacionadas à atenção. Você perceberá que, para manter seu foco em um pequeno estímulo, precisa filtrar uma imensa quantidade de outros estímulos e que isso é feito de forma não consciente. A propósito, vamos contrastar os processamentos conscientes e voluntários com aqueles que ocorrem fora da consciência, de forma automática. Para isso, vamos conhecer o surpreendente modelo do novo inconsciente! Também exploraremos situações em que a atenção está aparentemente disfuncional, como no transtorno de déficit de atenção-hiperatividade (TDAH), sobre o qual apresentaremos correlatos neurológicos e a proposta de diagnóstico do Manual Diagnóstico e Estatístico de Transtornos Mentais, na sua 5ª edição (DSM-V).

Para finalizar esta etapa, vamos abordar a controvérsia científica e cultural relacionada à medicalização da educação e o movimento internacional – Stop DSM –, que se opõe ao referido manual. Os uso abusivo de medicamentos e seus nefastos efeitos sobre crianças e jovens são impactantes!

Avancemos para mais uma exploração!

## 5.1 Tina, uma criança muito "danada" e com problemas de atenção: apresentação de um estudo de caso

Vamos iniciar relatando um caso. Tina (nome fictício) era uma garotinha de 8 anos, uma criança muito "danada": **não prestava atenção na aula** nem conseguia copiar todos os conteúdos e fazer as tarefas em sala. Também não trazia as atividades de casa completas. Levantava-se de sua carteira constantemente, queria mexer nas coisas de seus colegas e frequentemente tentava sair da sala. Não bastasse, também batia em seus colegas! O serviço de orientação da escola, juntamente com a professora e a vice-diretora, chamou Adriana (nome fictício), mãe de Tina, para uma reunião. Juntos informaram que sua filha tinha sido avaliada por elas como tendo **problemas de atenção**, razão por que elas estavam encaminhando a criança para uma consulta com um neurologista.

Adriana disse que não seguiria esse encaminhamento, que sua filha era agitada em casa também, mas que aquilo era uma coisa de criança, "uma criança danada, como sempre tinha sido desde pequena". Explicou que sua filha não tinha problema algum, pois ela a conhecia bem e não iria fazer tal avaliação, porque sabia que, posteriormente, a filha teria de usar medicamentos, e isso ela não aceitaria.

Então, a "equipe pedagógica" deu um ultimato a Adriana, dizendo que a questão seria levada ao conselho tutelar, o qual iria acompanhar a criança em sua casa e faria uma avaliação da família e de seu contexto. Adriana não se intimidou, dizendo que, se quisessem fazer isso, que ficassem à vontade, mas que ela não deixaria sua filha fazer teste algum porque não tinha qualquer problema, era apenas uma criança agitada. Era saudável porque, em outras atividades, conseguia ter atenção e excelente memória. Disse ainda que, se o Conselho Tutelar fosse acompanhá-la na sua residência, que deveria fazer o mesmo na escola, a fim de também avaliar os problemas da escola, não apenas os de sua família!

O que você pensa sobre essa situação relatada? Se você estivesse no lugar de Adriana, teria a mesma atitude que ela teve? O que você faria? Na próxima seção, ajudaremos você nessa reflexão. Vamos lá!

## 5.2 Atenção: conceitos e bases neurais

Para ajudar em sua reflexão, conheça um dos conceitos de *atenção*:

> A atenção é considerada um conjunto de processos neurais que recrutam recursos para processar melhor aspectos selecionados do que aqueles não selecionados, os quais ficam restritos a processamentos secundários. [...] Além disso, as funções relacionadas à atenção são responsáveis pelo ajuste dinâmico e flexível das percepções relacionadas a nossa experiência, à volição, às expectativas e às tarefas orientadas a

objetivos. Um sistema complexo de componentes integrantes que permitem ao indivíduo filtrar informações relevantes em função de determinantes internos ou intenções, manter e manipular informações mentais além de monitorar e modular respostas a estímulos. [...] ela está relacionada com vários processos básicos, como a seleção sensorial (filtrar, focalizar, alterar a seleção automaticamente), seleção de respostas (intenção de responder, iniciação e inibição, controle supervisor) capacidade atencional (como alerta) e desempenho sustentado (como a vigilância). (Seabra; Dias, 2012, p. 38-39)

A atenção é composta por subsistemas relacionados a diferentes tarefas – por exemplo, a atenção espacial é diferente da atenção temporal. Outra divisão, comentada anteriormente, a divide em atenção **voluntária** (executiva) e automática (reflexa). A **atenção automática**, considerada involuntária e não consciente, refere-se à nossa orientação diante de estímulos ambientais inesperados, como um som alto que se inicia repentinamente. É ainda ativada por processos metabólicos e ações instintivas, como atração sexual, impulso de proteção e busca de água e alimento. Ela também pode ser denominada *exógena* ou *extrínseca*.

Já a **atenção voluntária**, por sua vez, tende a ser mais consciente e ocorre por meio de intenções e planos, como a leitura de um texto, por exemplo, a qual necessita da exclusão de estímulos concorrentes. Ela é descendente, ou seja, definida de cima para baixo, porque é coordenada por estruturas corticais (superiores) que recrutam e organizam atividades das estruturas subcorticais (inferiores). Ela também é chamada de *endógena* ou *intrínseca*.

241

Considerando que ela é ativada tanto por processos externos quanto internos, podemos refletir que a sua orientação reflete, em certa medida, numa competição entre objetivos internamente definidos e demandas externas do ambiente. Crianças e idosos tem mais dificuldades em usar a atenção voluntária, visto que aquelas ainda não amadureceram as estruturas corticais necessárias (ex. córtex pré-frontal) e os idosos, que devido à idade, podem apresentar disfunções nessas estruturas. (Seabra; Dias, 2012; Cosenza; Guerra, 2011, citados por Silva, 2017a, p. 4)

Para que possamos dirigir a atenção a estímulos do nosso mundo interno ou do ambiente externo, precisamos usar de imensa seletividade, a qual é realizada, predominantemente, de forma não consciente. Assim, por ser dispendiosa e desnecessária, descartamos a maior parte das informações que nossos receptores sensoriais periféricos captam, o que também ocorre com as informações geradas por nossos proprioceptores. A atenção, portanto, é a parte do sistema que seleciona as informações ambientais ou orgânicas, percebidas de forma não consciente.

Ao agir dessa forma, abaixo do limiar da consciência, esse sistema mostra-se muito eficaz e econômico, visto que a consciência é altamente dispendiosa para o cérebro. Por exemplo, a estimulação do tecido das roupas que usamos sobre nossa pele deixa de ser percebida porque essa percepção não nos é útil, ao contrário, poderia distrair nossa atenção sobre outros elementos. Essa seleção é feita de forma não consciente.

Estímulos que não são importantes ou que não se modificam com o tempo não precisam ser percebidos. Voltando ao exemplo dado, se focarmos nossa atenção na sensação do tecido sobre nossa pele, trazemos à consciência essa percepção, o que significa que podemos modular nossa atenção de forma intencional.

Dessa forma, podemos dizer que a atenção pode ser concebida como **uma janela de abertura para o mundo interno ou externo**, na qual utilizamos uma lanterna para iluminar aquilo que nos interessa, porém, a maior parte da escolha do que iluminamos ou mantemos na escuridão é feita de forma não consciente, recebendo influência do nível de alerta (por exemplo, sono e vigília) e de nosso estado emocional. Como já comentamos, o sistema das emoções participa do processo de avaliação/julgamento do que é importante ou irrelevante, do que é bom ou ruim. Essa valoração orienta nossa lanterna atencional e constrói nossa realidade consciente, visto que aquilo em que não focamos nossa atenção não é percebido por nós como realidade. Quando focamos nossa atenção voluntária e conscientemente sobre certos estímulos, processos não conscientes vão trabalhar para inibir os estímulos concorrentes, o que significa que a consciência pode participar da construção da realidade (Cosenza; Guerra, 2011; Callegaro, 2011; Wallace, 2018; Mlodinow, 2013).

### 5.2.1 Bases neurais da atenção

Diferentes formas de atenção envolvem estruturas neuronais específicas que, funcionando em paralelo, permitem a gestão de atividades cognitivas e emocionais (Seabra; Capovilla, 2009).

Iniciemos pela **formação reticular** e o *locus cerelus*, responsáveis pelo nível de consciência e pela manutenção do estado alerta/vigília. O estado vigília é a base para percepção e para reação aos estímulos, tanto internos quanto externos. Esse é o nível da atenção reflexa, aquela que funciona de forma não consciente, não voluntária ou automática. Outra estrutura importante, o **tálamo**, faz a filtragem de informações advindas das áreas inferiores (subcorticais) em direção àquelas superiores (córtex). Ele age como um portal permitindo ou não o fluxo dessas informações. Também as estruturas linguísticas (sistema emocional) são muito importantes, especialmente, quando os estímulos (internos ou externos) eliciam emoções (Seabra; Capovilla, 2009; Cosenza; Guerra, 2011).

Em termos corticais, há a participação do córtex parietal, que direciona a atenção a objetos significativos, mantém o foco visual e coordena os movimentos laterais dos olhos; e dos lobos parietais superior e inferior que, associados ao lobo parieto-occipital, atuam em tarefas de percepção tridimensional, de orientação e de julgamento de tamanho de objetos, selecionando estímulos significativos para o indivíduo. [...] Os lobos frontais também estão especialmente envolvidos nos aspectos complexos da atenção, [...] relacionam-se a manutenção da atenção e ao aumento do nível de vigilância quando da execução de uma tarefa. Regiões do lobo frontal direito estão envolvidas na execução de tarefas de atenção sustentada, [...] e alterações nesta região estão associadas a dificuldades na concentração, na manutenção da atenção, na orientação visual [...] e na execução de atividades visuais [...].
(Seabra; Capovilla, 2009, p. 107)

Você já esteve em uma festa e, conversando com algumas pessoas, ouviu seu nome ser mencionado por alguém com quem não estava conversando? Para que você estivesse conversando com algumas pessoas, todos os demais estímulos (outras conversas, música, ruídos etc.) estavam sendo processados no nível primário e filtrados para que não alcançassem a consciência, porém o seu nome, estímulo importante e que merece sua **atenção**, faz com que você a module na direção certa e procure ajustá-la para que possa escutar o assunto a seu respeito. Está em curso um **circuito orientador,** no **lobo parietal** posterior, o qual desliga o foco de um alvo concentrando em outro, podendo "trocar" também o sistema sensorial – por exemplo, foco na audição em vez da visão. O **tálamo** também participa, selecionando o conteúdo e lhe atribuindo prioridade de processamento para as regiões que vão detectá-lo e responder a ele (Seabra; Dias, 2012; Cosenza; Guerra, 2011).

Vemos que o **circuito executivo** permite tanto focar, voluntariamente, nossa atenção como mantê-la por um tempo prolongado, inibindo outros estímulos. Nesse nível, estamos no córtex frontal, numa região anterior ou interna do hemisfério cerebral, conhecida como *giro do cíngulo* ou *cingulado* (Cosenza; Guerra, 2011).

É bom lembrar que uma função importante desta atenção executiva é aquela relacionada aos mecanismos de autocorreção, ou seja, com a capacidade de modular o comportamento de acordo com as demandas cognitivas, emocionais e sociais de uma determinada situação. Dessa forma, a atenção executiva é importante para o bom funcionamento da aprendizagem consciente. Isso fica claro quando observamos indivíduos em que ela está alterada, como do Transtorno de Déficit de Atenção/Hiperatividade (TDAH) [...]. (Cosenza; Guerra, 2011, p. 45-46)

A relação com o TDAH é evidente, mas, para além disso, os distúrbios atencionais correlacionam-se com outros transtornos, como a ansiedade, a depressão e a esquizofrenia. As alterações cognitivas relacionadas a essas patologias podem ter como causa as disfunções da atenção (Seabra; Capovilla, 2009).

O giro do cíngulo, ou giro cingulado, guarda relação direta com atenção executiva e é importante para o controle executivo e emocional. Como pode ser visto na Figura 5.1, nas áreas em lilás e delimitadas por letras, há diferentes regiões ligadas a esses dois tipos de controle (**A**: afetivo e **B**: cognitivo). O funcionamento de uma delas inibe o funcionamento da outra. De forma concreta, isso pode ser visto quando vivemos emoções intensas e tanto nossa atenção como nosso processamento cognitivo são afetados de forma evidente (Cosenza; Guerra, 2011).

**Figura 5.1** – Giro do cíngulo

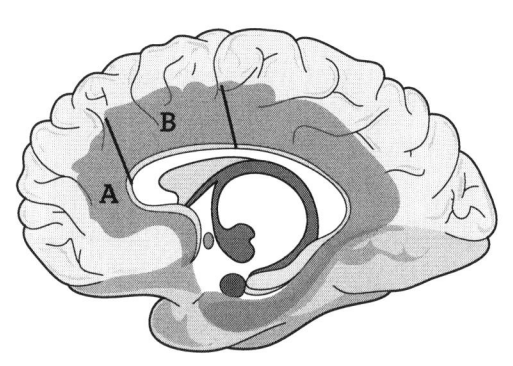

Área A – controle afetivo
Área B – controle cognitivo

## 5.2.2 Processamentos conscientes *versus* não conscientes

Como comentamos anteriormente, a consciência tem um custo elevado ao cérebro, e por essa razão econômica somos conscientes na medida mínima necessária à adaptação. Para que possamos funcionar em tempo real, precisamos restringir amplamente as informações a que temos acesso. Três aspectos se relacionam com essa economia restritiva:

1. espaço (o tamanho do córtex é limitado);
2. tempo (não é temporalmente possível tomarmos decisões conscientes para a maioria das tarefas que enfrentamos);
3. energia (pensar é dispendioso, na forma de oxigênio e glicose).

Assim, tal como a maioria de nossos processos cerebrais, a atenção envolve amplos aspectos não conscientes. Em outras palavras, aspectos que funcionam de forma autônoma ou automática, sem que precisemos, deliberadamente, acioná-los e sem que tenhamos consciência de seu funcionamento. Esses processos são também chamados de *implícitos* ou *subliminares* (Callegaro, 2011; Gazzaniga; Heatherton, 2005; Gazzaniga; Ivry; Mangun, 2006, 2019; Gazzaniga, 2009, 2011).

Quando falamos de inconsciente, possivelmente o primeiro nome que nos venha à mente seja Sigmund Freud (1856-1939), o qual, com base em dados clínicos, propôs a psicanálise. Sua hipótese foi a única abordagem abrangente para explicar os processos não conscientes, isso até o final da década de 1980. Sua ousadia e sua perspicácia foram imensas ao sugerir que o consciente é apenas uma fachada e que apenas 10% do que ocorre em nosso cérebro pode ser a ele atribuído, ou seja, seríamos 90% não conscientes de nossos processos mentais.

Em 1987, por meio de um artigo publicado na revista *Science*, Kihlstrom (1987, citado por Callegaro, 2011) apresentou o modelo do **inconsciente cognitivo**, inaugurando uma nova abordagem, para a qual a mente consciente é produto do processamento de informação não consciente. Nesse sentido, nossas funções psicológicas superiores podem ocorrer sem percepção consciente.

O modelo original foi expandido por inúmeros outros estudos, os quais evidenciaram que praticamente todos os nossos processos mentais podem funcionar de forma não consciente, automática, incluindo a atenção, o raciocínio lógico e a tomada de decisão. Nesse contexto, surgiu outro modelo, considerado o mais abrangente e atual, o do **novo inconsciente**. O marco mundial de lançamento dessa nova abordagem foi a publicação do livro *The new unconscious* (Hassin; Uleman; Bargh, 2005), com estudos de reconhecidos pesquisadores sobre o inconsciente, sob as perspectivas social, cognitiva e neurocientífica (Callegaro, 2011).

> Todos os principais processos mentais podem operar automaticamente, inclusive a perseguição inconsciente de metas [...] as principais diferenças entre o inconsciente cognitivo e o novo modelo estão relacionadas à ênfase na pesquisa do processamento inconsciente no afeto, na motivação, na autorregulação, e mesmo no controle e na metamotivação. (Callegaro, 2011, p. 29)

Nessa perspectiva, não temos ciência dos processos que geram nossa consciência, apenas percebemos, e ainda parcialmente, o conteúdo de nossa vida mental. Assim, o filtro da maior parte das informações que não chegam é feito de forma não consciente e nossa **atenção** também é predominantemente guiada por processos automáticos aquém da nossa percepção consciente (Callegaro, 2011; Gazzaniga; Ivry; Mangun, 2019).

Como o processamento não consciente é muito mais eficaz e econômico, a estratégia evolutiva foi atribuir mais eficiência a ele, deixando para a consciência o reconhecimento e a adaptação às mudanças no ambiente. Isso também influi no processo de aprendizado. Processos que inicialmente precisavam ser controlados de forma consciente, como aprender a andar de bicicleta, por exemplo, tornam-se automáticos e não conscientes na medida em que nos tornamos experientes.

Outro exemplo de caráter mais cognitivo são os aprendizes de xadrez, que precisam pensar conscientemente nas várias jogadas possíveis, algo dispendioso de tempo e de energia. Por isso, são mais lentos do que os mestres de xadrez, os quais fazem suas jogadas de forma rápida e automática. De fato, a maior parte de nossas tomadas de decisão não precisam ser conscientes, nem poderiam ser conscientes se considerarmos que são dispendiosas para o cérebro, mesmo princípio usado para o filtro de informações. A cada segundo, nosso cérebro processa cerca de 11 megabytes de informação sensorial; destas, 10 megabytes são visuais. O processamento consciente dessas mesmas informações é desproporcionalmente muito menor, algo em torno de 50 *bits* por segundo, considerando uma média otimista. Isso nos dá a referência de 200 mil processamentos não conscientes para cada processamento consciente, ou 0,000002% de consciência! (Callegaro, 2011; Gazzaniga; Ivry; Mangun, 2019).

Considerando essa imensa desproporção, qual o sentido de a consciência ter se mantido ao longo da evolução? Naturalmente, porque contribuiu para a sobrevivência dos organismos dotados de consciência, trazendo-lhes vantagens na gestão e na manutenção da vida. Perceber conscientemente as imagens que representam o meio externo permite a um organismo melhor reagir a ele, ou seja, ofertar respostas mais adaptativas. Além disso, a principal vantagem é que o organismo não apenas reage a imagens do meio externo, mas também é orientado por imagens de si próprio.

Com o desenvolvimento da consciência e da autoconsciência, também se desenvolveram a memória, o raciocínio e a linguagem, bem como o planejamento e a deliberação consequentes. Todo esse arcabouço permite planejar o futuro e controlar respostas automáticas, também gerir a homeostase mais básica e, ainda, avançar na homeostase cultural (Damásio, 2011).

Para Damásio (2011), consciente e inconsciente interagem de forma equilibrada e complementar. Processamentos não conscientes controlam o nosso comportamento, mas também estão, de forma funcional, sob o controle ou a modulação de processos conscientes. Se considerarmos nossa posição evolutiva, podemos observar que essa parceria funcionou bem!

### 5.2.3 Atenção, memória e aprendizados implícitos

Se nossas principais faculdades mentais funcionassem predominantemente em níveis não conscientes, qual seria o impacto disso para a educação?

Atenção, memória (de trabalho e de longo prazo), aprendizado, pensamento, tomada de decisão, compreensão e resolução de problemas podem ocorrer e ocorrem amplamente de forma não consciente. **Processamento não consciente não é algo que ocorre em nós, é nossa forma básica de funcionar! A melhor forma de funcionar!** A mais econômica e eficaz, resultado de milhões de anos de aperfeiçoamento da natureza humana. Focamos nossa atenção, avaliamos (julgamos), aprendemos, memorizamos, recordamos e decidimos de forma não consciente. (Callegaro, 2011; Damásio, 2011, citados por Silva, 2017a, p. 8)

Se essa perspectiva estiver correta – e tudo leva a crer que está, em razão da quantidade, da qualidade e do crescente desenvolvimento das pesquisas nessa área (Hassin; Uleman; Bargh, 2005; Engel, Singer, 2008; Gigernenzer, 2009; Callegaro, 2011; Gazzaniga, Ivry, Mangun, 2019; Bargh, 2020) –, que implicações teria ao processo de ensino-aprendizagem? Nossa visão de ser humano precisaria ser revista? O foco da educação deveria estar no estímulo à ampliação da consciência, como nas práticas *mindfulness* (que serão consideradas no próximo capítulo), visto que somos tão pouco conscientes? Ou, ao contrário, deveríamos estimular sistematicamente formas de aprendizado não conscientes? Ou, ainda, deveríamos integrar métodos educacionais centrados em processos conscientes (que requerem atenção voluntária) com aqueles que usam a atenção, a memória e aprendizados não conscientes, tal como ocorre nos *games* digitais? Seria possível um caminho do meio?

E quais seriam as implicações desse novo modelo para os relacionamentos interpessoais, em particular, entre estudantes e professores(as)? A comunicação não verbal, em geral expressa de forma não consciente, é o principal veículo da emoção que, como discutido previamente, é crucial ao ensino e aprendizagem (Cosenza; Guerra, 2011; Callegaro, 2011). Poderíamos ainda refletir mais a fundo, evocando o mecanismo de transferência que foi proposto por Sigmund Freud. Esse processo envolve sentimentos e impulsos, atitudes, fantasias e defesas experienciadas com as pessoas da nossa convivência atual, como colegas de trabalho, amigos(as), professores(as), parceiros(as) afetivos(as). O ponto crucial é que essas tendências ou vieses atuais são reflexo ou repetições, tanto negativas quanto positivas, de relações prévias. Os estudos atuais sobre memória implícita validam esse fenômeno, ainda que não o expliquem pela perspectiva adotada por Freud. Esses sentimentos não conscientes são expressos na comunicação, principalmente naquela de caráter não verbal. Constituem-se em indicativos importantes para qualidade dos relacionamentos, incluindo aqueles ligados à educação (Cosenza; Guerra, 2011; Callegaro, 2011).

## 5.3 Transtorno de déficit de atenção-hiperatividade

Parece haver evidências de que o TDAH se relaciona com alterações do sistema nervoso, em especial, a estruturas ligadas ao comportamento socioemocional. Sua potencial etiologia envolve tanto aspectos genéticos, com a interação de vários genes, como fatores ambientais, como a exposição da gestante ao álcool ou à nicotina ou, ainda, a contaminação por substâncias tóxicas e o nascimento com peso abaixo da média. O TDAH parece se constituir de uma disfunção atencional e executiva, incluindo o descontrole de processos emocionais e motivacionais, o excesso de impulsividade e de desatenção e iperatividade. A restrição social, caracterizada pela dificuldade de participar de atividades colaborativas, criação e manutenção de vínculos de amizade, é também uma característica do TDAH. Esses sintomas se reduzem com a idade, mas, em geral, não se extinguem (Cosenza; Guerra, 2011).

Algumas características neurológicas desse transtorno envolvem: a) redução do tamanho do cérebro, que se mantém até adolescência; b) funcionamento reduzido do córtex pré-frontal, incluindo a modificação do circuito que conecta essa estrutura ao corpo estriado e ao cerebelo; c) disfunção nas estruturas relacionadas aos neurotransmissores noradrenalina e dopamina, essenciais ao funcionamento correto do córtex pré-frontal.

Como comentado, a dopamina tem relação direta com o sistema de recompensa do cérebro e, quando não liberada de forma adequada, reduz a tolerância à gratificação de médio prazo, ou seja, estímulos que gratificam de forma imediata recebem prioridade àqueles que vão proporcionar prazer no futuro próximo ou de médio prazo. Em função disso, os medicamentos usados para o tratamento, como o metilfenidato, atuam estimulando as sinapses dopaminérgicas, auxiliando na espera das gratificações posteriores. O uso de medicamentos parece reduzir os distúrbios de comportamento e resultados melhores são obtidos quando a farmacologia é integrada a psicoterapia (Cosenza; Guerra, 2011).

Estudos das características neurológicas do TDAH têm recebido críticas, principalmente considerando a "diferença de resultados no padrão de neuroimagem de crianças e adultos; entre sexo masculino e feminino; uso de medicamento anterior ou posterior ao exame; presença ou não de outras comorbidades psiquiátricas" (Santana; Signor, 2016, p. 619-621).

Além disso, a dificuldade de encontrar um "marcador biológico" para o TDAH reside no fato de que a criança "perfil TDAH" não é desatenta e/ou hiperativa e ponto. Há uma imensa heterogeneidade manifestada em comportamentos e atitudes que se diferenciam a depender de uma série de fatores, sobretudo os interacionais e contextuais. Dito de outro modo: se uma criança é, por exemplo, incrivelmente atenta a jogos eletrônicos, como supor que uma imagem do cérebro possa demonstrar que ela não se atenta apenas na hora de fazer a lição de casa? Acreditamos, desse modo, que não se trata de desatenção, mas de deslocamento do foco atentivo. Se houvesse uma "homogeneidade" nas atitudes, ou seja, se a criança fosse sempre desatenta ou sempre hiperativa, suporíamos que esse "comportamento atípico" poderia imprimir seus efeitos no cérebro ou até mesmo ser consequência de uma alteração cerebral. (Santana; Signor, 2016, p. 692-698)

Para avançarmos com essa temática, vejamos como o TDAH é diagnosticado pelo Manual Diagnóstico e Estatístico, da Associação Americana de Psiquiatria.

## 5.3.1 TDAH no *Diagnostic and Statistical Manual 5* (Manual Diagnóstico e Estatístico – 5. ed.)

A classificação de transtornos é feita, comumente, com base em dois manuais internacionais: um, o *Diagnostic and Statistical Manual* – DSM (Manual diagnóstico e estatístico, em português), da Associação Americana de Psiquiatria (APA, 2014), atualmente na sua 5ª edição; outro, a Classificação Internacional de Doenças (CID), na 11ª edição, com base na perspectiva da Organização Mundial da Saúde – OMS (SNGPC, 2012). Como a principal referência internacional de diagnóstico é o DSM, vamos considerá-lo exclusivamente. Os critérios diagnósticos para o TDAH, segundo o DSM-V, são os seguintes:

A) Um padrão persistente de desatenção e/ou hiperatividade-impulsividade que interfere no funcionamento e no desenvolvimento, conforme caracterizado por (1) e/ou (2):

1. **Desatenção**: Seis (ou mais) dos seguintes sintomas persistem por pelo menos seis meses em um grau que é inconsistente com o nível do desenvolvimento e têm impacto negativo diretamente nas atividades sociais e acadêmicas/profissionais:
   **Nota**: Os sintomas não são apenas uma manifestação de comportamento opositor, desafio, hostilidade ou dificuldade para compreender tarefas ou instruções. Para adolescentes mais velhos e adultos (17 anos ou mais), pelo menos cinco sintomas são necessários.
   a. Frequentemente, não presta atenção em detalhes ou comete erros por descuido em tarefas escolares, no trabalho ou durante outras atividades (p. ex., negligencia ou deixa passar detalhes, o trabalho é impreciso).

b. Frequentemente tem dificuldade de manter a atenção em tarefas ou atividades lúdicas (p. ex., dificuldade de manter o foco durante aulas, conversas ou leituras prolongadas).
c. Frequentemente parece não escutar quando alguém lhe dirige a palavra diretamente (p. ex., parece estar com a cabeça longe, mesmo na ausência de qualquer distração óbvia).
d. Frequentemente não segue instruções até o fim e não consegue terminar trabalhos escolares, tarefas ou deveres no local de trabalho (p. ex., começa as tarefas, mas rapidamente perde o foco e facilmente perde o rumo).
e. Frequentemente tem dificuldade para organizar tarefas e atividades (p. ex., dificuldade em gerenciar tarefas sequenciais; dificuldade em manter materiais e objetos pessoais em ordem; trabalho desorganizado e desleixado; mau gerenciamento do tempo; dificuldade em cumprir prazos).
f. Frequentemente evita, não gosta ou reluta em se envolver em tarefas que exijam esforço mental prolongado (p. ex., trabalhos escolares ou lições de casa; para adolescentes mais velhos e adultos, preparo de relatórios, preenchimento de formulários, revisão de trabalhos longos).
g. Frequentemente perde coisas necessárias para tarefas ou atividades (p. ex., materiais escolares, lápis, livros, instrumentos, carteiras, chaves, documentos, óculos, celular).
h. Com frequência é facilmente distraído por estímulos externos (para adolescentes mais velhos e adultos, pode incluir pensamentos não relacionados).

i. Com frequência é esquecido em relação a atividades cotidianas (p. ex., realizar tarefas, obrigações; para adolescentes mais velhos e adultos, retornar ligações, pagar contas, manter horários agendados).

2. **Hiperatividade e impulsividade**: Seis (ou mais) dos seguintes sintomas persistem por, pelo meno, seis meses em um grau que é inconsistente com o nível do desenvolvimento e têm impacto negativo diretamente nas atividades sociais e acadêmicas/profissionais:

    **Nota**: Os sintomas não são apenas uma manifestação de comportamento opositor, desafio, hostilidade ou dificuldade para compreender tarefas ou instruções. Para adolescentes mais velhos e adultos (17 anos ou mais), pelo menos cinco sintomas são necessários.

    a. Frequentemente remexe ou batuca as mãos ou os pés ou se contorce na cadeira.

    b. Frequentemente levanta-se da cadeira em situações em que se espera que permaneça sentado (p. ex., sai do seu lugar em sala de aula, no escritório ou em outro local de trabalho ou em outras situações que exijam que se permaneça em um mesmo lugar).

    c. Frequentemente corre ou sobe nas coisas em situações em que isso é inapropriado. (**Nota**: Em adolescentes ou adultos, pode se limitar a sensações de inquietude.)

    d. Com frequência é incapaz de brincar ou se envolver em atividades de lazer calmamente.

    e. Com frequência "não para", agindo como se estivesse "com o motor ligado" (p. ex., não consegue ou se sente desconfortável em ficar parado por muito tempo, como em restaurantes, reuniões; outros podem ver o indivíduo como inquieto ou difícil de acompanhar).

f. Frequentemente fala demais.
g. Frequentemente deixa escapar uma resposta antes que a pergunta tenha sido concluída (p. ex., termina frases dos outros, não consegue aguardar a vez de falar).
h. Frequentemente tem dificuldade para esperar a sua vez (p. ex., aguardar em uma fila).
i. Frequentemente interrompe ou se intromete (p. ex., mete-se nas conversas, jogos ou atividades; pode começar a usar as coisas de outras pessoas sem pedir ou receber permissão; para adolescentes e adultos, pode intrometer-se em ou assumir o controle sobre o que outros estão fazendo).

B) Vários sintomas de desatenção ou hiperatividade-impulsividade estavam presentes antes dos 12 anos de idade.

C) Vários sintomas de desatenção ou hiperatividade-impulsividade estão presentes em dois ou mais ambientes (p. ex., em casa, na escola, no trabalho; com amigos ou parentes; em outras atividades).

D) Há evidências claras de que os sintomas interferem no funcionamento social, acadêmico ou profissional ou de que reduzem sua qualidade.

E) Os sintomas não ocorrem exclusivamente durante o curso de esquizofrenia ou outro transtorno psicótico e não são mais bem explicados por outro transtorno mental (p. ex., transtorno do humor, transtorno de ansiedade, transtorno dissociativo, transtorno da personalidade, intoxicação ou abstinência de substância. (APA, 2014, p. 59-60, grifo do original)

Como veremos mais à frente, o TDAH, seu diagnóstico e sua prevalência são alvo de controvérsia científica e cultural. Nesse momento, continuemos com algumas intervenções escolares possivelmente úteis no trabalho com crianças e jovens que apresentam as características mostradas neste tópico.

## 5.3.2 Intervenções escolares no TDAH

Herber Maia (2011) organizou o livro *Neuroeducação e ações pedagógicas*, em cujo Capítulo 9 aborda as intervenções pedagógicas com alunos que parecem ser portadores de TDAH. Os comportamentos associados ao TDAH são aqueles comuns à infância, como desatenção, atividade excessiva e/ou comportamento emocional impulsivo, mas, aparentemente, mais intensos e resistentes às intervenções didáticas. Isso traria dificuldades de aprendizado tanto iniciais como durante o restante da vida acadêmica, as quais podem gerar rejeição social e dúvidas sobre a própria inteligência, contribuindo para a redução da autoestima e gerando mais dificuldade (Maia, 2011).

Para esse pesquisador (Maia, 2011), as estratégias de intervenções escolares precisam integrar família e escola para que sejam eficazes.

**Orientações aos pais**
É justamente a família que vai garantir o sucesso das intervenções escolares, tanto de ordem disciplinar como dos estudos (Maia, 2011).

> Há necessidade de uma continuidade em todas as propostas educativas, tanto no que diz respeito aos estudos quanto às medidas disciplinares que se façam necessárias diante

de comportamentos disruptivos e quebras de regras de bom convívio social. Saber que as atitudes na escola trazem consequência em casa e vice-versa reforça no aluno a noção de causa e efeito de suas ações. (Maia, 2011, p. 108)

A ideia básica é que a família possa compreender melhor a situação e colaborar com a educação formal, inclusive, manifestando mais tolerância em relação à escola no que diz respeito às dificuldades desta em lidar com a criança. Compreendendo mais, a família também poderá lidar de forma mais adequada com as frustrações e os sentimentos ambíguos em relação a seu filho ou sua filha, reduzindo os desequilíbrios familiares, em particular no que diz respeito a culpar a criança pelos problemas, tanto pessoais como familiares, os quais são produtos de um sistema em que a criança é um dos componentes importantes, mas não o único (Maia, 2011).

Se a família não lida bem com a situação, poderá enviar mensagens negativas à criança, prejudicando seu autoconceito e estimulando-a a processos defensivos e reativos, tanto no âmbito familiar como escolar. Mas, se compreender melhor e conseguir integrar os diversos comportamentos involuntários da criança, poderá responder de forma mais equilibrada e funcional. Além disso, conseguirá implementar regras flexíveis e funcionais e disciplinas adequadas ao dia a dia em suas situações diversas (Maia, 2011).

Os autores apresentam sugestões aos familiares:

a. Participação em grupos de ajuda, a fim de conhecerem melhor o TDAH;
b. Coerência – é imprescindível que cada um dos Pais avalie sua disponibilidade interna em relação a cada uma das áreas de atrito;

c. Estabelecimento de papéis – é importante que a criança perceba a autoridade dos pais;
d. Estabelecimento de rotina – o fato de haver hora certa para brincar, estudar, dormir etc. oferece segurança contra a desorganização e o caos;
e. Criação de regras – devem se clarificar quais são os comportamentos aceitáveis e os inaceitáveis, evitando-se assim, a sedutora possibilidade desafio por parte da criança;
f. Coerência nas repreensões – é necessário que a criança faça a correlação entre seu comportamento e posterior consequência;
g. A importância do lúdico na relação entre os pais e filhos, buscando o máximo de drenagem das tensões;
h. Responsabilidades – é importante que a criança sinta-se como um ser cooperativo;
i. Autoestima – qualificação e a palavra mágica;
j. Dieta do amor – todos necessitam dessa confirmação e, portanto, escutar "eu te amo" deve fazer parte do cardápio pela manhã, à tarde e à noite. (Maia, 2011, p. 110)

**Estratégias escolares**

As estratégias escolares precisam incluir a compreensão e a distinção entre desobediência e incapacidade, bem como o uso de ordens positivas e a promoção de sucesso. O aprendizado experimental dos profissionais precisa ser contínuo, criando, aplicando e avaliando os resultados para as situações escolares. Devem explorar tanto abordagens preventivas quanto remediadoras. O objetivo da escola deve ser a promoção do crescimento e a harmonia emocional, para que possa consolidar a personalidade e a aprendizagem das crianças. O foco precisa ser as experiências gratificantes, que estimulem as emoções positivas e de pertencimento ao grupo (Maia, 2011):

a. A conquista de uma adequada maturidade emocional é uma tarefa que se leva a cabo evolutivamente no decorrer das duas primeiras décadas de vida, mediante um processo dinâmico de inter-relações biopsicossociais. Cabe à escola observar alguns aspectos importantes desta relação.

b. A criança com TDAH não deve ser encarada como uma criança problema, mas sim com uma criança que tem um problema;

c. É importante que tanto a instituição quanto o professor busquem informações acerca do transtorno;

d. É importante que, desde o início das aulas, seja apresentado à criança um contrato de regras, garantindo a criança antever as possíveis consequências de seus atos;

e. O professor deve ajudar o aluno na organização de sua rotina escolar;

f. O professor deve saber que dispor da correspondente operação lógica para resolver tarefas não é suficiente; deve-se proibir o controle da tensão requerida para a execução da atividade;

g. Apresentar a tarefa ao nível da competência da criança: Toda Criança é a vida de conhecer, conhecimento, mas seu interesse depende da forma como o conteúdo é apresentado;

h. O professor deve prescrever uma boa dieta educacional, aumentando os canais de comunicação, da autoestima.

(Maia, 2011, p. 112-113)

Finalizando, Maia (2011) entende que a escola deve reconhecer o valor das capacidades expressas e latentes dos(as) alunos(as), buscando potencializar o vínculo afetivo (manter aberto o coração); concentrar-se na pessoa, e não na sua dificuldade; ensinar pelo exemplo e buscar embasamento científico para suas práticas. Tal embasamento implica perceber que a ciência é controversa, parcial e falha, resultado do conflito de forças coletivas, como a economia e a cultura. Porque é produto dessa tensão "demasiadamente humana", a ciência erra, sabe disso e busca, continuamente, corrigir-se – ou, ao menos, deveria fazê-lo. Daí que controvérsias e discussões são naturais e, mesmo, essenciais, para uma "boa ciência". Com base nessa perspectiva, passamos a refletir criticamente sobre o TDAH.

### 5.3.3 Refletindo criticamente sobre o TDAH

Tamanha é a quantidade de crianças envolvidas e tão profundos os impactos psicossociais e também econômicos relacionados ao suposto transtorno do TDAH, como veremos a seguir, que o mínimo que podemos ou devemos fazer é refletir criticamente sobre ele!

> Rotulada, a criança resiste, luta contra o preconceito, até que o incorpora. Resiste e incorpora em sua vida inteira, não em fragmentos de vida. Não é apenas na escola que se torna a criança que não sabe; a incapacidade adere a ela, infiltra-se em todas as facetas, todos os espaços de vida. Deixa de ser incapaz na escola para se tornar apenas incapaz. Expropriado de sua normalidade, sofre. Sofre ao resistir, sofre ao desistir. Sofre tão intensamente, pelo sutil processo de expropriação

violenta, que nos atinge a todos nós que nos dispomos a olhá-las, a dar-lhes voz, a respeitar sua individualidade. (Moyses, 2001, p. 46, citado por Santana; Signor, 2016, p. 141-142)

**Medicalização da educação**

Como explica Meira (2012, p. 136), a **medicalização** é o processo

> por meio do qual são deslocados para o campo médico problemas que fazem parte do cotidiano dos indivíduos. Desse modo, fenômenos de origem social e política são convertidos em questões biológicas, próprias de cada indivíduo. [...] a medicalização da vida cotidiana, capaz de transformar sensações físicas ou psicológicas normais (tais como insônia e tristeza) em sintomas de doenças (como distúrbios do sono e depressão), vem provocando uma verdadeira "epidemia" de diagnósticos. Os progressos tecnológicos, os quais permitem a produção de equipamentos e testes capazes de fazer diagnósticos de indivíduos que ainda não apresentam sintomas de doenças, aliados a alterações contínuas dos valores de referência utilizados para se diagnosticar doenças, têm como consequência principal a transformação de grandes contingentes de pessoas em pacientes potenciais.

Constituindo-se movimento social, político e predominantemente econômico, a medicalização não produz apenas uma epidemia de diagnósticos, mas, igualmente, de tratamentos que nem sempre fazem bem à saúde, principalmente, aqueles que não são necessários. Os ganhos principais parecem ser creditados à indústria farmacêutica, a qual investe na divulgação de perspectivas equivocadas sobre doença mental. Sob esse prisma, todos os problemas humanos, incluindo aqueles relacionados ao comportamento e ao sofrimento, podem ser resolvidos ou amenizados pela via dos fármacos. Em outras palavras, as dificuldades da própria vida podem ser amenizadas ou evitadas pela via medicamentosa (Meira, 2012; Ribeiro; Oliveira, 2015).

A face escolar desse movimento concentra-se em atribuir as dificuldades de aprendizado e/ou comportamento às disfunções e/ou transtornos neurobiológicos dos(as) estudantes. Pouca ou nenhuma atenção é dada ao sistêmico e complexo conjunto de fatores que constituem essas dificuldades, como fatores sociais, econômicos e políticos que condicionam, para o bem ou para o mal, a própria escola e seus métodos educacionais (Ribeiro, Oliveira, 2015).

**Dificuldade de aprendizagem**, justificativa dada ao encaminhamento de estudantes para avaliações e/ou atendimentos clínicos especializados, é uma expressão vaga e que pode dar margem a interpretações bastante equivocadas. A dificuldade de aprendizagem se relaciona ao processo de escolarização, em especial, ao aprendizado da escrita e da leitura, mas também à atenção e ao movimento pela expressividade e comunicação dos(as) estudantes. Essas são as queixas mais frequentes que desencadeiam encaminhamentos. Os pesquisadores, então, questionam: "Quais são as condições desse processo de escolarização? Quais são as histórias e experiências singulares do sujeito nesse processo? Como, quando e onde as dificuldades foram produzidas e transformadas em queixas?" (Ribeiro; Oliveira, 2015, p. 2).

E complementam:

Pode-se considerar que muitas situações concretas do aprendizado da escrita e da leitura transformadas em queixas, motivo de encaminhamento para serviços de saúde, são próprias da aquisição dessa linguagem. [...] Então, as experiências de escrita e leitura de crianças e adolescentes que são encaminhados são "inadequações", "erros", "dificuldades" ou expressões de sua atividade reflexiva, das estratégias particulares do processo de aquisição da linguagem ou, ainda, de situações relacionadas à prática e intervenção pedagógica, metodologia de ensino? (Ribeiro; Oliveira, 2016, p. 3)

Essa perspectiva, justamente, concentra a análise das dificuldades nos(as) estudantes, excluindo seu contexto, de forma deliberada, visando transformar "questões coletivas, culturais e históricas em questões individuais, naturais e orgânicas" (Ribeiro; Oliveira, 2016, p. 3).

**Um olhar crítico sobre o TDAH**

A referida transformação acontece por meio do diagnóstico, quase sempre com base no DSM-5, o qual apresenta o TDAH como um transtorno do desenvolvimento neurológico. Mesmo que, na apresentação das características diagnósticas, nenhum marcador neurológico seja especificado, o foco está nos sintomas comportamentais, esquematizados dentro dos cinco critérios (A, B, C, D e E).

O primeiro deles (A) expressa a característica essencial para que o diagnóstico seja efetivado: "Um padrão persistente de desatenção e/ou hiperatividade-impulsividade que interfere no funcionamento [A1] e no desenvolvimento, conforme caracterizado por (1) e/ou (2)". (1) e (2) referem-se, respectivamente, à desatenção e à hiperatividade/impulsividade. Cada um desses padrões é apresentado com nove sintomas, dos quais no mínimo 6 devem ser observados "por pelo menos seis meses em um grau que é inconsistente com o nível do desenvolvimento e têm impacto negativo diretamente nas atividades sociais e acadêmicas/profissionais" (APA, 2014, p. 59).

A perspectiva adotada considera um padrão de desenvolvimento normativo relacionado às fases de idade, o que faz sentido quando pensamos no desenvolvimento neuropsicológico de crianças e adolescentes. Em complemento, sabe-se também que ocorre uma grande variação desse desenvolvimento e dessa maturação e, o que é mais importante, esse processo é, em grande medida, resultado direto da interação com o ambiente social e cultural.

Essa estrutura social – e, no nosso caso específico, a educação formal – pode tanto estimular e facilitar o desenvolvimento das funções executivas (FE) – no caso do TDAH, relacionadas à atenção e à concentração – quanto retardá-las! O ponto-chave de considerar um padrão normativo de desenvolvimento sem relacioná-lo ao ambiente no qual ocorre é equivocado, visto que adota uma perspectiva naturalista, artificial, na qual é o indivíduo a fonte exclusiva de suas dificuldades.

Seis ou mais das nove características indicadas para cada padrão – seja ele de desatenção, seja de hiperatividade-impulsividade – certamente produz um impacto negativo sobre as atividades sociais, acadêmicas e profissionais, mas não necessariamente representa um transtorno do desenvolvimento neurológico (Ribeiro; Oliveira, 2015).

Essas características ou "sintomas" envolvem manifestações e expressões particulares de cada um com suas preferências, percepções, significados e sentidos atribuídos às experiências vividas nos diferentes contextos nos quais estão inseridos [...] Os itens listados no DSM e reportados para o SNAP-IV, que supostamente caracterizam um transtorno, delineiam e produzem uma categoria diagnóstica, **não** são sintomas (nem caracterizam um transtorno), são manifestações e expressões de crianças, jovens e adultos que vivem, aprendem, sentem, pensam, criam, convivem [...] em seus contextos históricos culturais. Manifestações relacionadas a situações específicas que são listadas abstratamente como suposto padrão delimitado por uma ciência médica que está pautada na compreensão biologizada, naturalizada e medicalizada das experiências humanas. Compreensão que camufla e negligência as condições nas quais as manifestações se constituem e se produzem como expressão de fenômenos sociais, culturais e históricos. (Ribeiro; Oliveira, 2015, p. 5-6)

Em complemento, o diagnóstico é baseado na interpretação subjetiva de quem descreve a pessoa avaliada. O SNAP-IV é um questionário baseado nos sintomas do DSM-IV, e cada item investigado precisa ser respondido com "nem um pouco, só um pouco, bastante e demais". Diferenças individuais e culturais por parte dos(as) avaliadores(as) e ainda as variações de idade das crianças avaliadas são fatores que estimulam a subjetividade na avaliação, como indica o próprio DSM-V (Ribeiro; Oliveira, 2015; APA, 2014).

A estratégia aditiva, que usa a quantidade de sintomas como critério diagnóstico, não pode ser considerada precisa (Lambert; Kinsley, 2006).

O fato de que as decisões para rotular transtornos do DSM são subjetivas pode ser facilmente observado a partir das mudanças nos transtornos a cada edição. [...] Esses diagnósticos inconstantes podem exercer um grande efeito sobre as pessoas, que passam anos sofrendo e sendo tratadas por um suposto transtorno [...]. (Lambert; Kinsley, 2006, p. 39)

A Associação Brasileira do Déficit de Atenção (ABDA, 2017) sugere que a prevalência mundial de TDAH inclui entre 3% a 5% das crianças nos países investigados. No Brasil, essa prevalência sobe para 5% e 8%! Nessa proporção, uma em cada 20 crianças teria TDAH (Jafferian; Barone, 2015; CRPSP, 2015).

A ABDA tem apoio financeiro da Novartis, que faz a Ritalina, usada para o tratamento do TDAH, e da Shire, do estimulante Venvanse, para o mesmo fim. Jafferian e Barone (2015) fizeram um estudo sobre o efeito desse diagnóstico sobre as pessoas que o recebem e como a psicopedagogia pode minimizar ou desconstruir esse rótulo por meio de intervenções, concluindo que:

> o diagnóstico tem o efeito de destino na vida do sujeito que fica sem autonomia e que, com a intervenção psicopedagógica, o mesmo se desveste do rótulo e sai do lugar que se encontrava. [...] o professor não escuta a criança e não vê o porquê de ela não aprender e esse professor só reconhece a criança a partir do rótulo que carrega. Assim, esses alunos

rotulados ficam no lugar de incapazes, sem autonomia e não correspondem ao esperado pelos professores. E isso pode ter como consequência a "profecia autorrealizadora". (Jafferian, Barone, 2015, p. 118, 125)

Outro fator importante relacionado ao diagnóstico de TDAH é que as crianças que o recebem, usualmente, são medicadas com o cloridato de metilfenidato (Concerta, Ritalina e Ritalina LA), psicoestimulante do sistema nervoso central rigidamente controlado pelo Sistema Nacional de Gerenciamento de Produtos (SNGPC) da Agência de Vigilância Sanitária (Anvisa), visto que pode "ocasionar dependência física, psíquica e/ou outro tipo de risco conhecido ou em potencial para a saúde humana em uma população [...]" (SNGPC, 2012, p. 13).

Seus efeitos colaterais ou eventos adversos incluem "dores gastrointestinais, dor de cabeça, supressão do crescimento, aumento da pressão sanguínea, desordens psiquiátricas, redução do apetite, depressão, crise de mania, tendência à agressividade, **morte súbita**, eventos cardiovasculares graves e excessiva sonolência" (SNGPC, 2012, p. 2, grifo nosso).

Mas, naturalmente, esses efeitos colaterais devem ocorrer em quantidade mínima, como sugerem as bulas dos medicamentos, correto?

o Centro de Vigilância Sanitária da Secretaria Estadual de Saúde de São Paulo (CVS/SES/SP) avaliou 553 notificações de suspeitas de reações adversas associadas ao uso do metilfenidato, recebidas no período de dezembro de 2004 a junho de 2013 [...] A análise de causalidade destes relatos indicou:

a. O uso indevido de metilfenidato em crianças menores de 06 anos, faixa etária para a qual o uso está expressamente contraindicado em bula. As reações adversas relatadas incluíram sonolência, lentidão de movimentos e atraso no desenvolvimento;

b. Em 11% dos relatos analisados observou-se a prescrição para indicações não aprovadas pela Anvisa, como depressão, ansiedade, autismo infantil, ideação suicida entre outras condições;

c. Associação entre o uso do medicamento e o aparecimento de **reações adversas graves**, com destaque para os eventos cardiovasculares (37,8%) como taquicardia e hipertensão, transtornos psiquiátricos (36%) como depressão, psicose e dependência, além de distúrbios do sistema neurológico como discinesia, espasmos e contrações musculares involuntárias;

d. Na faixa etária de 14 a 64 anos os eventos graves envolveram acidente vascular encefálico, instabilidade emocional, depressão, pânico, hemiplegia, espasmos, psicose e tentativa de suicídio;

e. O uso do metilfenidato pode ter contribuído para o óbito de cinco pacientes em tratamento, considerando-se que o medicamento pode causar ou agravar distúrbios psiquiátricos como depressão e ideação suicida;

f. Uso em idosos maiores de 70 anos. Embora a bula dos medicamentos com metilfenidato aprovada no Brasil não faça referência ao uso nessa faixa etária, as agências reguladoras internacionais não recomendam sua prescrição em maiores de 65 anos. (São Paulo, 2013, p. 2)

Segundo o SNGPC, que controla o metilfenidato, 557.588 caixas do medicamento foram vendidas no Brasil em 2009. Em 2011, as vendas cresceram 117,5%, subindo para 1.212.850 caixas. O consumo varia no ano, indicando claramente os consumidores principais. Nos períodos de férias escolares, ocorre declínio de consumo. Outra confirmação dessa população consumidora ocorre pelo predomínio das especialidades médicas que prescrevem a droga, aquelas "relacionadas com assistência à criança e ao adolescente e que tratam de problemas do sistema nervoso central" (SNGPC, 2012, p. 13).

A questão que se apresenta é: Esse uso está correto?

Os dados do SNGPC demonstraram uma tendência de uso crescente no Brasil. No entanto, a pergunta que precisa ser respondida é se esse uso está sendo feito de forma segura, isto é, somente para as indicações aprovadas no registro do medicamento e para os pacientes corretos, na dosagem e períodos adequados. **O uso do medicamento metilfenidato tem sido muito difundido nos últimos anos de forma, inclusive, equivocada, sendo utilizado como "droga da obediência"** e como instrumento de melhoria do desempenho seja de crianças, adolescentes ou adultos. Em muitos países, como os Estados Unidos, o metilfenidato tem sido largamente utilizado entre adolescentes para melhorar o desempenho escolar e para moldar as crianças, afinal, é mais fácil modificá-las que ao ambiente. (SNGPC, 2012, p. 13, grifo nosso)

E o próprio SNGPC da Anvisa, órgão governamental que controla os medicamentos, é crítico sobre o consumo excessivo de drogas, sugerindo que a educação deveria propor alternativas concretas ao uso de medicamentos:

Nesse sentido, recomenda-se proporcionar educação pública para diferentes segmentos da sociedade sem discursos morais e sem atitudes punitivas, cuja principal finalidade seja de contribuir com o desenvolvimento e a demonstração de alternativas práticas ao uso de medicamentos. (SNGPC, 2012, p. 13)

Por qual razão esse medicamento é tão prescrito? Por ser a melhor opção medicamentosa para tratar esse possível transtorno? Algumas meta-análises indicam que sim (Schachter et al., 2001; Faraone et al., 2004, 2006). Em contraponto, outras pesquisas apontam na direção oposta, constatando que seu uso faz aumentar a impulsividade, o que é indicado na própria bula do medicamento (Neef et al., 2005, citado por Jafferian; Barone, 2015; Ritalina, 2010), no item reações adversas relatadas com o uso de Ritalina: "Distúrbios psiquiátricos muito comuns: nervosismo, insônia; comuns: ansiedade, inquietação, distúrbio do sono; agitação" (Ritalina, 2010, p. 12).

Se há dúvidas sobre a eficácia desse medicamento (CRPSP, 2015; Santana; Signor, 2016), isso não ocorre quanto a sua rentabilidade. Vinte e oito milhões de reais é a cifra gasta com o metilfenidato em 2011 pelas famílias brasileiras (SNGPC, 2012). A medicalização é um negócio rentável e há explícita associação com transtornos, o que se tornou ainda mais evidente com os movimentos nacionais e internacionais.

O Stop-DSM é um movimento internacional que se destaca. Iniciado em 2011, em Barcelona, Buenos Aires e Brasil, por meio de profissionais "Psi", que se uniram para resgatar o diagnóstico clínico que leva em conta a subjetividade do sofrimento psíquico e contestar o modelo quantitativo do DSM.

Uma crítica feita é que, ao longo de suas novas versões, o DSM amplia, continuamente, o espectro das patologias, reduzindo o da normalidade. Assim, oportuniza a criação de tratamentos medicamentosos, base da indústria farmacêutica, que tem sido acusada de corromper a pesquisa e a assistência médica[1]. A primeira edição do DSM tinha 100 transtornos; o DSM-V tem mais de 300!

O DSM-V chega precedido por uma forte rejeição e diversos especialistas denunciam o Manual como uma obra que pode apresentar perigos a saúde mental. A questão principal, é que mais que nas versões anteriores, o DSM-V cria doenças, fazendo com que muitas pessoas, segundo ele, sejam portadoras de transtornos mentais e consequentemente, passem a consumir medicamentos psiquiátricos. Esse aumento crescente das categorias de diagnóstico sugere haver uma

---

[1] Várias obras foram escritas mostrando fartas evidências sobre como a indústria farmacêutica corrompeu a pesquisa e a assistência médica. Por exemplo, pelos médicos pesquisadores e editores da *The New England Journal of Medicine*, Jerome Kassirer (2005) e Marcia Angell (2005) e elo editor da British Medical Journal por 25 anos, Richard Smith (2006). Mais recentemente, temos outras obras de elevado rigor científico, do médico e pesquisador que se tornou notório como chefe do *Nordic Cochrane Center*, o Dr. Peter C. Gotzsche, que trabalhou com vendas e representação para empresas farmacêuticas e como gerente de produtos. O diferencial desse pesquisador é que "ele entende profundamente as estatísticas de viés e as técnicas de análise de relatórios de ensaios clínicos. Ele tem estado na vanguarda do desenvolvimento da revisão sistemática e rigorosa e da meta-análise de relatórios de ensaios clínicos, para identificar, usando critérios rigorosos, a verdadeira eficácia de drogas e testes" (Gøtzsche, 2013, p. 18). Escreveu dois livros (Gøtzsche, 2013, 2015), sendo um deles traduzidos para a nossa língua: *Medicamentos mortais e crime organizado: como a indústria farmacêutica corrompeu a assistência médica* (Gøtzsche, 2016).

tendência da psiquiatria a transformar comportamentos e experiências do cotidiano em patologias mentais, o que tem sido objeto de críticas a cada nova edição do Manual. [...] Uma das principais críticas é que sua lógica está mais do que nunca dominada pelos interesses da indústria dos psicofármacos. (Milczarck et al., 2015)

A 5ª edição mostra tão explicitamente esse objetivo que foi desclassificada pelo Instituto Americano de Saúde Mental (National Institute of Mental Health – NIMH), o qual não tem mais seu nome associado ao DSM.

Esse fato político é o de maior relevância, na medida em que este é o maior patrocinador da pesquisa em saúde mental em escala mundial. O diretor da instituição, Thomas Insel, comunicou que o NIMH reorientaria suas pesquisas fora das categorias do DSM, devido ao fato da sua fragilidade no plano científico. (Milczarck et al., 2015)

Thomas Insel (citado por Silva, 2013, p. 65), afirma que "A fraqueza (do DSM) é sua falta de fundamentação. Seus diagnósticos são baseados no consenso sobre grupos de sintomas clínicos, não em qualquer avaliação objetiva em laboratório. [...] Os pacientes com doenças mentais merecem algo melhor".

Nos Estados Unidos, o líder do movimento contrário ao DSM surgiu dentro de sua estrutura, o psiquiatra Allen Frances, que coordenou o DSM-IV. Segundo ele:

As fronteiras da psiquiatria continuam a se expandir, a esfera do normal está encolhendo. [...] Nós não temos ideia de como esses novos diagnósticos não testados irão influenciar no dia a dia da prática médica, mas meu medo é que isso irá exacerbar e não amenizar o já excessivo e inapropriado uso de medicação em crianças. **Durante as duas últimas décadas, a psiquiatria infantil já provocou três modismos – triplicou o Transtorno de Déficit de Atenção, aumentou em mais de 20 vezes o autismo e aumentou em 40 vezes o transtorno bipolar na infância.** Esse campo deveria sentir-se constrangido por esse currículo lamentável e deveria engajar-se agora na tarefa crucial de educar os profissionais e o público sobre a dificuldade de diagnosticar as crianças com precisão e sobre os riscos de medicá-las em excesso. O DSM-5 não deveria adicionar um novo transtorno com o potencial de resultar em um novo modismo e no uso ainda mais inapropriado de medicamentos em crianças vulneráveis. (Silva, 2013, p. 65, grifo nosso)

No Brasil, temos o Fórum Sobre Medicalização da Educação e da Sociedade (FSMES), uma ação científica e política criada durante o I Seminário Internacional A Educação Medicalizada: dislexia, TDAH e outros supostos transtornos, que aconteceu em São Paulo, em novembro de 2010, e contou com a participação de mil profissionais das áreas de saúde e educação. O FSMES, de atuação permanente, visa articular entidades, grupos e pessoas para enfrentar e superar o fenômeno da medicalização e mobilizar a sociedade para a crítica à medicalização da aprendizagem e do comportamento.

Entre as entidades[2] que participam do fórum[3], destacam-se o Conselho Federal de Farmácia e a Federação Nacional dos Farmacêuticos, órgãos de classe diretamente ligados ao uso científico dos medicamentos, bem como a Faculdade de Medicina da Universidade de São Paulo (USP) e o Conselho Federal de Psicologia.

## Síntese

Estamos finalizando mais uma etapa! Para tanto, começamos com uma reflexão: a **atenção** é crucial para a educação! Recordemos que a atenção executiva, necessariamente voluntária e consciente, pode ser considerada uma função executiva. Destaca-se o fato de que ela amadurece lentamente, se estabelecendo de forma básica por volta dos sete anos, consolidando-se no final da adolescência, começo da vida adulta. Além da variação natural desse amadurecimento entre os indivíduos, o fator crucial é que essas funções são mediadas por influências do meio, em especial aquelas presentes na escola e na família.

O córtex pré-frontal é a principal estrutura neurológica relacionada a essa maturação. À medida que essa área amadurece, permite que as crianças consigam dirigir e sustentar sua atenção aos estímulos importantes, excluindo aqueles irrelevantes.

---

2   As entidades que assinam o manifesto podem ser vistas no seguinte link: <http://medicalizacao.org.br/manifesto-do-forum-sobre-medicalizacao-da-educacao-e-da-sociedade/>.

3   O Manifesto do Fórum sobre Medicalização da Educação e da Sociedade (2020) pode ser visto em: <http://medicalizacao.org.br/manifesto-do-forum-sobre-medicalizacao-da-educacao-e-da-sociedade/>.

Em complemento, a atenção automática (ou reflexa) funciona sem a intervenção da vontade consciente e deliberativa, sendo controlada pelos estímulos externos. Isso significa que a forma de ensinar precisa ser significativa e prazerosa para poder atrair e manter esse tipo de atenção nos(as) estudantes. É curioso e triste perceber que as intervenções escolares voltadas ao suposto TDAH são, em grande parte, justamente os elementos neurodidáticos, que poderiam mediar de forma eficaz os métodos educativos e familiares. Se eles fossem aplicados de forma regular e sistemática, as dificuldades de aprendizagem diminuiriam?

Um fator extra, trazido pela atualização científica, evidencia que tanto as formas executivas como as formas automáticas da atenção incluem amplamente processamentos não conscientes. Isso também ocorre com a memória, o aprendizado, o pensamento, a compreensão e a resolução de problemas, bem como com a tomada de decisão. Se assim for, é possível que os métodos educacionais ainda não incluam tais perspectivas, ou seja, estão desatualizados sobre a compreensão científica atual da mente humana e, por conseguinte, dos processos de ensino-aprendizagem.

> O que não acontece como os jogos digitais, que utilizando recursos intuitivos básicos, explorando o sistema de recompensa e os processos atencionais automáticos mediados pela emoção, prendem a atenção e estimulam o aprendizado implícito e explícito dos jogadores! Assim os conduz de níveis mais elementares até aqueles sofisticados, que demandam todas as funções executivas. Poderia uma criança com TDAH dedicar-se de forma eficaz e concentrada a um jogo, obtendo sucesso crescente no seu desempenho? (Silva, 2017d, p. 20)

Soma-se a esse contexto a controvérsia e o debate econômico, cultural e científico envolvendo os transtornos mentais e a medicalização da vida e da educação. Os interesses econômicos subjacentes ao DSM estão sendo expostos, tal como os terríveis efeitos da medicalização com essa "orientação econômica". A atenção executiva poderia ser desenvolvida de forma plena desde a tenra idade e ainda ser aplicada à educação? Uma possível resposta é apresentada no próximo capítulo, com o *mindfulness*! Mas, primeiro, passemos agora às atividades complementares.

## Atividades de autoavaliação

1. "A atenção é considerada um conjunto de processos neurais que recrutam recursos para processar melhor aspectos selecionados do que aqueles não selecionados, os quais ficam restritos a processamentos secundários. [...] Além disso, as funções relacionadas à atenção são responsáveis pelo ajuste dinâmico e flexível das percepções relacionadas a nossa experiência, à volição, às expectativas e às tarefas orientadas a objetivos". (Seabra; Dias, 2012, p. 38)

   Considerando esse trecho, analise as assertivas a seguir e julgue-as verdadeiras (V) ou falsas (F).

   ( ) A atenção automática, ou reflexa, é uma reação a estímulos novos do meio ambiente.
   ( ) A atenção voluntária é definida por planos e intenções.
   ( ) Crianças têm mais facilidade para usar a atenção voluntária.
   ( ) Idosos têm mais dificuldade para usar a atenção voluntária.

Agora, assinale a alternativa que indica a sequência correta:

a) F, F, V, F.
b) F, V, V, F.
c) V, V, F, V.
d) V, F, F, V.
e) F, F, F, V.

2. Conforme você pôde observar neste capítulo, em 1987, por meio de um artigo publicado na revista Science, Kihlstrom (1987, citado por Callegaro, 2011) apresentou o modelo do inconsciente cognitivo, inaugurando uma nova abordagem, para a qual a mente consciente é produto do processamento de informação não consciente. Nossas funções psicológicas superiores podem ocorrer sem percepção consciente.

O modelo original foi expandido por inúmeros outros estudos que evidenciaram que, praticamente, todos os nossos processos mentais podem funcionar de forma não consciente, automática, incluindo a atenção, o raciocínio lógico e a tomada de decisão. Nesse contexto, surge outro modelo, considerado como o mais abrangente e atual, o do novo inconsciente.

Considerando esse trecho, analise as assertivas a seguir, relativas a teoria do novo inconsciente e julgue-as verdadeiras (V) ou falsas (F).

( ) Todos os principais processos mentais podem funcionar de forma não consciente ou automática.
( ) Qualquer atividade que aprendemos conscientemente logo se torna automática, evitando esforços e gastos de energia.

( ) Enxadristas profissionais são mais conscientes ao jogar xadrez do que os iniciantes.

( ) Percebemos cerca de 20% dos estímulos sensoriais que nos chegam.

Agora, assinale a alternativa que indica a sequência correta:

a) V, V, F, F.
b) F, V, V, F.
c) V, F, V, V.
d) F, F, F, V.
e) V, V, V, F.

3. Conforme o texto, "parece haver evidências de que o TDAH se relaciona com alterações do sistema nervoso, em especial, a estruturas ligadas ao comportamento socioemocional. Sua potencial etiologia envolve tanto aspectos genéticos, com a interação de vários genes, como fatores ambientais, como a exposição da gestante ao álcool ou à nicotina, ou ainda a contaminação por substâncias tóxicas e o nascimento com peso abaixo da média".

Considerando esse trecho, analise as assertivas a seguir, relativas TDAH, e julgue-as verdadeiras ou falsas (F).

( ) TDAH parece relacionar-se com problemas em prestar e manter a atenção.

( ) TDAH envolve descontrole emocional.

( ) TDAH implica pouca impulsividade, muita desatenção e baixa atividade.

( ) TDAH não se relaciona com a socialização.

Agora, assinale a alternativa que indica a sequência correta:

a) V, V, V, F.
b) F, V, V, F.
c) V, F, V, V.
d) F, F, F, V
e) V, V, F, F.

4. O objetivo da escola deve ser a promoção do crescimento e a harmonia emocional, para que possa consolidar a personalidade e a aprendizagem das crianças. O foco precisa ser as experiências gratificantes, que estimulem as emoções positivas e de pertencimento ao grupo (Maia, 2011).

Considerando o trecho acima, analise as assertivas a seguir, relativas a estratégias escolares com estudantes diagnosticados com TDAH, e julgue-as verdadeiras (V) falsas (F):

( ) O(a) professor(a) não deve ajudar o(a) aluno(a) na organização escolar, visto que este(a) precisa desenvolver autonomia.

( ) O(a) professor(a) deve aumentar os canais de comunicação com o(a) estudante.

( ) É importante, na escola, valorizar o potencial e a competência do(a) aluno(a), buscando potencializar o vínculo afetivo.

( ) A conquista da maturidade emocional ocorre nas duas primeiras décadas de vida, nas inter-relações biopsicossociais. A escola tem importante papel nesse processo.

Agora, assinale a alternativa que indica a sequência correta:

a) V, V, F, F.
b) F, V, V, V.
c) V, F, V, V.
d) F, F, F, V.
e) V, V, V, F.

5. "Durante as duas últimas décadas, a psiquiatria infantil já provocou três modismos" (Frances, citado por Silva, 2013, p. 65, grifo nosso). Considerando a frase de Allen Frances, contrário ao DSM, analise as assertivas a seguir e julgue-as verdadeiras (V) ou falsas (F).

a) A psiquiatria infantil duplicou o Transtorno de Déficit de Atenção.
b) A psiquiatria infantil aumentou em três vezes o TDAH.
c) A psiquiatria infantil manteve os níveis de TDAH, mas aumentou em mais de 20 vezes o autismo.
d) A psiquiatria infantil aumentou em mais de 20 vezes o autismo e também aumentou em 40 vezes o transtorno bipolar na infância.
e) A psiquiatria infantil manteve os níveis de autismo, mas aumentou em 40 vezes o transtorno bipolar na infância.

Agora, assinale a alternativa que indica a sequência correta:

a) V, F, F, F, V.
b) F, V, F, V, F.

c) V, F, V, V, F.
d) F, V, F, F, V.
e) V, V, V, F, F.

## Atividades de aprendizagem

**Questões para reflexão**

1. A teoria do novo inconsciente muda a sua forma de perceber o funcionamento humano? Se não, por quê? Se sim, faça uma síntese do que mudou na sua perspectiva e quais implicações isso tem para seu autoconhecimento e sua prática docente.

2. Considerando os conhecimentos sobre atenção e as reflexões críticas sobre a medicalização da educação, como você percebe as altas taxas de diagnóstico do TDAH? Você conhece ou vivenciou casos de TDAH em sala de aula? Se sim, com base no que estudou até agora, como você interviria?

**Atividades aplicadas: prática**

1. Com base no que estudou e na sua experiência, elabore uma atividade que vise prender ao máximo a atenção de seus(suas) alunos(as)! Aplique essa atividade, observe e anote os resultados. Analise-os com base nos conhecimentos aqui adquiridos.

2. Retomando o caso da Tina tratado neste capítulo, sua mãe, Adriana, a levou a uma psicóloga, a qual realizou sessões com ela e com a filha. Ao final, a psicóloga concluiu que Tina era muito inteligente e não precisaria mais

continuar fazendo as sessões. Em complemento, alertou a mãe sobre a necessidade de ficar mais tempo com sua filha e ensinar disciplina para ela. Deveria acompanhá-la nas tarefas escolares e nas atividades físicas, para que a criança gastasse sua intensa energia. Adriana trabalhava durante um turno e fazia faculdade no outro, permanecendo com as crianças somente no período da noite. Ainda assim, conseguiu seguir as recomendações da psicóloga, ensinando disciplina e acompanhando Tina nas tarefas escolares. Também matriculou sua filha em atividades de ginástica rítmica, fato que, além de agradar muito a criança, lhe proporcionou melhor coordenação motora, disciplina, memória e estímulo para relações sociais. Os resultados apareceram cerca de dois meses e meio depois, com as queixas escolares diminuindo e o desempenho escolar aumentando. Aos 10 anos de idade, Tina deu um salto no seu desempenho acadêmico e social; começou, inclusive, a fazer as tarefas escolares sozinha. Finalizou o ensino médio com facilidade e, aos 18 anos, passou no vestibular de uma universidade federal, a qual está finalizando em 2021, iniciando e mantendo atividades profissionais desde o segundo ano do curso. Adriana se emociona ao contar a história de sua filha e perceber tudo o que conquistou após ter sido chamada de *deficiente*, afirmando que "gostaria de levar o histórico dela para aquela escola, para mostrar que a minha filha, que foi chamada de deficiente por eles, aos 21 anos, está quase se formando, trabalha e, inclusive, foi selecionada para apresentar um artigo num congresso internacional. Se tivesse tanto problema assim, não estaria fazendo tudo isso".

Como você percebe, agora, a atitude da mãe de Tina? O que aconteceu com ela poderia estar ocorrendo com outras crianças? Organize suas considerações em um texto escrito e debata com seus colegas as considerações da turma.

Capítulo 6
**Neuroeducação e neurodidática**

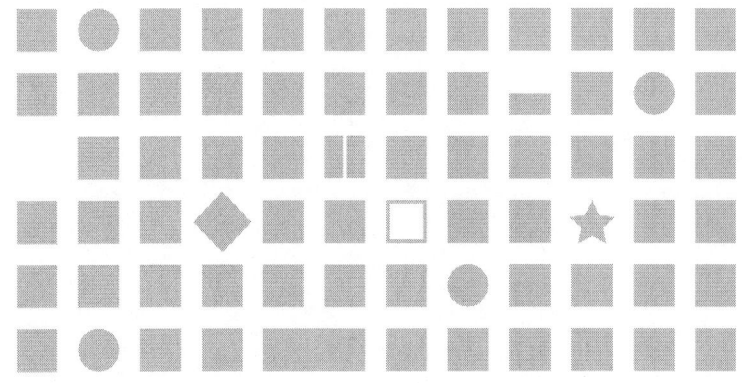

Muito bom, chegamos à última parte de nossa vigem por paisagens neuroeducativas! Neste capítulo, você vai explorar os conteúdos específicos da neuroeducação, com ênfase em neurodidática, e encontrará dicas práticas para a sala de aula. Além disso, avançará e aprofundará seus conhecimentos em três temas: leitura, escrita e aritmética, os quais, como você já sabe, são preponderantes na educação formal. Por fim, em nossa última parada, você conhecerá algumas contribuições da neurociência para a educação inclusiva.

Iniciemos essa última *aventura*, e lembre-se, o melhor é sempre deixado para o final!

## 6.1 Neuroeducação

Entre os marcos históricos do nascimento da neuroeducação está o livro *O crescimento do cérebro: um estudo do sistema nervoso em relação à educação*, de 1895, publicado por Henry Herbert Donaldson, professor de neurologia da Universidade de Chicago (citado por Aranha; Sholl-Franco, 2012). A neuroeducação é interdisciplinar, visto que integra educação, psicologia e neurociência. Houve um grande desenvolvimento dessa área nos últimos anos, entre seus focos, como principais, indicamos:

> (1) Conhecer aspectos da neurociência cognitiva relacionados aos processos de aprendizagem, memória, linguagem, dentre outros [...], (2) Desenvolver estratégias para otimização do processo de ensino-aprendizagem [...], (3) Compreender os distúrbios e doenças que podem afetar o aprendizado, independentemente da idade do indivíduo, buscando identificar

problemas em sala de aula, auxiliando no desenvolvimento de novos métodos e técnicas educacionais de forma a proporcionar educação especial e inclusão social dos afetados (ex. portadores de deficiências sensoriais motoras e ou cognitivas); (4) Desenvolver novos sistemas e suportes de ensino, a partir de demandas específicas (deficiências sensoriais, motoras ou mentais) [...]; (5) Formular novas premissas para a exploração de esquemas formais, não formais e informais de ensino [...]; (6) Compreender como atividades pouco exploradas, ou mesmo negligenciadas em alguns casos, como as artes e os desportos podem atuar de modo significativo no processo de desenvolvimento cognitivo e na otimização das capacidades intelectuais; (7) Desenvolver estratégias de conscientização pública sobre a interface educação e neurociências em espaços formais, não formais e informais de ensino [...]. (Aranha; Sholl-Franco, 2012, p. 12-13)

A neuroeducação é complexa e vasta e, como o próprio nome sugere, tem como base os processos neurais relacionados ao ensino-aprendizagem. Conhecê-los é fundamental para potencializá-los, outro objetivo da neuroeducação. Como vimos, a maturação do cérebro infantil é mediada pela estruturação dos estímulos ambientais que recebe; ou, se os métodos educacionais forem inapropriados ao desenvolvimento das funções neuronais, poderão retardá-lo ou mesmo inibi-lo. Isso pode ocorrer (e ocorre) com as funções executivas (FE), nem sempre estimuladas apropriadamente na escola. O ensino formal pouco valoriza a criatividade, a autodisciplina, a resolução de problemas relevantes ao estudante e sua autonomia. Pelo contrário, parece valorizar, predominantemente, a obediência, a conformidade às regras, a repetição de conteúdos e perspectivas, estimulando a **heteronomia**.

Assim, a compreensão das estruturas neurológicas relacionadas à aprendizagem e de seu processo de desenvolvimento, incluindo picos ou janelas de oportunidades, as quais são variáveis entre as crianças, permite uma melhor adequação (ou mesmo inovação) das estratégias didáticas. Pode maximizar resultados e, sobretudo, escapar da tendência patologizante e medicamentosa, pelo aumento da tolerância às diferenças de ritmos e estilos de aprendizagem. Em complemento, ao usar métodos e técnicas mais apropriados às formas pelas quais o cérebro aprende (neurodidáticos), estimula seu desenvolvimento! (Silva, 2017e, p. 4)

Artes e corporeidade constituem outra contribuição importante da neuroeducação. Conhecimentos linguísticos e lógico-matemáticos têm, tradicionalmente, ocupado o ápice hierárquico das disciplinas. Em algum ponto da base dessa pirâmide está o conhecimento artístico, como o desenho, a pintura e a música, que são elementos mais culturalmente respeitados. O teatro e a dança também estão na base e são considerados ainda menos importantes. Na contramão dessa desvalorização cultural, muitos estudos sugerem que o treinamento artístico infantil influencia, sobremaneira, o desenvolvimento e a organização cerebral dessas crianças. A arte é muito importante para potencializar o desempenho cognitivo educacional (Aranha; Sholl-Franco, 2012).

De forma similar, crianças e jovens que desenvolvem atividades corporais têm apresentado melhor desempenho acadêmico, principalmente em termos de atividades cognitivas, em relação àquelas que não praticam essas atividades. Essas práticas estimulam a elevação da autoestima e da imagem corporal, assim como comportamentos mais adequados, o aumento circulação sanguínea e, consequentemente, da capacidade cerebral (Aranha; Sholl-Franco, 2012).

> Se considerarmos as características do desenvolvimento infantil veremos que o mais coerente seria que disciplinas que trabalhem expressões artísticas e corporais tivessem mais destaque no contexto escolar uma vez que a lógica das mesmas vai ao encontro das etapas de desenvolvimento. Dessa forma fica a seguinte reflexão: não poderia a escola se organizar de outra maneira? (Aranha; Sholl-Franco, 2012, p. 18)

Antes de explorar temas em neuroeducação, passemos a mais um caso real, para podermos refletir os conteúdos de forma contextualizada.

## 6.2 Francisco, introvertido e criativo: apresentação de um estudo de caso

A orientadora educacional de uma escola municipal de Curitiba fez a seguinte solicitação:

> Encaminho o educando para uma avaliação pediátrica e psicopedagógica. O aluno apresenta muitas dificuldades para aquisição dos conhecimentos. Apesar de já estar no seu quinto ano escolar, ainda não se encontra alfabetizado. Apresenta excessivo sono em sala de aula, chegando mesmo a dormir; sendo necessário acordá-lo.

Francisco é o estudante a que se refere a orientadora, aqui apresentado com esse nome fictício para ocultar sua identidade. Em 2013, ele tinha 10 anos de idade e um vasto histórico de queixas escolares advindas de uma escola privada que ele frequentou. Extremamente quieto, ele parecia não ouvir a professora, interagindo muito pouco com ela e com seus colegas. Uma das professoras chegou a suspeitar do diagnóstico de autismo, tamanho o isolamento social do aluno. De fato, Francisco vivia em seu mundo, ou no mundo da lua, fazendo muitos desenhos, usualmente submerso em sua imaginação. Com isso, não acompanhava o desempenho escolar aguardado para sua idade. Na escola anterior, tinha recebido auxílio psicológico e psicopedagógico e seus pais fizeram psicoterapia familiar. Com base nessa terapia, a psicóloga sugeriu que a organização familiar prejudicava o desenvolvimento de Francisco, porque não o estimulava à autonomia e à responsabilidade. Também não colocava regras de sono para ele, o que permitia que ele dormisse muito tarde, desregulando seu ciclo sono-vigília. Com base na solicitação que descrevemos anteriormente, Francisco foi encaminhado para um Centro Municipal de Atendimento Especializado (Cemae), sendo avaliado por uma pedagoga e por uma psicóloga. A conclusão das profissionais foi a seguinte:

> Com base no que foi observado durante o processo avaliativo, verificou-se que as dificuldades acadêmicas de "Francisco" podem ser decorrentes da defasagem cognitiva, aspectos emocionais e vinculação negativa com a aprendizagem formal.

Foi solicitado, então, que Francisco fizesse atendimento em pedagogia especializada, psicologia e, ainda, avaliação clínica em otorrinolaringologia, neurologia e oftalmologia.

O teste de otorrinolaringologia indicou sinais de rinite inespecífica e hipertrofia de adenoide, dado significativo, porque problemas respiratórios correlacionam-se com dificuldades de aprendizado. Os outros exames mostraram normalidade, incluindo o de eletroencefalografia e imageamento por ressonância magnética funcional, sugerindo que o cérebro do estudante estava funcional. Por fim, Francisco, que parecia não ouvir as pessoas, evidenciou capacidade auditiva também normal.

Como você observa essa situação? Com base nesses dados, quais causas você atribuiria à dificuldade de aprendizagem desse aluno?

Voltaremos ao caso de Francisco ao final do capítulo. Agora, vamos explorar temas específicos em neuroeducação.

## 6.3 Temas específicos em neuroeducação

Nesta seção, vamos explorar alguns aspectos que influenciam a atenção, bem como o desenvolvimento da atenção plena (mindfulness). Além disso, apresentaremos metodologias ativas para novos tempos e novas cognições. Por fim, vamos conhecer um exemplo de neuroeducação e inovação: o sistema educacional da Finlândia.

### 6.3.1 Sono

Quão importante ele é? Estudos têm relacionado o sono insuficiente a doenças como diabetes, obesidade, depressão e, também, a doenças cardiovasculares. O sono é essencial para regular o humor e, portanto, se é importante para a saúde em geral, não poderia ser diferente para o aprendizado!

Nesse âmbito, pesquisas sugerem que

a quantidade adequada de sono é fundamental para a aprendizagem. As memórias tornam-se mais estáveis durante a noite durante o sono profundo, e o cérebro passa por memórias e decide o que manter e o que não deve manter. A falta de sono pode reduzir a capacidade de aprendizagem em até 40%, de acordo com os Institutos Nacionais de Saúde (2012). Muitos concordam que o sono é crucial para a memória, em particular para as funções interativas da memória de trabalho, memória de longo prazo e atenção. (Lyman, 2016, p. 40, tradução nossa)

O sono é importante porque é durante esse período que as memórias que ficam temporariamente guardadas no hipocampo são definitivamente registradas ou consolidadas em áreas corticais ou superiores do córtex.

De fato, o momento mais crucial para as memórias serem movidas do hipocampo para o neocórtex é durante as duas últimas horas de sono (por exemplo, da hora 5:30 às 7:30 ou das horas 7 a 9) [...]. Portanto, quando reduzimos a duração do sono, estamos diminuindo a capacidade do cérebro de transferir as lembranças do armazenamento de curto prazo para o armazenamento a longo prazo. Isso efetivamente diminui a aprendizagem que mantemos no dia anterior. (Lyman, 2016, p. 40, tradução nossa)

Lyman (2016) apresenta uma referência de quantas horas deveríamos dormir por noite, fornecida pelo Instituto Nacional de Saúde dos Estados Unidos, em 2012, mostradas no quadro a seguir.

**Quadro 6.1 – Horas de sono diário por idade**

| Idade em anos | Recomendação diária de sono |
|---|---|
| 0-3 | 16-18 horas |
| 4-5 | 11-12 horas |
| 6-12 | 10 horas no mínimo |
| 13-19 | 9-10 horas |
| Acima de 20 | 7-8 horas |

Fonte: Lyman, 2016, p. 40, tradução nossa.

A falta de sono adequado pode levar à sonolência diurna, especialmente em adolescentes, fator que prejudica várias atividades e pode tornar difícil prestar a atenção e aumenta a impulsividade, a irritabilidade e a depressão. A utilização de equipamentos eletrônicos (televisão, computador, *tablet*, celular) a noite e, ainda, no quarto de dormir reduz quantidade e qualidade do sono, afetando o desempenho escolar. Em síntese, há que se ter ou garantir um programa para dormir e manter os equipamentos eletrônicos desligados (Lyman, 2016).

### 6.3.2 Alimento e água

Do ponto de vista metabólico, o cérebro é o órgão mais ativo e exigente no corpo humano. Ele tem 1/40 de nosso peso, mas consome 1/5 de glicose produzida pelo corpo. Um cérebro adulto saudável produz energia suficiente para acender uma lâmpada de 25 watts. Daí podemos deduzir um pouco da importância da alimentação sobre o aprendizado. A fome, a desnutrição e o estresse deles decorrentes produz prejuízos irreversíveis no cérebro (Lyman, 2016).

Segundo o canal de notícias TNH1 (2018), "O Brasil é o 9º país com o maior número de pessoas com fome, tem 15 milhões de crianças desnutridas. 45% de suas crianças menores de cinco anos sofrem de anemia crônica" (TNH1, 2018).

A pobreza e uma de suas consequências, a fome, atrasa o desenvolvimento das crianças nos níveis cognitivo, social e emocional, reduzindo suas capacidades para leitura, linguagem, atenção, memória e resolução de problemas. Ainda, dificulta a capacidade de concentração e estudo. Mesmo que uma criança passe fome apenas no início de sua vida, isso afetará seu desempenho futuro.

Como afirma Lyman (2016, p. 46, tradução nossa), a "fome resulta em um QI menor e uma matéria cerebral menos desenvolvida. A fome também prejudica o funcionamento decisivo do cérebro".

Segundo Lyman (2016), os centros para controle e prevenção de doenças[1] dos Estados Unidos indicam que uma alimentação de qualidade voltada a maximizar a energia do organismo deve incluir carboidratos complexos, encontrados em frutas, grãos integrais e vegetais. Esses alimentos produzem benefícios nutricionais mais duradouros, diferentes dos efeitos dos carboidratos simples, que incluem os açúcares, farinha branca e seus derivados (pães brancos, bolachas etc.), os quais devem ser evitados. Além dos carboidratos de qualidade, é também necessário proteínas de qualidade, que incluem ovos, carnes magras

---

[1] CDC – Centers for Disease Control and Prevention. Disponível em: <https://www.cdc.gov/>. Acesso em: 16 nov. 2020.

e leite. Combinando carboidratos complexos, boa proteína com **hidratação**, assegura-se que os cérebros dos alunos estão preparados para aprender! Sessenta e seis por cento de nosso corpo é composto por água – no caso do nosso cérebro, 80% dele é água! Assim, manter o organismo hidratado é também crucial ao aprendizado. Por exemplo, a noite perdemos água em níveis significativos, a qual deve ser reposta ao acordar.

Mesmo níveis leves de desidratação podem afetar o desempenho de aprendizagem do cérebro. Os neurônios no cérebro mantêm a água em pequenas estruturas semelhantes a balões conhecidas como vacuolas [...]. A água é necessária para a produção cerebral de hormônios e neurotransmissores, componentes críticos para o sistema de comunicação do cérebro. Uma pessoa que está desidratada pode, em última análise, experimentar fadiga, má concentração e habilidades cognitivas reduzidas [...] Se uma pessoa não está comendo uma dieta saudável e equilibrada, o cérebro está em risco. Além da hidratação, os cérebros dos alunos exigem alimentos nutritivos para a energia aprender. O cérebro irá realizar de forma mais eficiente e efetiva quando os níveis de glicose no sangue forem relativamente estáveis [...]. Com tantas opções de alimentos disponíveis, também é importante para as escolas servir alimentos de qualidade que beneficiem o cérebro na aprendizagem. Um cérebro desidratado e com fome é aquele que não está pronto para prestar atenção e aprender. (Lyman, 2016, p. 47-48, tradução nossa)

Sendo a nutrição essencial ao aprendizado, as escolas devem garanti-la durante o período escolar e também oferecer educação nutricional. Esse é o objetivo do Programa Nacional de

Alimentação Escolar (PNAE), o qual, em março de 2018, completa 63 anos, sendo considerado uma experiência de muito sucesso na alimentação escolar pela Organização das Nações Unidas (ONU) e servindo como exemplo para programas similares em vários países. O PNAE é um dos programas do Fundo Nacional de Desenvolvimento da Educação (FNDE) que implementa as políticas educacionais do Ministério da Educação (MEC). É importante dizer que o PNAE nunca foi interrompido ao longo dos anos, mesmo com a mudança de governos!

Outro fator de destaque é que 30% dos recursos financeiros são voltados a compra de alimentos oriundos da agricultura familiar, fortalecendo, assim, os microprodutores, sua economia e cultura! "O PNAE oferece mais de 50 milhões de refeições todos os dias, mas, além da oferta de alimentos, tem um olhar especial para o aprendizado dos estudantes sobre alimentação e nutrição. Esse foco na educação alimentar tem o poder de modificar hábitos alimentares de jovens e crianças e de promover a saúde", comentou o presidente do FNDE, Silvio Pinheiro (Brasil, 2017c).

### 6.3.3 Exercício e movimento

E se o movimento fosse essencial ao aprendizado?

Os professores, muitas vezes, expressam frustração com os alunos saindo de seus assentos, circulando pela sala ou levantando para apontar lápis quando eles, obviamente, têm vários lápis apontados na mesa. Esse comportamento interrompe a sala de aula e pode levar alunos à perda de conteúdos e até mesmo se tornar rotulado com distúrbios comportamentais.

Por que os alunos, especialmente os meninos, muitas vezes, não conseguem ficar quietos? Mais importante ainda, devemos nos perguntar, por que estamos exigindo que os alunos se mantenham quietos? Que falsas crenças temos sobre a natureza do aprendizado que é equiparado a ficar sentado em uma mesa por horas a fio? (Lyman, 2016, p. 53, tradução nossa)

O sistema motor é parte integrante do processo de aprendizagem, é o primeiro sistema a se desenvolver, sendo crucial nos primeiros níveis de aprendizado. É também a base dos sistemas de atenção, ajudando a construir os circuitos frontais do cérebro, essenciais às FE e à atenção. Assim, quando os intervalos, nos quais as crianças se movimentam mais livremente, são reduzidos em favor do aumento de conteúdos teóricos, isso pode contribuir para os problemas de atenção e o funcionamento executivo inapropriado (Lyman, 2016).

Alunos desastrados, que se batem nas carteiras, derrubam coisas, por exemplo, podem estar refletindo sua incompletude de conexão dos sentidos corporais (noção do próprio corpo), ou seja, não estão completamente conscientes dos seus corpos no espaço. Nesse caso, o melhor a fazer é se movimentar intencionalmente, o que lhes permitirá o desenvolvimento das conexões com o lobo frontal, que, como já foi comentado, é crucial às FE.

O movimento está relacionado com a nossa intenção. Ele está diretamente ligado à nossa força de vontade e motivação e se liga intimamente com a aprendizagem. As entradas sensorimotoras do corpo passam por uma rede central do cérebro, os gânglios basais, críticos não só para controle motor, mas também centrais para a motivação e as redes de aprendizagem [...].

Além disso, esta rede está envolvida no TDAH [...]. A falta de oportunidade para o movimento leva a diminuição das chances de formar essas importantes conexões neurais, potencialmente causando problemas de motivação, atenção e aprendizado na vida adulta. (Lyman, 2016, p. 54, tradução nossa)

Para uma educação atualizada, baseada em ciência, reaprender o valor do movimento para o aprender e o ensinar é necessário! Aliás, o tema constitui-se numa linha específica de pesquisa: a cognição corporificada, ou incorporada.

**Cognição incorporada**

Muitas práticas em sala de aula, talvez a maioria delas, estão relacionadas à palestra e à linguagem, ativando os núcleos verbais do cérebro. No entanto, uma grande porção do cérebro está relacionada a processos não verbais, incluindo aqueles que se referem à matemática e à ciência, os quais se mapeiam, principalmente, por regiões não verbais. Se isso for considerado, a compreensão da matemática precisa surgir, principalmente, da nossa "mente incorporada". Por exemplo, nosso cérebro tem localização para proporções, e essas regiões não estão relacionadas aos centros verbais. Então, o estudo das frações, por exemplo, deveria ser predominantemente concreto, ou seja, baseado na manipulação de objetos, e não na construção de imagens, sejam elas mentais, sejam elas desenhadas.

Outro exemplo interessante é a utilização dos dedos das mãos para fazer gestos simbólicos como auxílio nas disciplinas de Química e Matemática. Alunos que usam esse tipo de recurso compreendem melhor os conceitos.

Parece que quando ativamos essas regiões do cérebro não verbal através de práticas que envolvem movimento, como o gesto, essa ativação permite que os conceitos sejam vinculados às representações verbais. A cognição incorporada liga experiências auditivas, visuais e sinestésicas através de sistemas multimodais totalmente envolventes do cérebro. Os sistemas motores demonstraram estar ligados à percepção, conceitos abstratos, atenção/memória, visão e linguagem. A cognição incorporada pode ser aplicada para melhorar a aprendizagem e envolver processos de ordem superior em várias áreas de conteúdo. Embora grande parte da pesquisa na cognição incorporada tenha sido feita em física, química e disciplinas de matemática com altas cargas conceituais abstratas – pesquisas também foram realizadas mostrando que simulações de eventos na história através de drama físico, ou promulgação de histórias usando adereços ou manipulações, aumentam a memória dos alunos e a capacidade de extrair inferências de histórias ou eventos históricos, e a gestualidade demonstrou melhorar a aprendizagem de línguas estrangeiras. (Lyman, 2016, p. 55, tradução nossa)

Movimento corporal, emoção e cognição são elementos sistêmicos da aprendizagem, de nossa adaptação e desenvolvimento criativo no mundo; por isso, precisam estar integrados à educação. São cruciais para o nosso "cérebro relacional", em particular através dos neurônios espelho.

**Movimento, sistema de motor e neurônios espelho**
Comentados anteriormente, os neurônios espelho, estão situados em várias áreas fundamentais do cérebro, como

o córtex frontal inferior, o córtex pré-motor ventral adjacente e o rostral do lóbulo parietal inferior. Foram descobertos acidentalmente por pesquisadores italianos, liderados por Giacomo Rizzolatti, quando faziam experimentos com macacos Rhesus, na Universidade de Parma (Gallese et al., 1996; Rizzolatti et al., 1996).

Eles se ativam quando fazemos algo e também quando observamos (ver ou ouvir) alguém fazer. Assim, involuntariamente, imitamos em nosso cérebro toda a ação observada. Eles estão relacionados à **teoria da mente**, que é a capacidade que temos de "prever o comportamento das outras pessoas, explorando nossas mentes como um modelo para simular a mente dos outros" (Callegaro, 2011, p. 67).

Fazemos uma mímica do que observamos ou ouvimos e, por isso, temos uma tendência de imitar o que é observado. Servem também para nos conectar uns aos outros, estimulando a empatia, contágio/ressonância emocional, por exemplo por meio da imitação das expressões faciais que observamos, o que se inicia em tenra idade – bebês de menos de um mês de idade – e segue ao longo de toda a vida. Essa imitação de microexpressões faciais é tão forte – ainda que, em geral, imperceptível – que casais que ficam longos anos juntos tendem a ser mais semelhantes do que aqueles que estão juntos há pouco tempo (Callegaro, 2011).

Os neurônios espelho estão relacionados a comportamentos/habilidades humanas, como a teoria da mente (como já citamos) e a imitação que a facilita, bem como ao aprendizado de habilidades novas. Ainda, estão relacionados à dedução involuntária (subliminar, pré-atencional) da intenção de outras pessoas, ou seja, de prever a intenção das ações alheias ainda não realizadas. Em síntese, por meio deles, espelhamos o toque, o movimento, as emoções e as intenções. Por meio disso, imaginamos o que se passa na mente dos outros (teoria da mente), aprendemos e interagimos de forma social (Rodrigues; Oliveira; Diogo, 2015; Mendes; Cardoso; Sacomori, 2008; Callegaro, 2011; Lameira; Gawryszewski; Pereira JR., 2006).

Esses neurônios podem também ser ativados de forma indireta, como ao ouvir um som associado à determinada ação – por exemplo, a quebra da casca de um amendoim – ou ainda pela dedução da continuidade de uma ação quando não a vemos ser finalizada. Também quando ouvimos alguém falar de uma ação, ativamos esses neurônios como se estivéssemos fazendo tal ação (Lameira; Gawryszewski; Pereira JR., 2006).

Um exemplo interessante é quando uma pessoa observa o movimento da boca de outra pessoa sem ouvir as palavras (o áudio é retirado) e áreas do cérebro relacionadas à compreensão da fala e gestos linguísticos são ativadas (área de Broca). Possivelmente, tais neurônios estejam relacionados com a origem da linguagem humana. Outras áreas onde esses circuitos estão presentes incluem o sulco temporal superior, o lobo parietal inferior e o giro frontal inferior, ativados quando se observa um movimento – como alguém pegar um objeto –, e o córtex somatossensorial, ligado às sensações corpóreas, caso em que o sistema de neurônios espelho é ativado quando tocamos, somos tocados ou observamos alguém ser tocado (Rodrigues; Oliveira; Diogo, 2015; Mendes; Cardoso; Sacomori, 2008).

Quanto ao contágio e/ou à ressonância emocional indicados, as áreas motoras e somatossensórias se sobrepõem àquelas de caráter mais explicitamente afetivo (Pillay, 2011), como a amigdala e a ínsula, como foi evidenciado no experimento com o sentimento da aversão, realizado por Rizzolatti e Craighero (2005, citado por Mendes; Cardoso; Sacomori, 2008).

Por tudo isso, esses circuitos de imitação são cruciais ao processo de educar e aprender, estando na base do aprendizado. Mas haveria algo mais?

De acordo com Lyman (2016, p. 57, tradução nossa), "uma vez que assistir ou visualizar uma atividade ativa as mesmas áreas motoras que envolvem essa atividade, os educadores propuseram que ver as ações dos outros ou visualizar animações fosse mais eficaz do que diagramas estáticos".

Fazer, observar ou imaginar movimentos corporais relacionados a conteúdos teóricos poderia auxiliar a sua compreensão? Nesse sentido, sugerem alguns estudos:

> Em sua revisão da literatura sobre cognição e visualizações incorporadas, BB de Koning e Huib Tabbers dão várias sugestões para aumentar a eficácia desta abordagem: (1) deixar o aluno seguir os movimentos usando gestos, (2) fazer o aluno manipular os movimentos através da interação com a animação, (3) incorporar os movimentos na animação usando uma metáfora do corpo e (4) estimular os alunos a reconstruir o processamento perceptual dos movimentos no teste. (Lyman, 2016, p. 57, tradução nossa)

Com exceção do período do recreio e da educação física, o movimento corporal nunca foi bem visto no que se refere ao processo de ensino-aprendizagem. Os estudos atuais sugerem fortemente que essa abordagem está completamente equivocada.

As descobertas e sugestões gerais apontam para a necessidade de engajar intencionalmente os sistemas motores para obter os benefícios. [...] Esperemos que o crescente corpo de pesquisa ajude a mudar a estrutura das experiências de aprendizado de nossos alunos para incorporar movimentos regularmente em todas as salas de aula, e não apenas trinta minutos por dia de educação física. O movimento na escola serve para um propósito além de simplesmente aumentar a aprendizagem de matemática ou aumentar a compreensão de leitura. O movimento é fundamental para preparar o cérebro para aprender. [...] O movimento é o alicerce para a construção de redes de atenção, motivação e função executiva. [...] Experiências de aprendizagem apropriadas que incluem o movimento envolvem redes de atenção. As atividades de sala de aula que incluem o movimento devem se tornar componentes críticos de qualquer currículo para garantir o pleno desenvolvimento de atenção e sistemas de memória de trabalho no cérebro. Esta abordagem sustenta uma solução potencial para os problemas de atenção crescente, incluindo o TDAH, enfrentados por muitos estudantes em nossas escolas [...]. (Lyman, 2016, p. 57-58, tradução nossa)

Imagine como seria o aprendizado se a supermotivação dos estudantes para o recreio fosse equivalente para a sala de aula, ou seja, que a sala de aula propiciasse tanto prazer como o recreio! Todo o engajamento e atenção voltados ao aprender! E por falar em atenção...

### 6.3.4 *Mindfulness*

Essa expressão pode ser traduzida de muitas formas, a mais comum delas é **atenção plena**. Nesse sentido, refere-se ao traço ou estado mental de estar atento, intencionalmente, à experiência presente. [...] está atento, de forma deliberada, ao fenômeno que se desenvolve aqui e agora, com aceitação e sem julgar. O traço *mindfulness* descreve a personalidade que tende a adotar uma atitude de aceitação – centrada no presente – e m relação à própria experiência. [...] aceitação não significa resignação; é uma tentativa de não julgar, uma curiosidade isenta de julgamento, ou abertura ao desenvolvimento da experiência imediata, seja ela positiva ou negativa. Assim, *mindfulness* envolve dois componentes fundamentais: autorregulação da atenção e uma orientação aberta à experiência. ( Cebolla i Marti; Garcia-Campayo; Demarzo, 2016, p. 19-20, tradução nossa)

O aspecto da **regulação da atenção** implica manter o foco na experiência imediata para perceber melhor as sensações corporais, incluindo os sentidos sensoriais e, ainda, os estados ou experiências mentais. O componente ligado à **abertura para experiência** inclui curiosidade, receptividade e aceitação. Em outras palavras, uma tentativa de acessar a realidade mais crua, para além dos nossos filtros e vieses cognitivos, afetivos e culturais, os quais nos trazem reações padronizadas por situações prévias (Cebolla i Marti; Garcia-Campayo; Demarzo, 2016).

Considerando-se que nossa natureza mental é, usualmente, de inquietude, e que o julgar é um processo natural e essencial à nossa adaptação – estamos constantemente avaliando tudo o que muda para podermos agir de forma adaptativa –, o conceito de *mindfulness* pode parecer estranho ou, mesmo, sugerir algo intangível. Por essa razão, a compreensão do seu significado apenas pode ser alcançada por meio da prática, ou melhor, do treino sistemático, visto que não o fazemos de forma espontânea. Trata-se de uma capacidade inata, porém praticamente inexplorada, e, no contexto contemporâneo, caracterizado por uma multiplicidade de tarefas e estímulos, desenvolver *mindfulness* é tanto um imenso desafio quanto uma importante necessidade, haja vista que

> está relacionado a vários indicadores da saúde física e psicológica como, por exemplo, maior equilíbrio do sistema nervoso autônomo (simpático e parassimpático), níveis mais elevados de afeto positivo, satisfação com a vida, vitalidade e menores níveis de afetos negativos e de outros sintomas psicopatológicos. (Cebolla i Marti; Garcia-Campayo; Demarzo, 2016, p. 21)

O treino da atenção traz, como consequência imediata, menor reatividade aos estímulos externos e, por conseguinte, maior regulação e flexibilidade emocional e cognitiva. Centrar nossa atenção no presente, que inclui observar nossos próprios pensamentos, descortina que muitos deles se relacionam ao passado ou ao futuro. Nossa conversa mental automática, elaborada por nosso intérprete cerebral, torna-se mais evidente e acaba por gerar uma experiência menos narrativa (Cebolla i Marti; Garcia-Campayo; Demarzo, 2016; Gazzaniga; Ivry; Mangun, 2006).

Reduzindo a reatividade aos estímulos externos e internos, trazendo maior controle emocional e cognitivo, o *mindfulness* reduz também o estresse e seus nocivos efeitos, como a destruição de células neuronais.

Os alunos que vêm para a escola de ambientes estressantes têm demonstrado níveis mais altos do hormônio do estresse cortisol. A elevação crônica do cortisol mostrou danificar as células no hipocampo, uma região do cérebro importante na aprendizagem e na memória. Portanto, reduzir o estresse nos estudantes é mais do que a saúde emocional; é fundamental para a biologia da aprendizagem em si. As escolas estão apenas recentemente experimentando práticas de atenção plena, meditação e movimento com consciência. (Lyman, 2016, p. 57, tradução nossa)

Vivemos num mundo globalizado e somos bombardeados por uma imensidade de estímulos e informações – "infoxicação" – e demandados a desenvolver múltiplas e complexas atividades. **Habitamos alucinante velocidade!** O mundo vive mudanças (crises) econômicas, culturais e políticas intensas. O Brasil é um excelente exemplo disso! Tudo isso pode nos levar ao estresse e ao esgotamento, o que se reflete na educação, afetando educadores e educandos (Cebolla i Marti; Garcia-Campayo; Demarzo, 2016).

Nesse contexto, programas de *mindfulness* são muito importantes na educação. Pesquisas com *mindfulness* têm sido realizadas nos últimos 30 anos com resultados muito positivos, gerando um amplo reconhecimento científico e cultural de tais práticas. O seu uso na educação é um benefício gerado por essas pesquisas. Em complemento, tal aplicação vem sendo sistematicamente estudada.

Meiklejohn et al. (2012) revisaram dez programas de *mindfulness* aplicados à educação, sendo que a maior parte deles foi avaliada por meio de estudos experimentais, com base em 14 pesquisas. Os resultados corroboraram os benefícios cognitivos, sociais e psicológicos nos alunos de ensino fundamental e médio. Crianças e adolescentes experimentaram efeitos que: "incluem melhoras nos seguintes aspectos: na memória de trabalho, atenção, competências acadêmicas, habilidades sociais, regulação das emoções, auto estima, estado de ânimo e redução da ansiedade, do estresse e da fadiga" (Cebolla i Marti; Garcia-Campayo; Demarzo, 2016, p. 116).

Os programas que foram avaliados podem ser vistos no quadro a seguir. Na nota de rodapé, você encontra os endereços eletrônicos.

**Quadro 6.2** – Programas internacionais de *mindfulness* aplicada à educação

| Programa[2] | País | Idade/grupo alvo | Anos em uso |
|---|---|---|---|
| Inner Kids Program | EUA | Pre-K-8 | 11 |
| Inner Resilience Program (IRP) | EUA | K-8, professores, pais e administradores | 9 |

*(continua)*

[2] Os endereços dos *sites* do programas estão entre parênteses: Inner Kids Program (www.susankaisergreenland.com); Inner Resilience Program (www.innerresiliencetidescenter.org); Learning to Breathe (learning-2breathe.org); Mindfulness in Schools Project (www.mindfulnessinschools.org); Mindful Schools (www.mindfulschools.org); MindUP (www.thehawnfoundation.org); Still Quiet Place (www.stillquietplace.com/); Stressed Teens(www.stressedteens.com); Wellness Works in Schools™ (www.wellnessworksinschools.com).

(Quadro 6.2 – conclusão)

| Programa | País | Idade/grupo alvo | Anos em uso |
|---|---|---|---|
| Learning to BREATHE | EUA | Adolescentes | 4 |
| Mindfulness in Schools Project (MiSP) | Inglaterra | 14–18 | 3 |
| Mindful Schools | EUA | K-12 | 5 |
| MindUP | EUA | Pre-K-8 | 8 |
| Sfat Hakeshev (The Mindfulness Language) | Israel | 6–13, professores e pais | 18 |
| Still Quiet Place | EUA | Pré-K-12, professores e pais | 10 |
| Stressed Teens | EUA | 13–18 | 7 |
| Wellness Works in Schools™ | EUA | 3–18 | 11 |

Fonte: Elaborado com base em Meiklejohn et al., 2012.

No Brasil também há exemplos importantes, como o realizado em Porto Alegre (RS) pelo projeto Sente, de iniciativa do Instituto da Família de Porto Alegre, que aplica mindfulness às crianças da rede pública de educação desde 2007. O programa, que já atingiu cinco escolas, é parte da educação socioemocional dessas crianças.

De acordo com Klaus Hensel, supervisor e professor no curso de Mindfulness e Educação Socioemocional do Sente: "Os benefícios mais comuns relatados tanto por alunos quanto por professores estão relacionados à melhoria das relações interpessoais, o desenvolvimento de habilidades de regulação emocional que diminuem a reatividade, um aumento no bem-estar e maior solidariedade entre os alunos" (Fontoura, 2018).

Outro programa similar, igualmente relacionado à inteligência emocional, aplica o *mindfulness* desde o início de 2017 para alunos do período integral do colégio Mary Ward, de São Paulo (SP). Também nessa cidade há um projeto pela cultura da paz na Escola Estadual Joaquim Luiz de Brito, na qual todos os alunos realizam sessões de meditação. Projeto semelhante também ocorre na escola de educação infantil Arte de Ser, nessa mesma capital (Fontoura, 2018).

Em Curitiba, no Paraná, nos anos 1980, 1990 e início dos anos 2000, a escola privada André Luiz, parte das Faculdades Integradas Espírita, ofertou práticas de yoga e meditação aos alunos do período integral do ensino fundamental. Tais atividades, com as quais tivemos a honra de colaborar, faziam parte de um programa de valores humanos desenvolvido pela instituição, o qual abrangia também todos cursos do ensino superior, especialmente com as disciplinas de Vipac (Vivências para autoconhecimento) e de Educação em Valores Humanos.

O *mindfulness* apresenta-se, assim, como uma tendência muito importante para o futuro, não apenas para a educação, mas também para outras áreas. Isso pode ser visto num projeto inovador do parlamento do Reino Unido, iniciado em 2015, que inclui o *mindfulness* nas políticas públicas de 4 áreas: saúde, educação, trabalho e sistema criminal. Com isso, o Reino Unido se torna a primeira nação *mindful* ocidental, o que pode ser visto no nome do relatório do parlamento – *Mindful Nation UK: Report by the Mindfulness* –, dando exemplo para as demais nações (Loughton; Morden, 2015).

Interessante notar que os estudos de neuroimagem verificam que o cérebro das pessoas que praticam *mindfulness* se modifica de forma estrutural e funcional, sendo que as principais áreas influenciadas são:

a) **Córtex cingulado anterior**: Implicado na atenção, na habilidade de manter o foco no presente.
b) **Ínsula**: Relacionada à consciência corporal, recebendo informações do corpo (sensações agradáveis ou desagradáveis). Ela aumenta de tamanho e torna-se mais ativa, permitindo mais percepção corporal e emocional.
c) **Córtex pré-frontal**: Diretamente ligado à orientação e à intensidade do foco, bem como ao controle emocional, sendo crucial na tomada de decisão.
d) **Amígdalas**: Ligadas à memória do significado emocional dos fatos, permitindo a avaliação sobre eles e o desencadeamento de respostas periféricas pertinentes.

Essas estruturas também se modificam de forma estrutural e funcional, reduzindo suas atividades. Ou seja, as pessoas que praticam *mindfulness* tornam-se menos reativas a estímulos emocionais, especialmente, aqueles de caráter aversivo (Cosenza, 2018; Cebolla i Marti; Garcia-Campayo; Demarzo, 2016).

Para completar este tópico, apresentamos no quadro a seguir as principais técnicas de *mindfulness*.

**Quadro 6.3** – Principais técnicas utilizadas na prática de *mindfulness*

| Práticas de *mindfulness* | Instrução | Objetivo |
|---|---|---|
| Comer em atenção plena (exercício da uva-passa) | Focar a atenção somente na experiência de comer; levar a atenção às sensações e aos sentidos enquanto se come. | *Mindfulness* em contraposição aos pensamentos automáticos. Atenção plena como transformadora da experiência. |
| Atenção plena nas atividades cotidianas | Focar a atenção nas atividades cotidianas que se realiza sem dar-se conta (tomar banho, dirigir etc.). | Aprender o quanto a mente é difusa e dispersa. Aprender como acessar uma nova forma de se relacionar com as experiências. |
| Meditação na contemplação das sensações, ou *body scan* (escaneamento corporal) | Colocar atenção nas diferentes sensações que surgem no corpo; começar pelos pés até chegar à cabeça e, depois, ao contrário. | Praticar conscientemente, focar e desfocar a atenção. Repetir a prática de dar-se conta, observar e voltar ao corpo. Aumentar a consciência corporal. Atenção plena em como as sensações são geradas no corpo, sejam agradáveis ou não. Dar-se conta da aversão gerada por algumas sensações. |
| Atenção plena na respiração | Usar a respiração como foco ou âncora da atenção. | Treinar a capacidade de manter a atenção no presente. |

(*continua*)

*(Quadro 6.3 – conclusão)*

| Práticas de mindfulness | Instrução | Objetivo |
|---|---|---|
| Prática dos 3 minutos | Meditação rápida, para realizar em qualquer momento do dia. São três frases: tomada de consciência (de pensamentos, emoções, sensações etc.); trazer a atenção ao presente; ampliar a atenção para todo o corpo. | Aprender a lidar com a divagação da mente; a ser amável consigo mesmo. |
| Movimentos corporais com atenção plena (mindful movements) | Levar a atenção aos movimentos do corpo enquanto faz alongamentos. Costuma-se utilizar posturas simples de yoga. | Aumentar a consciência corporal; repetir a prática de dar-se conta, observar e voltar o corpo. |
| Mindfulness caminhando | Levar a atenção ao processo de caminhar, tomando consciência de todos os músculos e movimentos necessários. | Praticar mindfulness em movimento. |

Fonte: Cebolla i Marti; Garcia-Campayo; Demarzo, 2016, p. 26-27.

*Mindfulness*, trata-se, assim, de um estilo de vida baseado na consciência e a calma, que nos permite viver de forma íntegra no momento presente. [...] Seu objetivo fundamental consiste em desmascarar automatismos, promover a mudança e a melhora em nossas vidas. [...] Da mesma forma que o exercício físico regular fortalece nossos músculos, exercitar-se com técnicas de atenção plena pode desenvolver em nós uma força interior, que nos permita viver de um modo muito mais desperto, mas consciente, e que nos possibilite desfrutar mais do positivo, enfrentar com serenidade o negativo, aprender mais com nossas experiências e, em suma, ser mais felizes. (Cebolla i Marti; Garcia-Campayo; Demarzo, 2016, p. 113-114)

Para obter mais informações sobre essas iniciativas, listamos no quadro a seguir algumas instituições internacionais e nacionais. Interessante notar que, no Brasil, parece ainda não existir uma associação de *mindfulness* relacionada à educação.

**Quadro 6.4** – Instituições internacionais e nacionais de *mindfulness*

| Instituições no mundo | Endereço na WWW |
|---|---|
| AME – Association for Mindfulness in Education | http://www.mindfuleducation.org |
| MiEN – Mindfulness in Education Network | http://www.mindfuled.org |
| Mindful Schools | https://www.mindfulschools.org/ |
| The Association for Contemplative Mind in Higher Education | http://www.contemplativemind.org/programs/acmhe |
| Mindfulness in Education Organizations | http://www.contemplativemind.org/resources/k-12 |
| ASCD Education Update: The Mindful Educator | http://www.ascd.org/publications/newsletters/education-update/nov14/vol56/num11/Mindfulness-Resources.aspx |
| UMASS – Medical School – Center for Mindfulness in Medicine, Health Care, and Society | www.umassmed.edu/cfm |

*(continua)*

*(Quadro 6.4 – conclusão)*

| Instituições no mundo | Endereço na WWW |
|---|---|
| Oxford Mindfulness Centre | www.oxfordmindfulness.org |
| Breathworks Mindfulness | www.breathworks-mindfulness.org.uk |
| **Instituições no Brasil** | **Endereço na WWW** |
| Centro Brasileiro de Mindfulness e Promoção da Saúde | www.mindfulnessbrasil.com |
| ABramind – Rede aberta de mindfulness | http://www.abramind.org/ |
| Centro Paulista de Mindfulness | https://spmindfulness.com.br/ |
| Viva Mindfulness | https://www.vivamindfulness.com.br/ |
| Centro Brasileiro de Pesquisa e Formação em Mindfulness – MBRP (Prevenção de recaída baseada em Mindfulness) – UNIFESP | http://www.mbrpbrasil.com.br/ |

## 6.3.5 Jovens formas de cognição

Como você já sabe, vivemos efervescente mudança! Uma parcela grande disso advém das novas tecnologias de informação e comunicação (TICs), que alteram diretamente o estilo de vida da sociedade, transformando também as formas de aquisição de conhecimentos de crianças e jovens, gerando novas formas de cognição. Essas mudanças são facilmente assimiladas por crianças e jovens, visto que nasceram numa cultura virtual: são os nativos digitais. No entanto, pais e professores – imigrantes digitais – podem sentir dificuldade em aceitar as novas formas de aprender, podendo, inclusive, estigmatizar crianças e jovens por seu comportamento característico de juventude urbana, nativamente alfabetizada na era digital (Paula, 2012; Pereira, 2018).

Essas novas formas desafiam os conceitos de que a atenção e a concentração necessárias à aprendizagem se manifestam em atitudes de silêncio e estaticidade, hoje dificilmente encontradas em grupos infanto-juvenis, e mesmo nas formas em que o interesse se manifesta. A incompreensão dos profissionais da escola sobre o comportamento infanto-juvenil parte de uma concepção do normal e patológico, baseado em padrões já ultrapassados, sem considerar as mudanças socioculturais que a família e a sociedade atravessaram nas últimas décadas. Tais mudanças alteraram o cotidiano familiar com forte impacto na vida das crianças e jovens e por sua vez modificaram também sua relação com o estudo e as formas de aquisição de conhecimentos, logo com os modos de aprender e apreender a realidade à sua volta. [...] Hoje, fala-se de uma pedagogia da juventude que leve em conta a especificidade do jovem como sujeito sociocultural. É patente o desconhecimento da escola e de seus profissionais em relação aos jovens alunos: seus interesses, seus hábitos culturais, as formas como se relacionam uns com os outros, sua relação com a leitura, o grau de responsabilidade e autonomia que possui de acordo com os arranjos familiares, suas atitudes frente ao conhecimento e às tecnologias, enfim como transcorre em suas vidas fora da escola. (Paula, 2012, p. 23-24)

Se a escola desconhece essa realidade, não se atualiza diante do inevitável mundo digital – *the second life* –, não consegue competir e, ainda, acusa o aluno por seu desinteresse, indicando que seu fracasso, repetência e evasão são de sua quase exclusiva responsabilidade. É necessário que a escola reaprenda sobre a infância e a juventude atuais. No entanto, não é possível conceber um único tipo de infância e juventude, visto que fatores como classe social, meio urbano ou rural, etnia e gênero, entre outros, podem ser determinantes de uma forte diversidade. Mas é evidente que o fracasso escolar atinge mais os jovens de camadas sociais menos privilegiadas, em especial, aqueles de periferias urbanas – as favelas –, "comprometendo projetos futuros de melhoria da qualidade de vida, de ingresso no mercado de trabalho, de afirmação de sua identidade social e da própria cidadania e mesmo de sua sobrevivência" (Paula, 2012, p. 25).

O aspecto econômico é fator determinante, visto que algumas escolas de prestígio, aquelas com altos índices de aprovação em vestibulares das boas universidades, já se adaptaram a

> uma cognição diferenciada dos adolescentes, aparentemente dispersos e inquietos, mas paradoxalmente ligados no assunto da aula. Nestas escolas há uma indisciplina generalizada dos alunos, manifesta na ocorrência diária de barulho e de uma aparente desordem nas aulas, com os professores tendo que esperar até que a turma fique em silêncio e a constatação de uma certa indisciplina e menos rigor, na forma como os alunos realizam as tarefas escolares. Surpreendentemente, essas atitudes não repercutem negativamente sobre o rendimento escolar, sugerindo que há um novo modo desses jovens lidarem com o estudo, mas leve e descompromissado, mas também mais autônomo e não menos eficiente. (Paula, 2012, p. 26)

Uma pesquisa realizada nessas escolas revela que tais jovens têm grande capital de informações, advindo, principalmente, do uso das novas tecnologias – capital que também se relaciona com novas formas de entretenimento. Infelizmente, as escolas das crianças e jovens de classes sociais populares oferecem um ensino desqualificado e desatualizado, que limita as oportunidades de aprendizagem e reafirma as desigualdades sociais (Paula, 2012).

As novas tecnologias hoje presentes no cotidiano das famílias de camadas médias, mas também acessíveis a uma ampla parcela de jovens das periferias urbanas, ainda que não disponíveis em sua residência, alteram padrões cognitivos. Os jovens estão cada vez mais plugados, antenados, ligados ao que ocorre a sua volta, mas isso se dá na forma do *zapping*, da hipermídia, da desconstrução de modelos, construindo o conhecimento como um caleidoscópio que a cada momento produz novas imagens. Não é de se admirar que na "mesmice" das aulas os alunos estejam desatentos, visto que os estímulos tornam-se mais pobres, menos coloridos, sonoros e cinéticos. Como dizer que uma criança ou jovem não tem capacidade de atenção na escola se quando a mesma joga um videogame sua atenção, percepção e concentração estão sendo utilizados em grau elevado. (Paula, 2012, p. 27)

A tecnologia revolucionou nossa forma de adquirir e lidar com a informação. Por exemplo, vídeos sobre quaisquer conteúdos escolares são acessíveis à maioria das crianças e jovens, permitindo-lhes acesso diverso, criativo, motivador e, muitas vezes, mais atualizado a esses conteúdos. É possível aprender em qualquer lugar ou hora, o que torna os estudantes ativos ou proativos nesse processo. Com isso, a escola perde seu poder de ser a única a transmitir esses conhecimentos.

A escola deve, portanto, concentrar-se mais na forma de ensinar, integrando as novas tecnologias e não disputando com elas, pois não tem qualquer chance de vencer. Pais e professores precisam aprender sobre essa cultura digital, visto que não lhes é nata. Precisam se atualizar, inclusive, para poder ensinar sobre os riscos que ela também apresenta.

A começar pelo senso crítico que jovens, e mesmo crianças, precisam ter diante das fontes e dos conteúdos disponíveis: muitos deles são de baixa qualidade, ou mesmo equivocados, ou ainda apresentam valores negativos. Também quanto ao grau de exposição e à segurança dos dados postados vitualmente. Em complemento, quanto à quantidade de tempo dispendido com essas tecnologias, **se não houver limites de uso, o mundo virtual engole o real!** Isso, por vezes, pode ser útil para pais e mães, que vêm seus filhos(as) absorvidos, quietos, sem oferecer demandas nem problemas!

Talvez, a maior dificuldade dos imigrantes digitais, pais e professores com mais de 30 anos, seja a mudança na relação de poder que tinham e têm sobre seus filhos/estudantes. Estes, por terem facilidade técnica com o mundo digital, passam a interagir de forma autônoma na obtenção de conhecimentos, no aprendizado, no entretenimento, na apreensão e produção da cultura. Tudo isso lhes "empodera" de forma nunca pensada. Em contrapartida, pais e professores têm um trabalho mais árduo, pois precisam migrar para o novo mundo, se alfabetizarem nele, estando em situação de desvantagem em relação aos nativos, doutores na área. Essa facilidade técnica dessa nova geração de crianças e jovens lhes estimula a independência, a liderança, a proatividade e a fluidez.

Esse novo perfil de estudantes mais ativos exige um **novo perfil de professores(as)**, que tenham mais contato com esses(as) alunos(as) e com a tecnologia que dominam, bem como favoreçam ambientes mais informais, receptivos a métodos inovadores – contexto no qual poderão integrar sua experiência e conhecimento, adicionando um olhar culto, crítico e ético, facilitando e potencializando o aproveitamento de tantos recursos metodológicos.

Nesse sentido, a mudança cultural será maciça quando, de uma sala tradicional, centrada no professor, for trocada para um ambiente de aprendizagem mais inovador, eficaz, flexível e centrado no aluno. Em um ambiente moderno, centrado no aluno, o papel do professor, com certeza, se torna mais importante. A **tecnologia dá ao educador liberdade e flexibilidade para utilizar melhor sua experiência pedagógica e de sua área de conteúdo**. (Pereira, 2018, p. 48, grifo nosso)

Esse é o contexto das **metodologias ativas**, as quais resgatam justamente o papel ativo dos(as) estudantes, algo nada novo do ponto de vista filosófico, se pensarmos em Vigotsky ou, mais recentemente, em Paulo Freire, para citar apenas dois exemplos.

### 6.3.6 Metodologias ativas

"Temos alunos do século XXI, professores do século XX e metodologia do século XIX." (Cortella, citado por Fousp, 2020)

Nas metodologias ativas, ou inovadoras, o papel do professor é modificado, "daquele que ensina para aquele que faz aprender e também aprende", favorecendo a autonomia e a motivação dos(as) estudantes, que passam a ser corresponsáveis por seu processo de formação (Pereira, 2018).

ao contrário do que acontece na aprendizagem passiva, bancária, baseada somente na transmissão de informação, neste novo modelo de aprendizagem, o aluno assume uma postura mais ativa, ele resolve problemas, desenvolve projetos e cria oportunidades para a construção de conhecimento. O professor, nesse cenário, será o orientador, motivador e facilitador da ação educativa.

[...] algumas características das Metodologias Ativas [...]: motivam os estudantes por serem significativas para eles; fazem com que os mesmos estejam ativos e reflexivos; permitem a colaboração (porque são desenhadas para que um aluno auxilie o outro, construindo o conhecimento coletivamente); facilitam o desenvolvimento de competências e habilidades cognitivas superiores; estão ligadas ao conhecimento do mundo real; fazem os estudantes tomarem para si a responsabilidade de aprender; colocam o professor no papel de mentor; buscam aproximar as discussões da escola com o mundo real. (Pereira, 2018, p. 50)

Entre as metodologias ativas, podemos citar a **aprendizagem baseada em problemas**, na qual um problema é apresentado e os(as) estudantes devem investigá-lo em pequenos grupos, buscando resolvê-lo. Os grupos são auto-organizados, possuindo coordenador e secretário. Para estimular a liderança por todos no grupo, esses papéis são revezados a cada sessão de atividade. Ao final, deverão apresentar os resultados obtidos e o problema deve ser rediscutido, integrando-se os novos conhecimentos.

Semelhante a essa abordagem temos a **aprendizagem baseada em projetos**, na qual estudantes desenvolvem projetos reais, considerando problemas ou desafios importantes do seu contexto. De forma colaborativa e autônoma, decidem a questão inicial, planejam estratégias e implementam ações. Com isso, desenvolvem habilidade de gerenciamento de tempo, organização de objetivos, responsabilidade e autoavaliação.

A **aprendizagem baseada em *games***, ou *gamificação*, mais bem comentada no Capítulo 3, basicamente explora o uso de elementos de jogos para motivar a realização de tarefas, incluindo o aprendizado. Os jogos têm imenso poder sobre os humanos, podendo ser explorados tanto na perspectiva da competição saudável como no que se refere à cooperação (Alves, 2015).

E que tal inverter o modelo de ensino com apoio da tecnologia? É isso justamente o que propõe o método da **sala de aula invertida** (*flipped classroom*), que permite aos(as) estudantes serem os sujeitos de sua aprendizagem, explorando ter domínio sobre os conteúdos de forma autônoma, por meio da organização de atividades colaborativas prévias, sejam elas virtuais, como aulas por vídeo, sejam presenciais. Assim, quando o tema é abordado em sala, os(as) estudantes já estão em posição diferente, ativa, aptos a criar conhecimento pela discussão, pela resolução de problemas ou por meio de projetos. Isso tudo de forma colaborativa, tendo o professor como mediador.

O ***blended learning*** é uma modalidade de ensino a distância (EaD) que combina atividades presenciais e a distância, buscando integrar o "melhor dos dois mundos", virtual e presencial. Nessa modalidade, a metodologia invertida se encaixa como uma luva (Valente, 2014; Pereira, 2018).

Característica comum entre as várias metodologias ativas é o estímulo à cooperação, sendo a **aprendizagem por pares** ou por colegas (*Peer Instruction*) um bom exemplo disso, tendo nascido de uma dificuldade do professor de física da Universidade de Harvard, Eric Mazur, o qual, ao não conseguir explicar um conteúdo de forma que seus alunos entendessem, solicitou que se sentassem com colegas próximos e discutissem, procurando soluções. O método foi desenvolvido e é atualmente usado em inúmeras de escolas e universidades no mundo, inclusive no Brasil.

Outra abordagem colaborativa é o ***design thinking*** (pensamento de *design*), método criativo para resolver problemas e elaborar projetos, cujo foco é o cliente. Muito usado por empresas que buscam inovação, é um método:

a) **Centrado no ser humano**: Inicia na empatia, na busca pelo entendimento das reais necessidades e motivações das pessoas – estudantes, professores, pais, funcionários e gestores escolares.

b) **Colaborativo**: Múltiplas mentes e perspectivas ampliam a capacidade de criação e resolução.

c) **Otimista**: Todos podemos criar mudanças; independentemente das restrições e dificuldades enfrentadas, o processo pode ser sempre divertido e envolvente.
d) **Experimental**: Oferta liberdade de inovar, correr riscos, errar, repensar.

Modelos ideais, de uma perfeição a ser alcançada, são limitadores da exploração, da mudança, do crescimento colaborativo, do aprendizado pela prática. "Em resumo, *design thinking* é a confiança de que coisas novas e melhores são possíveis e que você pode fazê-las acontecer. E de que certo otimismo é bem-vindo na educação" (Ideo, 2014, p. 11).

Na prática, o pensamento de *design* é aplicado com base em cinco fases:

1. **Descoberta**: Encontrar um desafio, por exemplo, professores da Ormondale Elementary School, Califórnia, que foram desafiados a imaginar um de seus estudantes em 2060 e que habilidades este deveria ter para conquistar sucesso nesse futuro.
2. **Interpretação**: Como os dados são interpretados, sintetizados em perguntas, por exemplo, "Como formamos um estudante com consciência global?".
3. **Ideação**: *Brainstorm* de possibilidades, que, no exemplo anterior, considerou: "ferramentas, *design* das salas de aula, currículo inclusivo e o sistema educacional como um todo".
4. **Experimentação**: Feitura de protótipos e planos de ação, no caso anterior, para aplicação ao longo de um ano escolar.
5. **Evolução**: O teste prático dos planos, a revisão e a reavaliação continuadas.

A Ideo (2014, p. 13) nos oferece um bom exemplo:

Ao longo de um ano, muitas soluções foram testadas, incluindo diversas abordagens para o currículo que integrassem na sala de aula projetos e aprendizagens temáticas. Os professores criaram novas formas de comunicação com os pais e uma professora recebeu um prêmio para renovar a sala de aula e criar um ambiente de aprendizagem diferente para seus alunos. Dedicaram tempo às reuniões semanais para discutir o que estava acontecendo, apoiar e aprender um com o outro. No segundo ano, evoluíram a partir de outro workshop onde analisaram as experiências conduzidas na escola. Eles desenvolveram um sistema para a aprendizagem investigativa a partir das experiências de todos, criaram colaborativamente padrões ímpares para sua escola, construídos sobre padrões estaduais, e pensaram novas abordagens de avaliação. Eles criaram um Manual de Aprendizagem Investigativa para ajudar qualquer um com referências e receberam um prêmio escolar local.

O *design thinking* surge para facilitar dinâmicas criativas e inovadoras e, ainda que relativamente novo, tem sido muito considerado nas metodologias ativas. Seu desenvolvimento na educação ocorreu quando a Ideo, considerada a empresa de *design* mais inovadora do mundo, socializou gratuitamente essa abordagem, orientada para educadores, publicando o *e-book Design thinking for educators* (Ideo, 2012), já traduzida para o português – *Design thinking para educadores* (Ideo, 2014) –, com orientações do passo a passo da utilização do método (Rocha, 2017).

O material indicado pode ser baixado gratuitamente nos *links* que se encontram nas referências, bem como um vídeo didático da pesquisadora Julci Rocha (2017) sobre *design thinking* na formação de professores pode ser visto no Youtube.

Quando pensamos em neuroeducação e em novas formas de cognição, especialmente aquelas estimuladas pelas TICs, precisamos também pensar em formas novas de educação, que, inevitavelmente, serão, ao menos em parte, mediadas pelas TICs. Nesse sentido, educadores e educadoras precisam se graduar nesses novos recursos e perspectivas ativas.

Por falar nisso, você se considera um(a) educador(a) *on-line*, ou seja, ligado(a) nas ferramentas de TICs? Faça o teste a seguir, marcando aquelas que você utiliza, conhece, mas não sabe como utilizar, ou mesmo desconhece!

**Quadro 6.5** – Ferramenta de educadores(as) *on-line*

| Ferramenta de educadores(as) *on-line* | Não conheço | Conheço, mas não sei utilizar | Conheço e utilizo |
|---|---|---|---|
| 1. Animoto | | | |
| 2. aTubeCatcher | | | |
| 3. Audacity | | | |
| 4. Bit.ly | | | |
| 5. Camtasia | | | |
| 6. Dropbox | | | |
| 7. Edmodo | | | |
| 8. Freemake Video Converter | | | |

*(continua)*

(Quadro 6.5 – conclusão)

| Ferramenta de educadores(as) *on-line* | Não conheço | Conheço, mas não sei utilizar | Conheço e utilizo |
|---|---|---|---|
| 9. GoConqr | | | |
| 10. Google | | | |
| 11. Hangouts On Air | | | |
| 12. Hot Potatoes | | | |
| 13. Lightshot | | | |
| 14. Mindmeister | | | |
| 15. MailChimp | | | |
| 16. Moodle | | | |
| 17. Movie Maker | | | |
| 18. MP3 Skype Recorder | | | |
| 19. PDFCreator | | | |
| 20. PhotoScape | | | |
| 21. Pic Monkey | | | |
| 22. Pixlr Editor | | | |
| 23. Powtoon | | | |
| 24. Prezi | | | |
| 25. Skype | | | |
| 26. SlideShare | | | |
| 27. Sound Cloud | | | |
| 28. Survey Monkey | | | |
| 29. Trello | | | |
| 30. Wordpress | | | |

Não há uma avaliação formal dos escores, mas você, naturalmente, vai tirar suas conclusões. A propósito, se você se interessou em conhecer e explorar mais essas ferramentas, além de explorar informações na internet, poderá acessar um material disponibilizado gratuitamente por Cristiane Mendes Netto (2016) em seu *e-book 30 ferramentas para o professor online*, resultado de palestra proferida no III Seminário Nacional de Tecnologias na Educação (Senated), em 2016. Essas questões constituem o sumário do *e-book*. Da mesma autora, o *e-book Autoria e colaboração em rede*, do IV Senated, em 2017, apresenta material complementar. Tendo interesse nesse material, acesse os *links* que constam nas referências.

Os professores e as escolas precisam adaptar-se a um processo de aprendizado diferente e bem mais difícil. Uma educação transformadora se dá com a adoção de ações pedagógicas que reflitam a complexidade da era presente. Se for dado o ambiente de trabalho adequado, os benefícios de um deslocamento de um modelo tradicional (transmissão da informação) para um modelo que seja personalizado, colaborativo e interativo serão enormes. (Pereira, 2018, p. 52)

Um exemplo concreto pode ser visto a seguir. Naturalmente, deve-se respeitar as imensas diferenças socioculturais e econômicas. Ainda assim, o sistema educacional na Finlândia é muito inspirador e, em grande medida, fundamentado em pesquisa, em evidência!

## 6.3.7 Neuroeducação e inovação: sistema educacional na Finlândia

Mudança, teste e inovação são cruciais à adaptação, à sobrevivência e ao desenvolvimento humano. É assim na natureza em geral, incluindo na espécie humana e em suas organizações, as quais nasceram desse mesmo processo.

A inovação só acontecerá através de uma mudança fundamental na cultura de nossas escolas, conduzida, em parte, pelos próprios professores, dependendo do seu papel crítico e em evolução. Empregadores, educadores, pais, líderes políticos estão se defrontando com a necessidade de se adaptarem às mudanças características desta geração. É fundamental, portanto, que o docente repense seu papel de educador, reformule seus pensamentos e suas práticas (Pereira, 2018, p. 52).

Pensar em neuroeducação e em novas formas de cognição é pensar em inovação, e existem muitos exemplos de experiências educacionais inovadoras pelo mundo e também no Brasil. Abramovay (2004), Maia (2003) e Fiuza e Lemos (2017) apresentam iniciativas dessa natureza no contexto nacional, o que também pode ser visto na Escola do Futuro[3], da Universidade de São Paulo (USP). Nesse mesmo sentido de inovação e tecnologia na educação, é importante mencionar o Seminário Nacional de Tecnologias na Educação (Senated[4]), que, na sua 4ª edição, em 2017, contou com mais de 10.000 inscritos, em sete dias de palestras e mais de 40 palestrantes[5], num evento gratuito! (Steve, 2019).

Considerando o panorama internacional, um modelo que não pode deixar de ser citado é o desenvolvido na Finlândia, visto que é exemplo de sucesso em neuroeducação e envolve

---

3   Para mais informações, acesse: <https://www.futuro.usp.br/>.
4   Para mais informações, acesse: <https://www.senated.com.br/>.
5   Algumas dessas apresentações podem ser vistas no Youtube, bem como outros vídeos relacionados ao tema. Para isso, acesse: <www.youtube.com/watch?v=oFVM5Wv-DDU&sns=em>.

um país inteiro, sua cultura, sua economia etc. Não coincidentemente, seus estudantes conquistam posições muito boas no Programa Internacional de Avaliação de Estudantes (Pisa – *Programme for International Student Assessment*), da Organização para a Cooperação e Desenvolvimento Econômico (OCDE). Em 2015, a Finlândia ocupou a 5ª posição e o Brasil, a 63ª entre os 70 países considerados (Camargo; Daros, 2018; OECD, 2018).

Em 2013, tivemos a oportunidade de participar do Seminário Internacional sobre Sistema de Educação da Finlândia, promovido pela Fundação de Estudos Sociais do Paraná – FESP (Curitiba), pela Embaixada da Finlândia e pela associação Gente de Bem. Esse seminário foi apresentado por Seija Mahlamäki Kultanen e Hämäläinen Kauko Kalev[6]. Segundo eles (Kultanen; Kalev, 2013), as escolas variam de tamanho (de 300 a 10.000 estudantes) e os estudantes com necessidades especiais estudam em programas integrados. Existem poucas instituições especializadas para estudantes com restrições severas. O ensino é uma rede extensiva com a vida e o trabalho, sendo os estudantes preparados para aplicar o que aprendem na prática. Em decorrência disso, o objetivo não é treinar as crianças e jovens para ter bom desempenho nos testes! A avaliação é participativa e multifatorial e envolve: "representatividades da vida do trabalho, cooperação e processos sociais, comunicação, comparação com objetivos predefinidos, decisões éticas.

---

[6] Seija Mahlamäki Kultanen, diretora de treinamento do Ensino Profissional para Professores da Universidade de Hämeenlinna de Ciências Aplicadas. Hämäläinen Kauko Kalev, diretor do Centro de Educação Continuada da Universidade de Heisinki, Vice-Presidente do Eucen (European Network for Continuing Education in Europe).

Os conteúdos teóricos são apenas um dos vários itens considerados" (Kultanen; Kalev, 2013).

Quanto ao processo didático, o desenvolvimento do aprendizado ocorre principalmente pela prática e pela pesquisa, esta baseada em projetos, na cocriação do conhecimento e na cooperação entre professor, alunos e empresas (aprendizado ativo e colaborativo). Busca-se a integração de diferentes assuntos dentro de perspectivas holísticas de ensino e aprendizado. O foco é a formação humanitária, capaz de reverter benefícios para a sociedade (Kultanen; Kalev, 2013).

A educação finlandesa teve como inspiração a pesquisa. Vários professores viajaram pelo mundo (Europa e América do Norte) para conhecer propostas e testar essas ideias na Finlândia. Assim, essa reforma educacional se consolidou como uma política de longo prazo, voltada a estabelecer a igualdade educacional e atenuar os níveis socioeconômicos. A educação é totalmente gratuita (livros, alimentos, cuidados com a saúde etc.) e a Educação Especial, ou inclusiva, é bem-organizada, bem como o aconselhamento voltado a atender demandas pessoais, ou educação personalizada (Kultanen; Kalev, 2013).

Algo que se destaca muito nesse modelo é **devolução do poder de decisão ao nível local!** As lideranças e a administração ficam no nível da escola (diretores). Os professores são responsáveis pelo currículo local e pela avaliação. Os currículos são flexíveis e construídos em colaboração com os alunos – que têm poder de decisão! **Somente é convidado a decidir quem tem valor, correto?** Então, nesse modelo, professores e alunos têm valor; estes últimos crescem aprendendo isso na prática, treinando seu poder pessoal de decidir (algo crucial ao desenvolvimento pleno das FE do cérebro). Trata-se de uma **cultura** centrada na confiança e na cooperação, fundamentada no profissionalismo dos professores e professoras, "especialistas acadêmicos", pesquisadores sistemáticos de ensino. Essa cultura ocorre em nível nacional, distrital, das escolas e das famílias. Sem inspetores nem exames nacionais. A maior parte das escolas são públicas e de excelente qualidade. Mesmo as escolas privadas recebem auxílio governamental (Kultanen; Kalev, 2013). O ensino começa aos 7 anos de idade, por razões de maturação cerebral! A média de dias na escola é menor do que a média da Organização para a Cooperação Econômica e Desenvolvimento (OCDE) e apenas um turno é obrigatório; o contraturno, com várias opções de atividades, é opcional. Quatro ou cinco horas de estudo por dia é suficiente: maior qualidade, menor quantidade! O tamanho das turmas é menor do que a média da OCDE e da União Europeia (Kultanen; Kalev, 2013).

O treinamento continuado e diversificado dos(as) professores(as) é outro ponto forte! O governo é responsável por organizar e financiar sua formação pedagógica e outros estudos de qualificação. Professores e professoras têm direito e obrigação de manter de desenvolver suas habilidades profissionais. Essa educação continuada ocorre nas universidades da Finlândia. São 13 escolas de treinamento de professores, pertencentes às faculdades de educação, sendo governadas e financiadas pelas universidaes. Nas diferentes áreas de formação, é possível participar de estudos que conduzem ao bacharelado e ao mestrado. Todos os professores e professoras finlandenses cursaram, no mínimo, o mestrado e têm habilidades pedagógicas de alta qualidade, estabelecendo ponte entre o conhecimento profissional e acadêmico (Kultanen; Kalev, 2013).

Os dois esquemas seguintes, ilustrados nas Figuras 6.1 e 6.2, representam o sistema educacional finlandês.

**Figura 6.1** – Esquema do sistema educacional finlandês

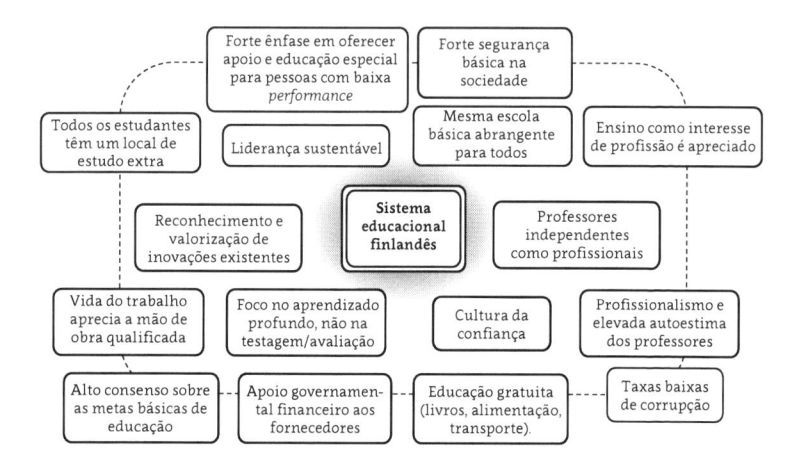

- Forte ênfase em oferecer apoio e educação especial para pessoas com baixa *performance*
- Forte segurança básica na sociedade
- Todos os estudantes têm um local de estudo extra
- Liderança sustentável
- Mesma escola básica abrangente para todos
- Ensino como interesse de profissão é apreciado
- Reconhecimento e valorização de inovações existentes
- Sistema educacional finlandês
- Professores independentes como profissionais
- Vida do trabalho aprecia a mão de obra qualificada
- Foco no aprendizado profundo, não na testagem/avaliação
- Cultura da confiança
- Profissionalismo e elevada autoestima dos professores
- Alto consenso sobre as metas básicas de educação
- Apoio governamental financeiro aos fornecedores
- Educação gratuita (livros, alimentação, transporte).
- Taxas baixas de corrupção

**Figura 6.2** – Esquema do sistema educacional finlandês

Futuro

| | | | |
|---|---|---|---|
| **Escolas** | Professores bem-treinados. | Os líderes são os professores | |
| | Aprendizado customizado, apoio | Alimentação e cuidados com a saúde gratuitos | |
| | Baixo tempo anual de instrução | Foco no aprendizado, não na avaliação/testes | |
| **Contexto cultural** | Visão compartilhada | Direção central | Decisões locais |
| **Governo** | Confiança | Equidade e igualdade | Colaboração e parceria |

334

Interessante notar que a avaliação nacional (que inclui as artes, com destaque para a música) é feita por amostragem e não existe um *ranking* de escolas, o que estimularia a competição entre elas, contrariando a cultura de cooperação e confiança.

Aos 15 anos, o estudante decide se vai seguir uma vocação acadêmica ou profissional, sendo que, usualmente, o percentual dessas escolhas é equilibrado.

A Finlândia parece ter encontrado uma fórmula: sucesso = confiança nos professores + construção dos currículos com ajuda da indústria + treinamento contínuo dos professores! (Kultanen; Kalev, 2013).

Em 2015, houve uma queda da Finlândia nos escores dos testes do Pisa, levando a reflexões sobre um possível declínio de seu sistema educacional. "Para alguns especialistas, o modelo finlandês é um 'conto de fadas', para outros, o modelo do futuro. Afinal, quem está certo?" (Martins, 2015).

Em ritmo de contínua mudança, a educação finlandesa avança para um processo cada vez mais interdisciplinar, tendo a impressa internacional comentado até que esse sistema aboliria as disciplinas, o que foi negado pelo governo. Apesar das controvérsias de uma disputa por escores maiores em termos de níveis educacionais, como aqueles apresentados pelo PISA, os rumos tomados pelos finlandeses são muito coerentes com os conhecimentos atuais em neuroeducação e, por isso, promissores. Isso pode ser visto pela avaliação de pesquisadores desse sistema:

Para Leonor Varas, doutora em matemática e especialista em educação da Universidade do Chile, e que dirigiu durante três anos um projeto de pesquisa bilateral do país com a Finlândia, a América Latina ainda tem muito o que aprender com o sistema finlandês. Yong Zhao, professor de origem chinesa do departamento de educação da Universidade de Oregon, questiona a autoridade que se confere aos rankings do PISA. "As provas do PISA não são uma medida de qualidade da educação, a menos que equiparemos a educação com preparação para fazer uma prova do PISA", disse Zhao à BBC Mundo. [...] para Leonor Vargas, que visitou várias escolas finlandesas e conhece bem o sistema de um novo tigre na educação, Cingapura, o modelo a ser seguido pela América Latina continua sendo o finlandês. (Martins, 2015)

À parte das polêmicas sobre os resultados em testes, o que, aliás, sabiamente, não é o foco dos finlandeses, resta-nos considerar que as bases teóricas e filosóficas empoderam professores e alunos (poder local), mantendo uma visão global e sustentável, totalmente coerentes quando se pensa em neuroeducação e inovação[7], como pode ser visto nas obras *Lições finlandesas* (Sahlberg, 2017), *A educação na Finlândia* (Robert, 2010) e *As crianças mais inteligentes do mundo* (Ripley, 2014).

---

7   Mais informações sobre a educação na Finlândia podem ser obtidas no vídeo *Finlândia – Destino: educação*, produzido pelo Sesi e exibido pelo Canal Futura. Disponível em: <https://www.youtube.com/watch?v=Bj9ciijbMj8>. Acesso em: 10 jan. 2021.

## 6.4 Neurodidática

Podemos pensar que *didática* é a aplicação dos conhecimentos científicos para orientar e, com isso, tornar mais eficientes e eficazes as práticas educativas, ou seja, os métodos e técnicas de ensinar. Assim, a neurodidática, uma subárea da neuroeducação, poderia ser definida como o uso dos conhecimentos neurocientíficos para otimizar as práticas de ensinar em sala de aula ou, mesmo, como um dos objetivos da neuroeducação indicados anteriormente: a neurodidática busca desenvolver e testar estratégias para a **otimização do processo de ensino-aprendizagem**.

### 6.4.1 Temas específicos em neurodidática

É possível afirmar que a neurodidática se utiliza das informações científicas sobre como o cérebro aprende para organizar a forma de ensinar, ou seja, os métodos didáticos são elaborados para melhor atender às demandas do cérebro aprendiz. A seguir, apresentamos algumas dessas demandas, sem a pretensão de esgotar qualquer um dos temas.

**Ambiente acolhedor que envolva proteção efetiva e confiança.** O medo e a desconfiança estimulam a ínsula e a amígdala e ainda reduzem o funcionamento do sistema de recompensa do cérebro (SRC), responsável pelo prazer (ligado à motivação). Em complemento, a emoção se apresenta como base tanto para a inteligência como para a produtividade. Assim, um ambiente educacional que inspire confiança, ou seja, livre do medo, tende a liberar o pensamento para lidar com temas relevantes a serem aprendidos em vez de focá-lo para resolver os conflitos de confiança. Em geral, desconfiança e medo não são compatíveis com inovação, criatividade e aprendizagem, porque ativam a forma de funcionamento cerebral mais instintiva, ou reativa, relacionada a comportamentos repetitivos de sobrevivência (Aranha; Sholl-Franco, 2012; Cosenza; Guerra, 2011; Pillay, 2011; Gazzaniga, Ivry, Mangun, 2019).

Como visto, as **emoções** são cruciais para a mudança e o aprendizado. O sistema emocional está diretamente ligado com o sistema de ação no cérebro e, ainda, atua com o contador/avaliador cerebral (córtex pré-frontal ventromedial), que analisa o risco-benefício após receber *inputs* de outras áreas corticais frontais e também de subcorticais, efetua a tomada de decisão e influencia diretamente na atenção, na memória, na comunicação, na motivação e na ação, elementos essenciais ao processo de ensino-aprendizagem (Pillay, 2011; Leal, 2006; Friedrich; Preiss, 2006; Gazzaniga, Ivry, Mangun, 2019).

**Comunidade e cidadania: o efeito do pertencimento.** Quando nos sentimos excluídos socialmente, ficamos ansiosos, nosso detector de conflitos e desgostos é ativado (córtex anterior cingulado). Sentimos dor social/emocional, tão real e intensa quanto a dor física. O isolamento social reduz nossa capacidade de sentir prazer (SRC), nossa atenção e nosso pensamento produtivo. Nosso cérebro permanece no estado de detecção de conflitos e ameaças porque o isolamento social é efetivamente uma ameaça filogenética, ou seja, aprendemos, ao longo de milhões de anos, que o pertencimento é essencial à sobrevivência. O sentimento de comunidade e de pertença aumentam produtividade, inovação e aprendizado (Pillay, 2011; Gazzaniga, Heatherton, Halpern, 2018).

Nesse sentido, **ligação** é

o estilo de conexão dos mediadores-professores(as) tem profundo efeito sobre sua liderança! Podemos destacar dois estilos básicos: a) seguro [essencial para a liderança] e b) inseguro, este dividido em dois subtipos: 1. Ansioso, usualmente ligado a processos de egoístas, que estimula o stress entre os alunos. Este tipo também é menos sensível a recompensas e punições sociais, e 2. de esquiva. Os tipos inseguros têm menos sensibilidade social e registram menos as emoções positivas e mais as negativas para si, contagiando seus educandos com tais sensações. O tipo de conexão é crucial ao sucesso no processo ensino/aprendizagem! (Pillay, 2011, citado por Silva, 2017d, p. 5)

**Desafios que produzem curiosidade** estimulam atenção, engajamento e criatividade. É muito prazeroso (sistema de recompensa) para o cérebro resolver e/ou conquistar um desafio. Esses desafios precisam estar equilibrados com a capacidade daqueles(as) que vão resolvê-los: se estiverem acima das capacidades, podem gerar ansiedade; se estiverem abaixo, tédio. Também precisam fazer sentido, ou seja, se relacionar ao interesse e à motivação dos desafiados(as) (Aranha; Sholl-Franco, 2012; Cosenza; Guerra, 2011; Leal, 2006; Friedrich; Preiss, 2006).

Estímulo a **diferentes formas de expressão.** Se a exclusão social produz efeitos negativos, isso também ocorre em relação à exclusão das diferentes formas de expressão dos indivíduos. Essa diversidade expressiva pode, e deve, ser permitida, valorizada, estimulando a integração e a recompensa de todos, evitando a ênfase excessiva de determinadas características mais valorizadas culturalmente. Inteligências e formas de expressão múltiplas permitem a inovação e o crescimento intrapessoal e interpessoal. Em complemento, as dificuldades de expressão devem também ser respeitadas. Por razões de personalidade (introversão) ou emocionais (estresse pós-traumático), entre outras, estudantes podem ter dificuldade para se expressar em público, e pressioná-los(as), por meio de qualquer maneira, a fazê-lo, pode não ser a melhor estratégia para o seu desenvolvimento (Aranha; Sholl-Franco, 2012; Cosenza; Guerra, 2011; Leal, 2006; Friedrich; Preiss, 2006; Maia, 2011; Gazzaniga, Heatherton, Halpern, 2018).

**Informações multissensoriais.** Nosso cérebro é programado para avaliar o que muda no ambiente com vistas a ter um comportamento adaptativo, ou seja, adequado à sobrevivência. Assim, mudanças, movimento, surpresas e estímulos multissensoriais produzem demanda e engajamento de nosso sistema cerebral (Aranha; Sholl-Franco, 2012; Cosenza; Guerra, 2011; Leal, 2006; Friedrich; Preiss, 2006; Maia, 2011).

As **regras são importantes** porque estabelecem padrões de comportamento, estimulando a segurança e a previsibilidade, elementos importantes para sobrevivência e, consequentemente, bem-apreciadas pelo cérebro. Também porque, sem elas, nenhum grupo social consegue conviver harmoniosamente, ou seja, elas são essenciais à socialização. Em complemento, se forem muito rígidas, impostas e mantidas por meios autocráticos, não estimulam (auto) responsabilidade, respeito e reflexão sobre ações. Condicionam o comportamento e inibem a criatividade, bem como o senso ético aprofundado. Naturalmente que as regras institucionais precisam ser mantidas, no entanto, e em geral, há espaço dentro da sala de aula e/ou atividades educativas para a flexibilização e a negociação. A participação na construção das regras não apenas estimula o comprometimento e o engajamento com elas, mas também favorece a tomada de decisão responsável, resultado final e crucial das habilidades socioemocionais (Cosenza; Guerra, 2011; Pillay, 2011; Durlak, 2015).

O **papel ativo dos(as) estudantes é essencial à neurodidática!** Eles(as) precisam desenvolver liderança, criatividade, e outros potenciais e capacidades prévios ou por adquirir. Para tanto, é necessário valorizar e estimular seus interesses, suas motivações e sua criatividade. A forma participativa de tomada de decisão quanto aos conteúdos e suas formas de exploração é elemento básico para estimular essa proatividade estudantil.

Só participa da tomada de decisão quem tem valor! Mas, para isso, precisam os professores/mediadores revisitar seus valores culturais. Em geral fomos formados numa cultura autocrática, repressora, com pouco ou nenhum espaço para mudança, criatividade, diálogos horizontais e partilha de poder de decisão. Assim, salvo exceções, é possível que estejamos condicionados cognitiva e emocionalmente a não facilitar aventuras neurodidáticas. A "partilha do poder" que, quando bem conduzida, nos tornará mais respeitados e valorizados frente aos acadêmicos, aumentando nosso poder, pode ser algo assustador, ou mesmo impossível de ser conquistada em curto prazo. Para que possamos permitir e estimular o **papel ativo do estudante** é **necessário mudar** nossa forma de perceber o processo de ensino/aprendizagem. Mas, se mudar é necessário, fácil não o é! Requer muito estudo e, principalmente, *"trabalho emocional"*, **autoconhecimento** sistemático e voluntário! (Silva, 2017d, p. 6, grifo do original)

Como os cérebros são diferentes, as formas de aprender também o são. Nesse sentido:

O processo educacional tem de ser visto de forma individualizada, customizada [...] As diferenças são naturais e necessárias. Por esse motivo não importa tanto a metodologia que se usa para ensinar, mas o olhar aguçado, a estratégia para cada necessidade e situação específica, [...] A regra é justamente fugir das regras. Questionários e cartilhas, portanto, já não combinam com essa forma particularizada de voltar-se para o aluno. (Leal, 2006, p. 43)

**Tempo e repetição** são necessários para que ocorra a assimilação e a fixação de novos aprendizados. Esse tempo é variável e não é possível precisá-lo, mas sabe-se que muitas horas são necessárias e que, se um conteúdo não estiver fixado, a saturação com outros apenas dificultará o processo. "O aprendizado a intervalos é, portanto, muito mais sensato [...] Durante uma breve pausa ou brincadeira relaxada, o cérebro infantil poderá armazenar a matéria ensinada sem ser perturbado" (Friedrich; Preiss, 2006, p. 56).

**Currículo flexível ou atrofia de talentos?** Como indicado anteriormente, é importante conhecer, respeitar e estimular os interesses dos(as) estudantes para motivá-los(as) ao aprendizado, ou seja, promover a automotivação. "Aprender significa também trilhar caminhos próprios, pesquisar experimentar coisas. Isso só é possível quando a camisa de força do currículo escolar não aperta demais, e quando os professores estimulam e avaliam seus estudantes individualmente" (Friedrich; Preiss, 2006, p. 57).

Não se deseja abolir os conteúdos culturais necessários ao de ensino, mas estimular a ânsia de conhecer áreas específicas de interesse dos estudantes. Os conteúdos não precisam ser ensinados rigidamente num período específico e preestabelecido, se essa planificação ocorre, com ela também ocorrerá a "atrofia dos talentos e interesses inatos!" (Friedrich; Preiss, 2006, p. 57).

Tendo explorado temas em neuroeducação e neurodidática, que basicamente sugerem condições e formas otimizadas de ensinar e aprender, passemos a considerar as dificuldades de aprendizagem, como avaliá-las e intervir para que sejam superadas.

## 6.4.2 Um olhar neurodidático sobre as dificuldades de aprendizagem

Como exposto, o aprendizado é complexo, sendo influenciado por uma infinidade de fatores. Cremos que os **conhecimentos da neuroeducação** têm muito a contribuir, mas ainda não são amplamente conhecidos e tampouco fazem parte das políticas públicas de educação. Assim, não é de se esperar que tais conhecimento sejam aplicados no ensino, salvo experiências inovadoras ainda isoladas. Em complemento, os estudos que verificam a eficácia da neuroeducação têm muito a se desenvolver. Nesse contexto, considerar as **dificuldades de aprendizagem** implica refletir que, ao menos uma parte delas, possivelmente se deva ao fato de que os métodos de ensino não estão suficientemente em sintonia com a forma complexa e multifacetada com a qual o cérebro aprende.

Quando temos aquisição de novas informações ou conhecimentos e isso promove a mudança de comportamento, podemos falar de *aprendizagem*. Motivação, atenção, compreensão, aceitação, registro, transferência e ação são alguns de seus elementos. É um processo individual, lento e estruturado por meio de fases, o que significa dizer que crianças em diferentes idades tendem a aprender de formas diversas. Esse processo pode apresentar falhas, e frequentemente as apresenta. Infelizmente, parece não existir consenso na literatura científica sobre o que são as dificuldades e os transtornos de aprendizagem (Aranha; Sholl-Franco, 2012).

> O uso da expressão distúrbio de aprendizagem tem se expandido de maneira assustadora entre os professores, apesar de boa parte dos profissionais nem sempre conseguir explicar claramente o significado da mesma ou os critérios em que se baseiam para utilizá-la no contexto escolar, o que seria um reflexo da patologização da aprendizagem [...] o que acaba tornando inevitável a rotulagem dos alunos. Neste sentido, a neuroeducação contribui para a ocupação do espaço de fronteira entre os campos da educação e das neurociências, preocupando-se com análise e fundamentação daqueles aspectos sem, contudo, negligenciar qualquer das áreas envolvidas. (Aranha; Sholl-Franco, 2012, p. 14)

Apesar de não haver consenso, é comum encontrar, na literatura, uma diferença entre *transtorno* ou *distúrbio* de aprendizagem e *dificuldade de aprendizagem*. Os **transtornos de aprendizagem** têm sido relacionados a fatores ou disfunções neurológicas ligadas aos estudantes. Já as **dificuldades de** aprendizagem abarcam um espectro mais amplo de variáveis, incluindo aquelas dificuldades relacionadas ao próprio estudante, aos conteúdos ensinados, aos(as) docentes e seus métodos didáticos e ao ambiente físico e social da escola. Mesmo que a literatura indique que os transtornos de aprendizagem estejam diretamente relacionados a disfunções neurológicas, não há exames clínicos, ou mesmo neurológicos, que produzam diagnósticos precisos. Os manuais para esses diagnósticos se baseiam em observações comportamentais, por meio de critérios clínicos e subjetivos, como é o caso do TDAH (Aranha; Sholl-Franco, 2012).

Não há dúvidas de que o nosso sistema regular de ensino está, na maioria das vezes, programado para atender aquele aluno "ideal", com bom desenvolvimento psicolinguístico, motivado, sem problemas intrínsecos de aprendizagem, e oriundo de um ambiente sociofamiliar que lhe proporciona estimulação adequada. Dessa forma, existe uma dificuldade em lidar com o número cada vez maior de alunos que, devido a problemas sociais, culturais, psicológicos e/ou de aprendizagem, fracassam na escola. Logo, existe a necessidade de um sistema de educação que inclua esses alunos no ambiente escolar de forma efetiva, desenvolvendo estratégias de ensino que possam abranger tanto alunos especiais (com algum tipo de transtorno) quanto os ditos normais. A educação especial tem grande interesse para os pesquisadores da neuroeducação, ao tentar compreender as dificuldades severas de aprendizagem, desenvolvendo métodos que possam auxiliar na superação. (Aranha; Sholl-Franco, 2012, p. 15-16)

Nesse contexto, avaliar e diagnosticar uma situação de dificuldades e/ou transtorno de aprendizagem e, ainda, intervir para corrigir tal situação constituem um imenso e difícil desafio! Devemos considerar vários aspectos, do ambiente familiar, da escola e do interior da sala de aula, até variáveis individuais da criança, como **gênero**, por exemplo. Meninos costumam ter mais dificuldades de aprendizagem do que meninas, pois seu cérebro, em geral, amadurece mais lentamente, bem como, por questões hormonais, tendem a ser mais agressivos, rompendo os padrões de aluno ideal. Outra variável – nesse caso, de personalidade – diz respeito à **introversão** e à **extroversão**. Crianças introvertidas têm mais dificuldades de perguntar, de interagir no grupo, o que não se constitui um transtorno, apenas uma característica individual, a qual, se não for considerada, pode trazer, e muitas vezes traz, dificuldades e atrasos no aprendizado (Relvas, 2009; Marturano; Toller; Elias, 2005; Biddulph, 2014; Brizendine, 2006, 2010; Eliot, 2010).

Os modismos culturais e econômicos de buscar transtornos relacionados exclusivamente à criança são tentadores, visto que a explicação direta e "objetiva" pode ser preferível do que a reflexão sobre a variedade e a complexidade de variáveis potencialmente relacionadas às dificuldades de aprendizagem. É muito importante conhecer a criança, seu contexto familiar e seus interesses, e, ainda, com destaque, aquelas capacidades que ela consegue expressar muito bem. Algumas crianças podem aprender atividades motoras ou artísticas, ou ainda línguas estrangeiras, com muita facilidade. Podem compreender e ter alto desempenho em jogos complexos em seus celulares ou videogames, manifestando elevada capacidade de motivação e de concentração, a qual não conseguem manifestar na escola. Por que essa dificuldade de aprendizagem ocorre de forma seletiva no ambiente escolar? (Aranha; Sholl-Franco, 2012; Ballone, 2015).

Algumas crianças, aparentemente normais, se tornam retraídas e manifestam dificuldade de aprendizagem ao enfrentar adversidades em sala de aula. Isso pode ser especialmente válido especialmente para crianças emocionalmente sensíveis e/ou introvertidas (Ballone, 2015).

Quando o problema maior é da escola, uma restrição das atividades exagerada pode favorecer falsos diagnósticos de **Crianças Hiperativas**. Se as aulas carecem de atrativos pedagógicos, podem surgir falsos diagnósticos de **Déficit de Atenção**, se a criança é assediada, se apanha de grupos delinquentes escolares, se é submetida a situações vexatórias (para ela, especificamente), pode-se observar falsos diagnósticos de **Fobia Escolar** e assim por diante. (Ballone, 2005, grifo do original)

Observe como reações naturais, adaptativas e saudáveis à situações adversas podem ser gerar diagnósticos equivocados, os quais produziram consequências difíceis, por vezes, desastrosas, para a criança e, ao que parede, também para a sociedade. Daí a importância de uma boa avaliação neuropsicológica, a qual, constitui-se imenso desafio, como veremos a seguir.

## 6.5 Avaliação e intervenção: considerações da neuroeducação

A avaliação neuropsicológica de dificuldades e transtornos de aprendizagem está em franco desenvolvimento, no entanto, ainda se constitui uma área com elaboração teórica imatura. Esse fato gera dificuldades e uma imensa responsabilidade para aqueles(as) que realizam essas avaliações. Consideremos, agora, algumas de suas possibilidades e limitações.

### 6.5.1 Avaliação: possibilidades e limitações – um olhar neuropsicológico

Como objeto de avaliação, o processo de aprendizagem humana envolve um conjunto complexo de variáveis. Por exemplo, se o aluno ou a aluna estiver em idade pré-escolar, ou na infância, a variabilidade da maturação neurológica característica dessas fases recebe extrema influência psicossocial, incluindo processos educativos potencialmente ineficazes. O protocolo de avaliação inclui a exploração no motivo do encaminhamento, ou a queixa, e deve considerar informações sobre o(a) estudante e seu ambiente: família, escola e vida escolar e contextos sociais diversos. É possível organizar com atenção esses dados por meio de três elementos: 1) entrevista clínica; 2) avaliação comportamental/funcional; e 3) escalas ou testes. Os dados obtidos por meio dos elementos (1) e (2) permitem construir uma hipótese de trabalho que deve ser verificada com o apoio do elemento (3) (Fuentes et al., 2014; Russo, 2015).

Uma forma indireta, mas importante, de verificar as dificuldades de aprendizagem e ainda explorar seu contexto é a **entrevista**. Ela deve ser conduzida com o(a) estudante, com seus pais ou pessoas que ocupem essa função (a anamnese do(a) estudante deve ser feita com esses responsáveis) e com o(a) professor(a), individualmente (Fuentes et al., 2014; Russo, 2015).

Entrevistas coletivas também podem ser possíveis, com os pais e o(a) estudante, bem como com este(a) e o(a) professor(a), em particular, para observar o que muda nos comportamentos dos(as) participantes e, em especial, qual a qualidade do vínculo e o clima das relações. Há intimidade, confiança e descontração/espontaneidade nessas relações? O comportamento não verbal dos participantes precisa ser considerado, visto ser indicativo de situações importantes, não verbalizadas. Conflitos familiares e educacionais podem gerar estresse e desencadear dificuldades de aprendizado. Nesta entrevista, deve-se ter muito cuidado para não constranger o(a) estudante, visto que um dos temas é alguma dificuldade deste(a). Para tanto, deve-se enfatizar os aspectos positivos do(a) estudante. (Fuentes et al., 2014; Russo, 2015, citado por Silva, 2017d, p. 10)

Outros dados muito importantes que precisam ser explorados incluem:

a) como a queixa se apresenta ao longo do tempo, com destaque para o momento no qual se iniciou ou foi percebida inicialmente;

b) onde se manifesta, se é expressa em vários contextos ou é restrita apenas a alguns, talvez, até exclusivamente ao ambiente escolar;
c) possibilidade de obter uma avaliação nutricional, visto que esse fator é muito importante, pois a deficiência vitamínica parece estar relacionada a dificuldades cognitivas diretamente envolvidas no processo de aprendizagem;
d) possíveis exames hormonais, visto que pacientes com hipotiroidismo mostram um pior desempenho na flexibilidade cognitiva e também na capacidade atencional sustentada (Aranha; Sholl-Franco, 2012; Ballone, 2005).

Outro procedimento importante e complementar à entrevista é a **avaliação-observação funcional das dificuldades de aprendizado e/ou comportamento** nos diferentes contextos da vida real do(a) estudante, como a sala de aula e a família. Por mais trabalhosa que seja fazer essa observação, ela confere maior validade ecológica à avaliação, ou seja, que consiga refletir a realidade natural do(a) estudante, o que não pode ser alcançado somente pelos testes formais. Essa avaliação-observação permite também a observação de áreas que precisam ser mais bem exploradas por meio desses mesmos testes (Fuentes et al., 2014; Russo, 2015).

Em complemento à observação do desempenho do(a) estudante em seus contextos naturais, é necessário solicitar que cumpra tarefas específicas, sempre adequadas à sua realidade, considerando-se, por exemplo, grau de inteligência, gênero e idade. Essas atividades devem incluir aspectos cognitivos e afetivos/sociais. Por fim, é preciso uma avaliação pedagógica qualitativa que envolva atividades como desenhos e criatividade, movimentos, leitura, escrita e jogos. Essa avaliação também considera a hora lúdica, o material escolar e a avaliação de habilidades sociais, por meio de teste padronizado, preenchido pelo(a) professor(a), e também mediante observação das atividades estudantis diárias (Russo, 2015).

A fase final da avaliação neuropsicológica envolve os **testes** formais, que devem ser aplicados e avaliados conforme suas instruções específicas. Em geral, eles fornecem escores quantitativos que são comparados com médias populacionais amplas, de acordo com a idade. A variedade de instrumentos é grande e a escolha deve ser feita segundo os objetivos avaliativos, tal como "leitura, escrita, compreensão e intelecção de texto; aritmética; atenção e funções executivas (FE); observação psicomotora; instrumentos para investigar os pré-requisitos envolvidos com alfabetização" (Russo, 2015, p. 107-108).

Ao fazer a escolha dos testes, é necessário considerar algumas características do(a) estudante: idade e gênero; língua materna e padrões culturais, educacionais e socioeconômicos; presença de alguma restrição funcional, como deficiências ou dificuldades físicas (sensoriais ou motoras), cognitivas e/ou emocionais (Russo, 2015).

Um aspecto crucial nessa avaliação é a criação e manutenção de um clima/vínculo afetivo positivo com o(a) estudante. A situação de estar sendo avaliado(a) pode evocar ou até agravar sentimentos ruins relativos à dificuldade de aprendizagem. Como os estados emocionais influenciam sobremaneira todas as capacidades cognitivas, a começar pela motivação para realizá-las, se a atmosfera das atividades de avaliação não for positiva, os resultados dos testes não indicarão a realidade do(a) avaliando(a), podendo agravar a situação como um todo! O vínculo de confiança e respeito mútuo é essencial para que uma avaliação seja eficaz. Se o(a) profissional não for capaz de estabelecê-lo, pode sugerir o encaminhamento para outro. (Fuentes et al., 2014; Russo, 2015, citado por Silva, 2017d, p. 10)

Algumas vezes, a criança pode estar sendo atendida por mais de um profissional da saúde. Nesse caso, é necessário contatar esse outro profissional para incluir suas perspectivas de avaliação, ou seja, os dados de sua área específica. Esse contato também é importante para que a intervenção possa ser o mais integrada possível (Russo, 2015).

O final da avaliação implica a elaboração de um relatório que integre todos os dados considerados, apresentando uma síntese dos resultados e também um prognóstico. A explicação desse relatório deve ser feita por meio de uma devolutiva a todos os envolvidos: o(a) estudante, sua família e escola. Os aspectos sobre os quais o(a) estudante tem facilidade (positivos) devem ser enfatizadas tanto quanto aqueles sobre os quais apresenta dificuldades. Deve-se também indicar os encaminhamentos necessários (se for o caso) e uma proposta, ou protocolo, de intervenção que ofereça instruções para os pais e professores, e ainda outros profissionais envolvidos, se isso for necessário (Russo, 2015).

## 6.5.2 Intervenção: possibilidades e limitações – um olhar neuropsicológico

O trabalho com **estratégias de aprendizados** é uma das possibilidades de intervenção de educadores, neuropsicopedagogos e psicopedagogos, entre outros profissionais. Essas estratégias organizam as atividades estudantis a serem desenvolvidas, visando otimizar o processo de aprendizagem. Elas consideram tanto as áreas potenciais – em que o estudante ou a estudante tem facilidade – como aquelas em que apresenta dificuldades (Russo, 2015).

As estratégias de aprendizagem podem ser classificadas, segundo Bertrán (citado por Russo, 2015, p. 125), em:

> estratégias de apoio, que servem para melhorar a motivação, as atitudes e o afeto; estratégias de processamento, que operam na seleção organização e elaboração da tarefa; estratégias de personalização, relacionadas com a criatividade, pensamento crítico, recuperação e transferência da informação; e as estratégias metacognitivas, relacionadas ao planejamento, autorregulação e controle na avaliação das tarefas.

Três fases podem ser consideradas na organização de um plano de intervenção para implementar as estratégias de aprendizado. A primeira fase – inicial – tem como foco reconhecer, valorizar e estimular as habilidades e competências do(a) estudante. Como ele(a) usa suas capacidades de aprendizagem tanto no contexto escolar quanto no lúdico? A ênfase no positivo visa garantir a motivação e a colaboração do(a) estudante para as próximas fases. Em complemento, de forma sutil, também se estuda com mais profundidade as dificuldades ou os possíveis transtornos envolvidos (Russo, 2015). Deve-se, ainda,

discutir as metas desejadas (ex.: melhoria das notas nas provas) e quais submetas precisam ser estabelecidas para se atingir a meta (ex.: Organizar o material escolar, frequentar os reforços da escola, fazer resumos, esquemas, usar corretamente agenda, planejamento de estudo, de tempo etc.). A complexidade da tarefa dependerá do nível de compreensão do sujeito. (Russo, 2015, p. 126)

A fase intermediária concentra-se nos processos de compreensão-retenção e recuperação-utilização. Atua-se ainda com as metas estabelecidas na fase anterior. "Para essa fase, pode se utilizar jogos competitivos e não competitivos, softwares educativos, linguagem oral, escrita, técnicas do Cloze, pesquisa estrutura, atividades criativas, atividades manuais, entre outras" (Russo, 2015, p. 126).

Segundo Russo (2015, citado por Silva, 2017e, p. 12): "Nessa fase é muito importante considerar o papel das brincadeiras, tanto como forma de explorar funções cognitivas como de trabalhar aspectos comportamentais, emocionais e sociais".

Na última fase – final –, avalia-se o cumprimento das metas estabelecidas. Em caso afirmativo, a intervenção está concluída. Caso contrário, um novo relatório deve ser feito, enfatizando as conquistas e estabelecendo novo plano de intervenção (Russo, 2015).

Atividades ligadas à linguagem e à matemática, expressão plástica, esquema corporal e lateralidade, coordenação visomotora, ritmo e grafismo são sugestões apresentadas por Russo (2015) e podem ser consultadas para a implementação de estratégias de aprendizagem.

## 6.6 Leitura e escrita: um olhar neuropsicológico sobre a linguagem

A linguagem pode ser considerada a mais complexa das tarefas mentais humanas – aliás, exclusivamente humana! Ela é processada, simultaneamente, por tantas partes interconectadas do cérebro que talvez fosse mais interessante perguntar quais áreas não estão envolvidas (Tokuhama-Espinosa, 2011).

Os estudos sobre a linguagem são diversos, como aqueles que consideram os subsistemas neuronais que funcionam de forma integrada e global para produzi-la. Outros consideram os déficits neurológicos para compreender o funcionamento neuronal saudável relacionado à linguagem. Há também aqueles que integram aspectos sociais, filosóficos e neurobiológicos da linguagem.

Na perspectiva evolucionista do desenvolvimento da linguagem, a leitura e a escrita são recentes para o cérebro e, por isso, "as dificuldades de leitura poderiam ser explicadas pela **novidade** das habilidades de leitura no cérebro" (Tokuhama-Espinosa, 2011, p. 140, grifo do original, tradução nossa).

Mais do que isso, a leitura e a escrita representam um salto no desenvolvimento humano. Segundo Maryanne Wolf (citado por Tokuhama-Espinosa, 2011, p. 140, tradução nossa):

> Nós nunca nascemos para ler. Os seres humanos inventaram a leitura apenas alguns milhares de anos atrás. E com essa invenção, rearranjamos a própria organização de nosso cérebro, o que, por sua vez, expandiu as maneiras pelas quais fomos capazes de pensar, o que alterou a evolução intelectual

de nossa espécie. A leitura é uma das invenções mais notáveis da história.

Tokuhama-Espinosa (2011, p. 140, tradução nossa) completa: "Quando vista sob essa luz, a leitura é elevada de um simples assunto acadêmico para o mecanismo pelo qual conhecemos o mundo".

A **leitura** – elemento da linguagem – tem sido muito pesquisada e é um tipo de aprendizagem exclusivamente humana. Para Dehaene (citado por Tokuhama-Espinosa, 2011), a leitura é menos "natural" do que a fala e muito mais nova do que ela. O pesquisador reflete que, talvez, tenha ocorrido uma "reciclagem neural" e adaptação de neurônios para que essa nova tarefa cultural tenha se desenvolvido.

De acordo com essa visão, a arquitetura do cérebro humano obedece a fortes restrições genéticas, mas alguns circuitos evoluíram para tolerar uma margem de variabilidade. Parte do nosso sistema visual, por exemplo, não é programado, mas permanece aberto a mudanças no ambiente. Dentro de um cérebro bem-estruturado, a plasticidade visual dava aos antigos escribas a oportunidade de inventar a leitura. (Dehaene, citado por Tokuhama-Espinosa, 2011, p. 141)

A leitura é uma função cerebral muito complexa, envolvendo, pelo menos, 12 competências (conhecimentos, habilidades e atitudes combinadas), adicionadas a mais 4, de caráter social, as quais também influenciam a capacidade de ler (Tokuhama-Espinosa, 2011, p. 142):

1. O uso de funções executivas para prestar atenção ao que está sendo lido.
2. A capacidade física de ver uma palavra.
3. A capacidade de generalizar a compreensão conceitual de diferentes representações simbólicas do mesmo conteúdo (por exemplo, três, III, 3, ...).
4. A capacidade de soar mentalmente as palavras em sua mente (codificação verbal).
5. A capacidade de converter os fonemas em palavras.
6. A capacidade de pesquisar a memória para a palavra (recuperação de vocabulário).
7. A capacidade de pesquisar a memória para o significado das palavras (compreensão semântica).
8. A capacidade de ordenar corretamente palavras e unificar palavras em uma frase coerente (significado sintático).
9. A capacidade de associar contexto com a prosódia e a entonação apropriadas (mentalmente ou em voz alta).
10. A capacidade de unir todas essas peças em uma sentença coerente.
11. A capacidade de unificar sentenças em parágrafos de significado complexo.
12. A capacidade de manter sentenças e parágrafos na mente por tempo suficiente para associá-los a experiências passadas e dar significado aos conceitos.

Competências sociais

1. O modo como a criança se sente em relação ao processo de aprendizagem (autoestima).
2. Como isso afeta sua posição social no grupo (cognição social).
3. Sua relação com os professores.
4. Fatores motivacionais também podem afetar sua capacidade de ler bem.

Ainda segundo Tokuhama-Espinosa (2011), temos ainda sub-habilidades de leitura, apresentadas no quadro a seguir.

**Quadro 6.6** – Sub-habilidades de leitura

| Sub-habilidades | Exemplo |
| --- | --- |
| Conhecimento declarativo | Ligação entre sons e fonemas (consciência fonológica e fonêmica). |
| Conhecimento procedural | Cada frase tem um sujeito, verbo e objeto; regras de pontuação. Conhecimento conceitual, semântico e sintático; habilidades de decodificação de palavras e fonética. |
| Habilidades de estimativa | Capacidade de avaliar as quantidades; prosódia; fluência. |
| Vocabulário | Capacidade de construir e usar vocabulário apropriado para a idade. |
| Habilidades de codificação verbal | Ensaio da linguagem mental dos fatos; habilidades de nomeação; habilidades espaciais, desenhar ou visualizar relacionamentos. |
| Habilidades de pensamento de ordem superior | Escolha seletiva do que prestar atenção (na memória de trabalho) e relacionar com sucesso os novos conceitos com os antigos (na memória de longo prazo). |

*(continua)*

*(Quadro 6.6 – conclusão)*

| Sub-habilidades | Exemplo |
|---|---|
| Diferença entre símbolos e formas (III, 3, ... e três) | Capacidade de conceituar diferentes formas e representações de números. |
| Caminhos sensoriais | Capacidade de ver, ouvir, pronunciar, escrever normalmente. |
| Habilidades gráficas | Habilidades ortográficas (capacidade de escrever). |
| Capacidade de codificação e decodificação fonêmica visual | Compreensão de leitura. |

Fonte: Tokuhama-Espinosa, 2011, p. 143, tradução nossa.

Ao considerar processos de avaliação e de intervenção em problemas relacionados à leitura, é preciso lembrar dessa complexidade envolvida nesse e em qualquer aprendizado, a fim de evitar uma visão simplista.

Seguindo, apresentaremos a perspectiva neuropsicológica cognitiva de pesquisadores brasileiros (Seabra; Dias; Capovilla, 2013) sobre a leitura e a escrita, incluindo suas dificuldades e possibilidade de avaliação.

## 6.6.1 Leitura: dificuldades, avaliação e possibilidades

Dois aspectos principais têm norteado o estudo da linguagem escrita: a habilidade de reconhecimento de palavras (com mais estudos) e os processos de compreensão e da escrita (número menor de estudos). Um modelo de componentes da leitura e escrita é mostrado no Quadro 6.7, sendo complementado pela Figura 6,3, que apresenta os componentes da linguagem escrita e as habilidades da leitura e da escrita (Seabra; Dias; Capovilla, 2013).

**Quadro 6.7** – Modelo de componentes da leitura e escrita

| | |
|---|---|
| Leitura | Reconhecimento de palavras, mediado por estratégias logográfica, alfabética e ortográfica[8]; Fluência; Compreensão. |
| Escrita | Ortografia ou codificação gráfica; Grafia ou caligrafia, relacionada aos aspectos motores da codificação; Composição ou produção textual. |

Fonte: Elaborado com base em Seabra; Martins Dias; Capovilla, 2013, p. 10-11

---

8 São considerados três estágios pelos quais a criança consolida a linguagem escrita (Capovilla, 2016):
1) **Logográfico:** A palavra escrita é uma representação pictoideográfica, não tem representação alfabética. A leitura é o reconhecimento visual das palavras vistas com frequência. A escrita, uma produção visual global, sem controle dos sons da fala. Utiliza-se muito da memória visual e a tendência é um aumento gradativo de erros. Mas, com o contato com o material escrito e suas regras, a segunda fase se estabelece. 2) **Alfabético/fonológico:** Marcado pela percepção e fixação das relações entre o texto e a fala (rota fonológica). Nesse estágio, ocorre a decodificação na leitura (letras da escrita são convertidas em seus respectivos sons) e da escrita (sons da fala ouvidos ou evocados são convertidos em seus grafemas). Ocorrem erros de leitura e de escrita nas palavras irregulares em termos das relações entre letras e sons (e.g., táxi). 3) **Ortográfico/lexical:** As irregularidades grafofonêmicas são percebidas e memorizadas, bem como as regras ortográficas, que permitem **a análise morfológica das palavras e a abstração de seu significado.** Esse último estágio, marcado pela estratégia lexical, não implica o abandono das estratégias anteriores, sendo que as três estratégias continuam disponíveis, usadas de forma mais eficaz para as várias necessidades.

**Figura 6.3** – Componentes da linguagem escrita e as habilidades de leitura e de escrita

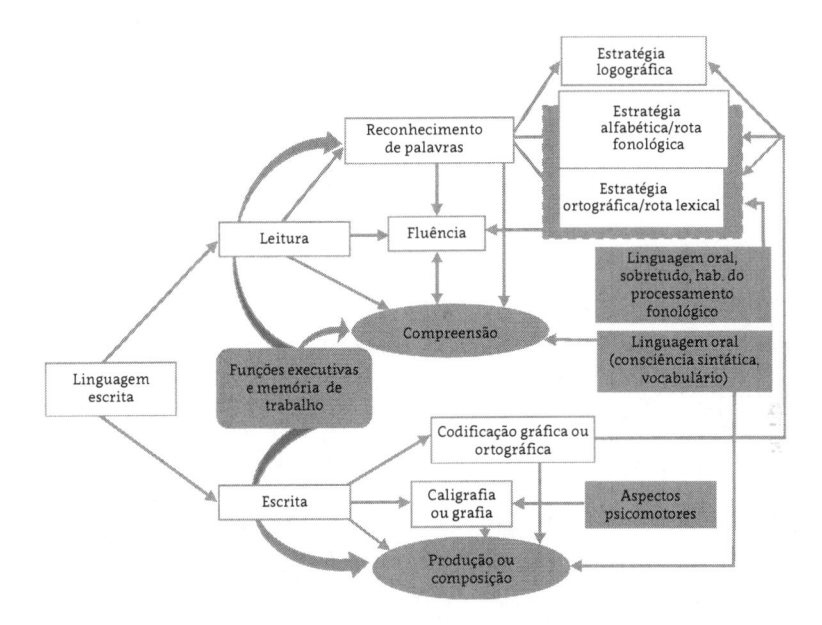

Fonte: Seabra; Dias; Capovilla, 2013, p. 11.

Observe, na Figura 6.2, que variáveis ligadas à linguagem oral e às FE influenciam tanto a leitura quanto a escrita. A perspectiva de **linguagem escrita** apresentada, constituída por componentes, permite identificar de forma específica uma possível dificuldade da criança. Os testes seguintes avaliam os componentes apresentados:

Teste de competência de leitura de palavras e pseudopalavras (TCLPP) – avalia a habilidade de reconhecimento de palavras e as estratégias de leitura (logográfica, alfabética e ortográfica); Teste de Velocidade de Leitura Computadorizado, avalia a fluência ou velocidade de leitura de palavras isoladas; Prova de Escrita sob Ditado, versão original e versão reduzida, que avaliam aspectos ortográficos da escrita, em termos de estratégias, dentre alfabética e ortográfica; Teste Contrastivo de Compreensão Auditiva e de leitura, que avalia a compreensão linguística de modo abrangente, incluindo tanto a compreensão de sentenças escritas quanto a compreensão das mesmas sentenças apresentadas oralmente. (Russo, 2015, p. 11)

Tanto as dificuldades de leitura quanto as de escrita têm elevada prevalência: são observadas em cerca de 17,5% de estudantes do ensino fundamental, que apresentam desempenho abaixo do esperado para os níveis de estudo em que se encontram (Seabra; Dias; Capovilla, 2013). Com base em Seabra, Dias e Capovilla (2013), apresentaremos a seguir abordagens teóricas e seus testes, voltados a avaliar essas dificuldades.

**Compreensão da leitura**

A compreensão da leitura compreende duas habilidades:

1. **Decodificação/reconhecimento de palavras**: Habilidade especificamente ligada aos processos de leitura – à medida que a criança avança nos estudos, do ensino fundamental I ao II e ao ensino médio, a relevância dessa habilidade é reduzida (Seabra; Dias; Capovilla, 2013).
2. **Compreensão linguística**: Habilidade inespecífica, relacionada ao entendimento da linguagem tanto escrita quanto oral, a qual precisa de vocabulário e consciência sintática (Seabra; Dias; Capovilla, 2013).

A soma dos **itens 1 e 2 gera a compreensão de leitura**. Em outras palavras, o produto da interação entre decodificação/

reconhecimento de palavras e compreensão linguística é a leitura competente, a qual se torna mais e mais importante com o avanço dos estudos. Mas, ainda que 1 e 2 estejam preservados, é possível surgirem falhas de compreensão de leitura, o que sugere a existência de outras disfunções, não evidentes (Seabra; Dias; Capovilla, 2013).

Considerando as contribuições da Neuropsicologia, vemos que funções executivas participam da competência para leitura: planejamento, organização, alternância atencional e memória de trabalho auditiva. São habilidades que armazenam, organizam e integram a informação permitindo que se compreenda o que foi lido. Na avaliação de indivíduos com queixas de **compreensão de leitura** busca-se investigar os componentes dessa habilidade para encontrar uma dificuldade específica e elaborar um plano de intervenção individualizada e eficaz. Não havendo dificuldades no **reconhecimento de palavras**, foca-se em aspectos da linguagem oral: consciência sintática, vocabulário e a compreensão auditiva, e também fluência de leitura, funções executivas e memória de trabalho. (Seabra; Dias; Capovilla, 2013, citados por Silva, 2017a, p. 14, grifo do original)

A identificação do tipo específico de dificuldade permite intervenção precisa.

**Problemas de leitura e de compreensão de leitura**
Dislexia não é o mesmo que dificuldade em compreensão de leitura. A dislexia envolve três aspectos ou dificuldades específicas: 1) reconhecimento de palavras; 2) fluência; e 3) compreensão. Isso é corroborado no DSM-V, no item Transtorno

Específico da Aprendizagem com prejuízo na leitura: precisão na leitura de palavras, velocidade ou fluência da leitura e compreensão da leitura.

Fletcher (citado por Seabra; Dias; Capovilla, 2013) também considera essas categorias, diferenciando-as em termos de dificuldades e perfil cognitivo:

> Transtorno no reconhecimento de palavras [...] dislexia [...] forma mais comum de transtorno de leitura, representando aproximadamente 80% dos casos. Indivíduos com esse diagnóstico possuem dificuldades básicas e primárias na leitura (e escrita) de palavras isoladas por meio do processo de decodificação (ou codificação), associadas a déficits no processamento fonológico da informação. Obviamente, essa dificuldade compromete outros domínios, como a fluência e a compreensão de leitura. Transtorno de fluência [...] 10% dos diagnósticos [...] sem dificuldades em processamento fonológico, mas com um déficit primário em velocidade de processamento. [...] apresentam comprometimento na fluência ou velocidade de leitura de palavras e de textos e, como consequência, sua compreensão de leitura também é prejudicada. Algumas evidências apontam que esse déficit de fluência seja devido à dificuldade em automatização dos processos de reconhecimento de palavras [...] Transtorno de Compreensão [...] 10% a 15% [...] problemas de compreensão de leitura na ausência de qualquer dificuldade em reconhecimento de palavras e em fluência. [...] déficits em habilidades de linguagem oral, nomeadamente a compreensão auditiva, além de outras como

vocabulário e entendimento de sintaxe; ou alterações em processos mais específicos à leitura, como a sensibilidade à estrutura textual ou, ainda, prejuízos em habilidades como memória de trabalho e processos superiores, envolvendo o monitoramento da compreensão, integração textual e inferência. (Seabra; Dias; Capovilla, 2013, p. 13)

**Teste contrastivo de compreensão auditiva e de leitura (TCCAL): avaliando a compreensão de leitura**

O TCCAL avalia tanto a compreensão auditiva (sentenças faladas) como a compreensão de leitura silenciosa (sentenças escritas), o que permite um diagnóstico que diferencia o distúrbio de aquisição de leitura, no qual a compreensão de leitura é disfuncional, do distúrbio geral de linguagem, para o qual os dois tipos de compreensão (de sentenças escritas e faladas) mostram deficiências.

Se a avaliação na compreensão das sentenças escritas apresentou um *score* significativamente baixo em comparação com a compreensão das sentenças faladas, isso é um indicador de que o domínio da leitura está deficitário, mas não há disfunção na compreensão auditiva. Nesse caso, é possível delimitar qual componente está problemático, se a fluência ou o reconhecimento das palavras. Em complemento, se os dois domínios mostrarem comprometimento, ou seja, o *score* geral nos dois subtestes for baixo, evidencia-se uma disfunção mais global na compreensão linguística, que afeta tanto a linguagem como a escrita subsequente a ela (Seabra; Dias; Capovilla, 2013).

## 6.6.2 Escrita: dificuldades, avaliação e possibilidades

Como deve ter ficado evidente, leitura e escrita são interdependentes, seus componentes individuais contribuem para o sucesso de ambas. De forma semelhante à leitura, a escrita tem também duas modalidades: uma fonológica, e outra, a lexical (Seabra; Dias; Capovilla, 2013).

A **escrita fonológica** é articulada pelos sons da fala e também pela regularidade das correspondências entre fonemas e grafemas. Essa escrita tem três operações:

> (1) segmentação da forma fonêmica da palavra nos sons de consoantes e vogais que as compõem; (2) emprego da letra ou grupo de letras apropriadas a cada fonema; e (3) agrupamento de letras obtidas. Essa sequência será reverberada pela memória grafêmica, que possibilitará a produção escrita. No entanto, a simples transposição de fonemas para grafemas não é eficaz na escrita de palavras irregulares. (Seabra; Dias; Capovilla, 2013, p. 14)

A **escrita lexical** não depende da mediação pelos sons (fonológica), pois o importante é a frequência das palavras, não sua regularidade. A escrita lexical, ou *grafêmica*, se utiliza da representação semântica da palavra, assim, a frequência das palavras permite a sua memorização, ou memória grafêmica, evocação ou lembrança e, consequentemente, a escrita, de forma facilitada. Palavras irregulares também podem ser escritas, mas a escrita fonológica precisa estar estabelecida para que essa modalidade se desenvolva melhor (Seabra; Dias; Capovilla, 2013).

Reveja a Figura 6.2, em que apresentamos um modelo no qual três habilidades se inter-relacionam para compor a escrita: caligrafia, codificação gráfica e composição.

A CALIGRAFIA ou GRAFIA, enquanto uma das habilidades de coordenação motora fina, pode compreender aspectos como proporção de tamanhos das letras, uniformidade de espaço entre elas, uniformidade de inclinação, bem como a fluência. A fluência da caligrafia tem sido pesquisada como um fator importante, pois é um preditor de fluência e da qualidade da produção textual. Envolve também a acurácia da escrita e permite a alocação de recursos atencionais para os aspectos de nível superior, tais como a escolha de estruturas sintáticas e semânticas em um texto.

A CODIFICAÇÃO GRÁFICA ou ORTOGRAFIA se refere à codificação de fonemas em grafemas a partir do uso competente das regras fonológicas e ortográficas. São preditores de habilidades ortográficas o mapeamento fonológico e ortográfico, bem como habilidades motoras, especificamente a integração visuomotora

Por fim, a COMPOSIÇÃO da escrita considera a elaboração de notas, narrativas e dissertações. Nesse domínio, além do desenvolvimento da linguagem oral e escrita, é crítico o papel das funções executivas. A produção tem como etapas o planejamento da expressão do raciocínio linguístico, a iniciação e engajamento para execução, a alternância em um conjunto de respostas envolvendo codificação fonológica e ortográfica e, por fim, o automonitoramento a fim de manter ou modificar as estratégias de escrita. (Seabra; Dias; Capovilla, 2013, p. 16)

A compreensão das regras alfabéticas – conhecimento declarativo – e a capacidade de aplicá-las – conhecimento procedimental – são essenciais na escrita textual (Seabra; Dias; Capovilla, 2013).

**Problemas de escrita**

Se **dislexia** é percebida como um transtorno da acurácia da leitura. Sendo assim, as dificuldades de escrita dos disléxicos são ignoradas, consequentemente, não são avaliadas e não recebem intervenção.

As dificuldades de escrita precisam ser consideradas na avaliação da dislexia, a qual pode estar relacionada a problemas de automatização da escrita de letras e de nomeação, relacionados à baixa fluência verbal.

Affonso, Piza, Barbosa e Macedo (2010) analisaram os tipos de erros ortográficos cometidos por crianças disléxicas, controles pareados por idade cronológica e controles pareados por nível de leitura, em uma tarefa computadorizada de nomeação de figuras por escrita. Os resultados indicaram que disléxicos e controles por nível de leitura não diferiram quanto ao número de acertos, mas ambos acertaram menos que os controles por idade cronológica. Em relação aos tipos de erros, os disléxicos apresentaram maior número de erros nas correspondências unívocas grafema-fonema, omissão de segmentos e correspondência fonema-grafema independente de regras, o que indica a existência de falhas do processamento fonológico e do processamento lexical necessários para a codificação. Nos casos em que não estão presentes prejuízos de leitura e, portanto, não se trata de dislexia, é possível que ocorra um distúrbio específico da escrita. (Seabra; Dias; Capovilla, 2013, p. 16)

No **transtorno específico da aprendizagem**, com prejuízo na expressão escrita, o DSM-V apresenta transtornos específicos da escrita, que são: a) precisão na ortografia; b) precisão na gramática e na pontuação; e c) clareza ou organização da expressão escrita. A **disortografia** está relacionada com os itens a) e b), enquanto a **disgrafia** está relacionada com o item c) (Seabra; Dias; Capovilla, 2013).

Na disgrafia, o componente da escrita comprometido é a grafia e as principais características clínicas são produção escrita marcada por indefinição e mescla no uso de letras bastão e cursiva, traçado de letra ininteligível, traçado de letra incompleto, dificuldade em realizar cópias e falta de respeito às margens do caderno. Já a disortografia compreende um padrão de escrita que foge às regras ortográficas estabelecidas e que regem determinada língua. Caracteriza-se pela dificuldade em fixar as formas ortográficas das palavras e, consequentemente, são presentes erros por substituição, omissão e inversão de grafemas, alteração na segmentação de palavras, persistência do apoio na oralidade na escrita e consequente dificuldade em produção de textos. (Seabra; Dias; Capovilla, 2013, p. 16)

**Avaliação da escrita**
A escala de Avaliação da aprendizagem da escrita (Adape) é um importante instrumento de avaliação voltado a perceber a dificuldade da criança na representação de fonemas na escrita. A avaliação é feita por meio de um ditado de texto com 114 palavras de complexidade variada. Apresenta sílabas

complexas, como -ão, dígrafos, como -nh, e encontros consonantais, como -mb.

Outro instrumento é o Teste de desenho escolar (TDE), com seu subteste de escrita. Também utiliza o recurso do ditado (e de escrita), com 45 palavras além do nome próprio. A sequência de palavras se desenvolve em nível crescente de dificuldade ortográfica. Esse teste é destinado aos estudantes da 1ª à 6ª série do ensino fundamental.

Último instrumento que comentaremos, a prova de escrita sob ditado pode ser aplicada tanto no formato individual quanto coletivo, com crianças entre 6 e 11 anos. Sua versão completa conta com 72 itens em níveis diversos de regularidade (palavras regulares e irregulares), frequência na língua (alta ou baixa) e comprimento (dissílabas ou trissílabas). Um diferencial desse instrumento é a inclusão de pseudopalavras. Apresenta também uma versão reduzida, com 36 itens, podendo ser aplicado rapidamente, entre 20 e 30 minutos. Ele permite avaliar a escrita em termos do resultado global e do uso de estratégias específicas por parte da criança (Seabra; Dias; Capovilla, 2013), como é mostrado no Quadro 6.8, a seguir.

**Quadro 6.8** – Verificação do desempenho de estratégias específicas

| | |
|---|---|
| Erros ao escrever palavras irregulares | Sugere dificuldade no acesso ao léxico ortográfico e que a criança tem escrita baseada na oralidade (uso exclusivo da estratégia alfabética). |
| Erros na escrita de palavras pouco frequentes ou pseudopalavras | Indica dificuldade na conversão fonografêmico da estratégia alfabética. |

# 6.7 Aritmética sob o olhar neuropsicológico

A matemática – e, especificamente, a aritmética – é uma habilidade fundamental que a criança deve dominar na escola. Não coincidentemente, a linguagem e os cálculos compartilham estruturas cerebrais, o que faz muito sentido quando observamos que muitas crianças têm, simultaneamente, dificuldades de linguagem e de matemática. Também ocorrem casos em que crianças têm problemas com a matemática originários de dificuldades com a linguagem. Sem compreender o código linguístico da matemática, não é possível compreender sua lógica conceitual. Aliás, lógica e matemática estão ligadas. Estudantes bons em lógica são bons em cálculos, ainda que o contrário não seja, necessariamente, válido. De qualquer forma, matemática, linguagem, habilidades lógicas e sistema de pensamento crítico estão interligados no cérebro (Tokuhama-Espinosa, 2011).

Você vai conhecer modelos de processamento aritmético, habilidades cognitivas relacionadas e formas de avaliação das dificuldades dessa área.

## 6.7.1 Aritmética: modelos de processamento

O modelo Menon (Seabra; Dias; Capovilla, 2013) propõe três níveis de processamento na aritmética:

> No primeiro nível [...] "Processamento Numérico Básico", que se refere à compreensão e conhecimento das propriedades conhecimento de números, de símbolos, a noção de quantidade e de magnitude. [...] segundo nível, [...] "Computação Matemática

Simples", que inclui duas habilidades fundamentais à proficiência aritmética: a habilidade de cálculo e de recuperação da informação do sistema de memória de longo prazo. Essa segunda habilidade só é possível após o aprendizado de fatos aritméticos (ou seja, fatos básicos da adição, subtração e outras operações, como 2 + 2 = 4 ou 3 x 2 = 6) e permite um acesso mais rápido à resposta em problemas aritméticos. Por outro lado, quando tais fatos aritméticos ainda não estão consolidados na memória e a tarefa precisa ser solucionada por intermédio do cálculo, grande demanda de processamento é imposta à memória de trabalho. E, em conjunto com essa habilidade, outras como atenção, sequenciamento e tomada de decisão são recrutadas para lidar com "Computações Matemáticas Complexas", no terceiro nível de processamento de Menon, influenciando a acurácia e velocidade do desempenho na tarefa. (Seabra; Dias; Capovilla, 2013, p. 76-77)

**Quadro 6.9** – Modelo Menon de processamento na aritmética

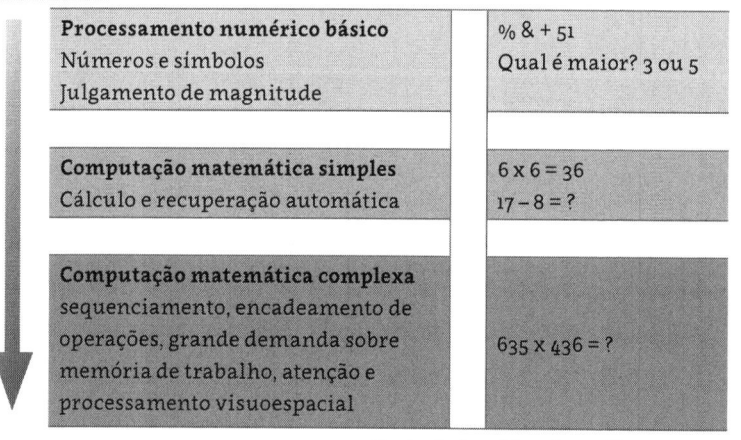

| | |
|---|---|
| **Processamento numérico básico**<br>Números e símbolos<br>Julgamento de magnitude | % & + 51<br>Qual é maior? 3 ou 5 |
| **Computação matemática simples**<br>Cálculo e recuperação automática | 6 x 6 = 36<br>17 – 8 = ? |
| **Computação matemática complexa**<br>sequenciamento, encadeamento de operações, grande demanda sobre memória de trabalho, atenção e processamento visuoespacial | 635 x 436 = ? |

Fonte: Seabra; Dias; Capovilla, 2013, p. 77.

Seabra, Dias e Capovilla (2013) também propõem um modelo integrador, descrito no quadro a seguir.

**Quadro 6.10** – Modelo integrador de Seabra, Dias e Capovilla

| Processamento numérico básico | Compreensão e produção de símbolos e números; Leitura, escrita e contagem de números; Recuperação de fatos numéricos. |
|---|---|
| Cálculo | Processamento dos símbolos matemáticos operacionais; Execução de cálculos. |

Fonte: Seabra; Dias; Capovilla, 2013, p. 78.

Na resolução de problemas aritméticos, esses dois módulos atuam de forma complementar, visto que é preciso conhecer e compreender os símbolos e números (propriedades numéricas), lembrar de fatos numéricos e executar as operações de forma sequenciada, aplicando regras e procedimentos.

A coordenação dessas atividades é feita por um controle executivo, ou "executivo central", que visa:

- Prover e gerir recursos de atenção,
- Inibir associações incorretas ou irrelevantes,
- Sustentar a informação em mente e manipulá-la,
- Sequenciando e efetuando as transformações e operações necessárias,
- Acessar o sistema de memória de longo prazo e
- Guiar a tomada de decisão na solução do problema.

(Seabra; Dias; Capovilla, 2013, p. 79)

Como é possível observar anteriormente, a expressão *executivo central* é posta entre aspas. Isso se deve ao fato de que não se trata de uma estrutura, mas de um conjunto que exerce as funções citadas, de modo integrado e sistêmico, ou seja, interdependente.

## 6.7.2 Habilidades cognitivas relacionadas à aritmética

As **habilidades cognitivas** necessárias às atividades aritméticas incluem: a) processamento visuoespacial; b) memória visual; c) raciocínio não verbal e linguagem, que inclui o processamento fonológico; d) funções executivas, com destaque para controle inibitório, atenção e memória de trabalho (Seabra; Dias; Capovilla, 2013).

Segundo Coch, Fischer e Dawson (citado por Tokuhama--Espinosa, 2011, p. 147), a competência matemática relaciona-se a cinco aspectos/habilidades:

1. conhecimento declarativo, ou um armazém extensivo de fatos matemáticos (por exemplo, que $15^2 = 225$);
2. conhecimento procedural, ou um depósito extensivo de processos direcionados a objetivos, tais como algoritmos computacionais, estratégias e heurísticas (por exemplo, o método do menor denominador comum para adicionar frações);
3. conhecimento conceitual ou uma extensa rede de conceitos (por exemplo, ordinalidade, cardinalidade) que ajudam os solucionadores de problemas a entender o significado de fatos e procedimentos (por exemplo, por que é preciso inverter e multiplicar ao dividir as frações);

4. habilidades de estimativa; e
5. capacidade de representar graficamente e modelar relações e resultados matemáticos.

Vários estudos sugerem sub competências necessárias à matemática, conforme é mostrado no quadro a seguir.

**Quadro 6.11** – Subcompetências necessárias a matemática

| Sub-habilidade | Exemplo |
|---|---|
| • Conhecimento declarativo | $15^2 = 225$ |
| • Conhecimento procedural | O método do menor denominador comum para adicionar frações |
| • Conhecimento conceitual | Ordinalidade, cardinalidade |
| • Habilidades de estimativa | Capacidade de julgar quantidades |
| • Habilidades gráficas | Desenhar um gráfico; modelar relações e resultados matemáticos |
| • Habilidades de codificação visual de números arábicos | Entender cadeias de dígitos, bem como paridade ou o conceito de números pares |
| • Capacidade de quantidade analógica ou código de magnitude | Capacidade de usar uma linha numérica mental |
| • Habilidades de codificação verbal | Ensaio de linguagem mental de fatos aritméticos |
| • Habilidades espaciais | Desenhar ou visualizar relações |
| • Habilidades de pensamento de ordem superior | Escolher seletivamente o que prestar atenção e relacionar com sucesso novos conceitos com os antigos |
| • Diferença entre "três", "III", "3" e "..." | Capacidade de conceituar diferentes formas e representações de números |
| • Percursos sensoriais | Capacidade de ver, ouvir, escrever, falar normalmente |

Fonte: Tokuhama-Espinosa, 2011, p. 148.

O processamento aritmético implica a atividade integrada de várias estruturas neurológicas, conforme evidenciam os estudos de imageamento cerebral.

Córtex parietal posterior, bilateralmente, implicado no processamento numérico e na recuperação de fatos aritméticos. [...] Córtex pré-frontal estaria relacionado à demanda executiva da tarefa, ou seja, estaria subjacente aos processos de tomada de decisão, sequenciamento, memória de trabalho e atenção necessários para coordenar e integrar tanto fatos aritméticos recuperados da memória quanto novas computações necessárias para se chegar à resposta esperada. [...] quando a tarefa exige maior número de procedimentos de cálculo, observa-se aumento na atividade do córtex pré-frontal; ao passo que, quando a resposta pode ser recuperada automaticamente, há aumento de atividade no giro angular do hemisfério esquerdo. [...] hipocampo, que estaria relacionado à recuperação de fatos aritméticos e o sulco intraparietal, relacionado à representação e manipulação de quantidades numéricas. Essa região, inclusive, tem sido apontada como substrato neurológico relacionado ao conceito de "Senso numérico" proposto por Dehaene e que se refere à habilidade de representar, reconhecer e manipular magnitudes numéricas de forma não verbal, por meio de uma linha numérica mental. (Seabra; Dias; Capovilla, 2013, p. 80)

No começo da aprendizagem aritmética, as FE são mais recrutadas, ou seja, o processo ocorre de forma mais deliberada, consciente, demandando mais consumo cerebral. À medida que essas habilidades vão sendo desenvolvidas e praticadas, o processo se torna mais automático, pela recuperação dos fatos aritméticos, como é observado nos adultos (Seabra; Dias; Capovilla, 2013). Temos também o ZAREKI, ou ZAREKI-R, que é específico para habilidades matemáticas básicas, através de 12 subtestes.

### 6.7.3 Dificuldades, avaliação e possibilidades na aprendizagem da aritmética

Há uma diversidade de termos utilizados para representar as dificuldades aritméticas. O DSM-V as apresenta como transtorno específico da aprendizagem com prejuízo na matemática, enquanto o CID-10 as inclui sob a designação de *transtorno específico da habilidade em aritmética*. A literatura científica nacional e internacional traz também as expressões *discalculia*, ou *discalculia do desenvolvimento* (Seabra; Dias; Capovilla, 2013).

A discalculia se relaciona com a aquisição das habilidades aritméticas e mostra prevalência entre 4% e 6%. Pode apresentar três categorias de dificuldades: (1) leitura e escrita de números; (2) memorização de fatos numéricos; e (3) utilização de procedimentos matemáticos, os quais podem ser avaliados pelo teste Zareki (Seabra; Dias; Capovilla, 2013), que será comentado a seguir.

**Testes nacionais para avaliar a competência aritmética**

O Teste de Desempenho Escolar (TDE) avalia tanto leitura e escrita como a aritmética, área na qual os(as) estudantes resolvem problemas matemáticos de forma oral e escrita. O teste Zareki, ou Zareki-R, é focado na avaliação de habilidades matemáticas básicas e utiliza 12 subtestes:

enumeração de pontos, contagem oral em ordem inversa, ditado de números, cálculo mental, leitura de números, posicionamento de números em escala vertical, memorização de dígitos, comparação de números apresentados oralmente (comparação de grandeza), estimativa visual de quantidade, estimativa qualitativa de quantidades no contexto, problemas aritméticos apresentados oralmente e comparação de números escritos (comparação de grandeza). (Seabra; Dias; Capovilla, 2013, p. 83)

No Neupsilin, teste neuropsicológico e cognitivo, há 32 subtestes que avaliam oito habilidades. Em uma delas, aritmética, a criança é solicitada a fazer cálculos matemáticos com as quatro operações básicas (Seabra; Dias; Capovilla, 2013).

A Prova de Aritmética (PA) avalia diversas competências aritméticas, permitindo reconhecer áreas críticas e indicar intervenções específicas. Entre as competências: a) resolução de problemas matemáticos; b) cálculo de operações apresentadas por escrito e oralmente; c) escrita por extenso de números algébricos; d) escrita algébrica de números falados; e) escrita de sequências numéricas em ordem crescente e decrescente; e f) comparação de grandezas numéricas (Seabra; Dias; Capovilla, 2013).

## 6.8 Neurociência e educação inclusiva

A escola deveria ser um espaço de integração da diversidade, mas, comumente, em sua forma clássica de organização – que prima por condutas e desempenhos padronizados –, tende a homogeneizar e diluir diferenças individuais. O movimento de inclusão educacional pode e vem equilibrando essa tendência, visto que valoriza e estimula "singularidade de talentos, capacidades, conhecimentos e experiências das crianças reunidas na escola com um objetivo comum: aprender" (Marques, 2016, p. 146).

As políticas de inclusão evocam a reflexão sobre as diversas competências do cérebro humano, o que conduz à compreensão mais ampla e ao respeito de singularidades, limitações e potenciais da cada estudante, com ou sem necessidades educacionais especiais (NEE) (Marques, 2016).

O movimento de inclusão buscou, desde seu início, trazer as crianças com "deficiências" de suas escolas especiais para o ensino regular – proposta altamente desafiadora e difícil, visto que implicaria a requalificação de profissionais para acolher os(as) estudantes com NEE. Mary Warnock pode ser considerada um dos pioneiros nesse sentido, quando, em 1978, apresentou uma proposta de educação inclusiva na Inglaterra, o *Warnock Report Special Educational Needs* (Warnock Committee, 1978, citado por Marques, 2016), o qual sugeria que "crianças com deficiência leve ou moderada, sobretudo física [...], fossem transferidas de escolas especiais para gozar do direito de estudar com seus pares em escolas normais" (Marques, 2016, p. 151).

Outro marco importante foi a Declaração de Salamanca, lançada pela ONU em 1994 e reeditada em 1997 (Unesco, 1997; Brasil, 2008), a qual estendeu o conceito de NEE para as crianças socialmente vulneráveis, o que, no caso do Brasil, é especialmente válido, em função de que a desigualdade social em nosso país exclui parcelas da população do acesso e/ou da continuidade do ensino (Breitenbach; Honnef; Tonetto Costas, 2016).

No Brasil, temos uma rica legislação que considera a área da inclusão. Entre as principais leis sobre o assunto, destacamos a Lei n. 9.394, de 20 de dezembro de 1996 (Brasil, 1996) – Lei de Diretrizes e Bases da Educação Nacional (LDBEN), que no Capítulo V dedica-se à educação especial; o Plano Nacional de Educação (PNE), dado pela Lei n. 10.172, de 9 de janeiro de 2001 (Brasil, 2001); e a Lei n. 13.005, de 25 de junho de 2014 (Brasil, 2014), com suas 20 metas a serem alcançadas até 2024. Uma dessas metas é a seguinte:

> META 4: universalizar, para a população de 4 (quatro) a 17 (dezessete) anos com deficiência, transtornos globais do desenvolvimento e altas habilidades ou superdotação, o acesso à educação básica e ao atendimento educacional especializado, preferencialmente na rede regular de ensino, com a garantia de sistema educacional inclusivo, de salas de recursos multifuncionais, classes, escolas ou serviços especializados, públicos ou conveniados. (Brasil, 2014)

O PNE é considerado um marco importante na criação da escola inclusiva no Brasil porque considera a formação de recursos humanos e a valorização dos profissionais (Garcia, 2013; Brasil, 2014), ainda que a implementação da lei seja questionável. Uma revisão histórica sobre a educação inclusiva em nosso país pode ser obtida no sítio do MEC e no artigo *Educação inclusiva: uma escola para todos*, de Silva Neto et al. (2018).

Do ponto de vista estatístico, a meta 4 vem sendo gradativamente conquistada, conforme mostram os dados do senso educacional de 2018:

> Em 2014, o percentual de alunos incluídos era de 87,1%; em 2018, esse percentual passou para 92,1%. Além disso, considerando

a mesma população de 4 a 17 anos, verifica-se que o percentual de alunos que estão incluídos em classe comum e que têm acesso às turmas de atendimento educacional especializado (AEE) também cresceu no período, passando de 37,1% em 2014 para 40,0% em 2018. (Inep, 2019, p. 34)

O número de matrículas na educação especial chegou a 1,2 milhão em 2018, um aumento de 33,2% em relação a 2014. O maior número de matrículas está no ensino fundamental, que concentra 70,9% das matrículas na educação especial. Quando avaliado aumento no número de matrículas entre 2014 e 2018, percebe-se que as matrículas no ensino médio são as que mais cresceram, um aumento de 101,3%. (Inep, 2019, p. 33)

Como você pode perceber, os dados quantitativos sugerem um cenário otimista da educação inclusiva brasileira. E o que poderíamos falar sobre sua qualidade?

## 6.8.1 Formação de professores

Inicialmente, é importante notar a carência de pesquisas sobre a **formação de docentes** em Educação Especial, bem como sobre os processos inclusivos que permitem a integração de alunos com NEE. Adiciona-se a isso o fato de que, embora existam ações governamentais para ofertar a Educação Especial, os governos não tem dado a mesma importância à formação dos profissionais que atendem essa demanda (Rodrigues; Passerino, 2018). Nesse contexto, a formação continuada se torna uma temática muito importante:

> Tão relevante quanto nossa formação inicial, oriunda de variadas áreas – a inda mais quando falamos da EP –, é a formação continuada do professor. Compreendemos que será esse tipo de formação que possibilitará a promoção de elementos teóricos e reflexivos para que a prática como docente mobilize o ensino e a aprendizagem tanto nos alunos quanto no próprio professor. (Rodrigues; Passerino, 2018, p. 175)

Essa educação continuada também oportuniza que os profissionais possam integrar e reconhecer a importância dos conhecimentos da neurociência na sua formação e práxis. Por exemplo, os profissionais que realizaram um minicurso sobre neurociências e educação, inclusão escolar e transtorno do espectro autista (TEA – concepção do DSM-V) relataram o valor dessa capacitação para a eficácia de suas intervenções pedagógicas com os alunos com TEA (Ferreira, 2017; APA, 2014).

A compreensão clínica desse transtorno, das formas de tratamento, de relacionamentos e comunicação, bem como dos meios adequados de ensino-aprendizagem relacionados a esses(as) alunos(as), é fruto de desenvolvimento e controvérsia científica (Pinto; Simeão; Paula Junior, 2018; Siqueira et al., 2016). Estudos neurológicos sugerem a relação do TEA com os neurônios espelho (Raposo; Freire; Lacerda, 2015), que, como indicamos anteriormente, são importantes para o aprendizado.

A neurociência pode ofertar compreensão adicional sobre os transtornos e deficiências, tanto do ponto de vista teórico quanto da práxis dele decorrente, o que vem sendo desenvolvido em pesquisas e/ou intervenções para a inclusão de alunos com NEE – por exemplo, com o TEA (Pinto; Simeão; Paula Junior, 2018; Rodrigues, 2015; Ferreira, 2017); com a síndrome de Asperger (Rocha; Tonelli, 2015); com o déficit intelectual ou deficiência mental (Facion, 2009; Souza; Gomes, 2015); com o transtorno do neurodesenvolvimento, as altas habilidades e a superdotação (Santos et al., 2017, 2018); com o distúrbio do processamento auditivo (Moraes; Louro; Freitas, 2014); surdez (Ribeiro; Franco, 2018); deficiência visual e cegueira (Viveiros; Camargo, 2011; Bandeira, 2019).

Essa produção teórica e experimental/experiencial tem embasado cursos para formação/qualificação de professores, como o curso semipresencial de Atualização de Professores da Educação Infantil, Ensino Fundamental e Médio, voltado tanto para a educação regular como inclusiva, coordenado pela Profa. Dra. Luciana Hoffert Castro Cruz (2017), incluindo material didático e videoaulas em mp4, na cidade de Nova Serrana, Minas Gerais.

Esse minicurso sobre neurociências e educação, inclusão escolar e transtorno do espectro autista foi seguido de pesquisa voltada à formação continuada de professores visando à inclusão de alunos com TEA, ofertado em Ouro Preto, Minas Gerais, por Renata de Souza Capobiango Ferreira (2017).

Um terceiro exemplo é um programa de formação de professores(as) de licenciatura em Química, Biologia, Física e Matemática, que é acompanhado de pesquisa (pesquisa-ação) na perspectiva da educação inclusiva e psicopedagogia, que usa como referência as bases da neuroeducação. Tal programa é oferecido pelo Instituto Federal de Educação, Ciência e Tecnologia (Centro/IFAM-CMC), na cidade de Manaus, Amazonas (Ferreira et al., 2015).

Os exemplos ainda são poucos, mas há também cursos de formação continuada em neuroeducação não ligados à educação inclusiva, como o ofertado na Rede Básica de Ensino de Uruguaiana/RS (Filipin et al., 2016); o projeto Escola do Cérebro, aplicado nas escolas de ensino fundamental, vinculado à Universidade Federal de Santa Catarina – UFSC (Ramos, 2015); o Projeto NeuroEduca[9], criado em 2003 pela Dra. Leonor B. Guerra; e o curso O cérebro vai à escola[10], da Universidade Federal de Minas Gerais (UFMG), baseado na pesquisa de Felipe S. Lisboa (2014) na Universidade Estadual do Rio de Janeiro (UERJ).

Esses cursos, ainda que raros em nosso contexto, são essenciais para que a cultura da neuroeducação nasça, cresça e floresça no Brasil, visto que os conhecimentos relacionados à neurociência não estão ainda presentes na formação de professores no Brasil, como mostraram Grossi, Lopes e Couto (2014) em sua pesquisa, que buscou:

> verificar se os cursos de Pedagogia e dos Programas Especiais de Formação Pedagógica de docentes no Brasil têm incorporado em suas propostas pedagógicas os conhecimentos sobre a neurociência. [...] Os resultados permitem afirmar que a neurociência cognitiva na área educacional ainda não é uma realidade, haja vista a falta de disciplinas relacionadas com a neurociência na maioria das matrizes curriculares dos cursos pesquisados. Os dados, portanto, indicam a necessidade de uma revisão nos currículos dos profissionais da Educação.

---

9   Disponível em: <https://www2.icb.ufmg.br/neuroeduca/>.
10  Cenex – Centro de Extensão do ICB, UFMG. Disponível em: <https://www2.icb.ufmg.br/cenex/index.php/cursos/atualizacao/o-cerebro-vai-a-escola>.

Analisando a produção nacional sobre a neurociência na educação, percebe-se que a pesquisa sobre este tema encontra-se tímida, embora exista um interesse cada vez maior nos últimos dez anos. (Grossi; Lopes; Couto, 2014, p. 27)

Com o avanço das políticas de inclusão em nosso país e no mundo, urge o conhecimento sobre o cérebro humano na formação docente, para que possamos "melhor compreender, respeitar e valorizar as limitações e o potencial de cada aluno", principalmente aqueles que mais precisam dessa compreensão, respeito e apoio, os(as) estudantes com NEE (Marques, 2016, p. 146).

Para lhe permitir uma ideia mais concreta do que apresentamos, ofertamos um exemplo a seguir.

## 6.8.2 Um exemplo da aplicação da neurociência na educação inclusiva

Como um dos objetivos da neuroeducação é potencializar as ações pedagógicas aos estudantes em geral, também pode contribuir com esse objetivo às pessoas com NEE, mediando a **acessibilidade pedagógica**, ou seja, a redução ou a eliminação de barreiras metodológicas e técnicas de ensino. Inclui-se, aqui, a flexibilização curricular, necessária para permitir as diversas opções de aprendizagem adequada à diversidade das necessidades dos alunos e das alunas. Além da questão pedagógica, há outra: a **acessibilidade atitudinal**. Ela se refere ao trabalho pessoal com preconceitos, estigmas e estereótipos para que a percepção e o vínculo com os alunos(as) incluídos(as) sejam mais efetivos por parte dos profissionais (Silva; Mello, 2018).

Como exemplo dessa contribuição, comentamos a **pesquisa-ação** realizada por Silva e Mello (2018), que atuaram com dois alunos incluídos: uma estudante de 14 anos com síndrome de Down e um estudante de 16 anos com retardo mental leve. A turma tinha 25 estudantes, entre 10 e 16 anos, no 5º ano de uma escola pública, na cidade de Uruguaiana (RS). As pesquisadoras realizaram, incialmente, um diagnóstico com os estudantes incluídos, observando idade, interesses pessoais, incluindo gostos por áreas de estudo, estilos de aprendizagem, questões de relacionamento interpessoal e dificuldades de aprendizagem. Com base no diagnóstico e nos conhecimentos da neurociência, elaboraram, aplicaram e avaliaram cinco estratégias pedagógicas, as quais se converteram, no estudo, em cinco categorias norteadoras: 1) estética; 2) emoções; 3) inclusão; 4) autonomia; e 5) neuroeducação (Silva; Mello, 2018).

> O planejamento e a aplicação das estratégias, [sic] foram realizados a partir de momentos pedagógicos da tríade dialética de Vasconcellos (2005): síncrese (mobilização do grupo), análise (envolvimento do grupo), síntese (do que se re-construiu de conhecimento), com foco nas expressões oral, corporal, artística, estética, e nos conhecimentos da Neurociência. As estratégias foram aplicadas em ambiente acolhedor, com espaço para trocas em prol da construção coletiva e ampliação de conhecimentos. As atividades foram aplicadas em 22 dias letivos, de forma lúdica, com modificações no ambiente de

sala de aula, às vezes em círculos, formato U, duplas, trios ou grupos maiores, possibilitando integração e interação. (Silva; Mello, 2018, p. 762)

Ao considerar as avalições dos resultados, as pesquisadoras utilizaram as mesmas cinco estratégias pedagógicas, aplicadas com todos os alunos, considerando a acessibilidade pedagógica e a neurociência aplicada à educação com ênfase na flexibilização curricular.

A seguir, o Quadro 6.12 apresenta as cinco estratégias pedagógicas com diferentes enfoques, desenvolvendo expressão oral, escrita e artística, interação, integração, comunicação, diálogo, senso crítico, autoconhecimento, observação do meio/contexto, emoções e participação (Silva; Mello, 2018).

**Quadro 6.12 – Estratégias pedagógicas e seus enfoques**

| Enfoque/Temática | Tríade dialética |
|---|---|
| Estratégia I – Estética, emoções e inclusão ||
| **I Estética** Expressão, compreensão, desequilíbrio e contextualização. Temática: Observando o mundo | **Síncrese** Observando imagens |
| | **Análise** O que os olhos veem? E o que o coração sente? Ficha de impressões (fotos dos estudantes) |
| | **Síntese** Cartazes para respeitar e começar |

*(continua)*

*(Quadro 6.2 – continuação)*

| Enfoque/Temática | Tríade dialética |
|---|---|
| **Estratégia I – Estética, emoções e inclusão** | |
| **II Emoções**<br>Expressão, des(equilíbrio) e emoções.<br>Temática: O que sentimos | **Síncrese**<br>Neurocinema com o filme Divertida mente ((Direção: Pete Docter. Produção: Jonas Rivera. Walt Disney Pictures, 2015. 94 min, cor. DVD). |
| | **Análise**<br>Ficha de Flashback;<br>Confecção dos personagens do filme: Tristeza, Alegria, Medo, Nojinho e Raiva;<br>Livrão coletivo Divertida mente Gigante<br>Dinâmica Como os outros me veem? |
| | **Síntese**<br>Ficha de autoavaliação;<br>produção escrita de uma carta para o futuro |
| **III Inclusão**<br>Expressão, des(equilíbrio), inclusão e diferenças<br>Temática: Percebendo a diversidade | **Síncrese**<br>Neurofilme com o filme: Uma lição de amor (Direção: Jessie Nelson. Roteiro: Kristine Jhonson. EUA, 2001. 133 min. Drama. DVD). |
| | **Análise**<br>Ficha de Flashback;<br>Estudo de texto em grupo;<br>Confecção de Mascotes das deficiências. |
| | **Síntese**<br>Júri Simulado;<br>Apresentação do Júri |

*(Quadro 6.2 – continuação)*

| Enfoque/Temática | Tríade dialética |
|---|---|
| **Estratégia II – Sentidos** | |
| **I Multissensorial**<br>Sensações, diferentes formas de perceber o mundo<br>Temática: Aprendo porque experimento | **Síncrese**<br>Circuito Multissensorial |
| | **Análise**<br>Circuito Multissensorial |
| | **Síntese**<br>Debate: Como sentimos o mundo |
| **II Sentidos e experimentações**<br>Sentidos, percepções, compreensão de conceitos<br>Temática: Aprendo experimentando | **Síncrese**<br>Experimentações com material concreto;<br>Anilina comestível;<br>Imagens de confusão visual;<br>CD com diferentes barulhos/ou gravados no computador<br>Passeio pela escola. |
| | **Análise**<br>Estudo de Textos<br>Livro: Os sentidos explicados para crianças de 7 a 9 anos<br>Trabalhos em grupo;<br>Resumo sobre cada sentido;<br>Confecção de cartazes e apresentações dos Mapas dos Sentidos |
| | **Síntese**<br>Ficha Registro dos Sentidos |

(Quadro 6.2 – continuação)

| Enfoque/Temática | Tríade dialética |
|---|---|
| **Estratégia II – Sentidos** | |
| III Sentidos e percepções<br>Sentidos, percepções, compreensão e senso crítico<br>Temática: Aprendo participando | **Síncrese**<br>Jogo Batalha Naval<br>Brincando com assuntos pessoais, observação das regras. |
| | **Análise**<br>Estudo dos livros: Coleção Memórias de um Neurônio Lembrador;<br>Encenações/Horas do Conto em grupos |
| | **Síntese**<br>Atividade Quadro-resumo<br>O que entendemos sobre o Sistema Nervoso |
| **Estratégia III – Sistema Nervoso e Neurociência** | |
| I Neurociência<br>Sistema Nervoso.<br>Temática: Meu Sistema é Nervoso | **Síncrese**<br>Vídeo informativo<br>Cérebro máquina de aprender |
| | **Análise**<br>Estudo dos Livros: Coleção Memórias de um Neurônio Lembrador;<br>Encenações/Horas do Conto em grupos. |
| | **Síntese**<br>Atividade Quadro-Resumo<br>O que entendemos sobre o Sistema Nervoso |

*(Quadro 6.2 – continuação)*

| Enfoque/Temática | Tríade dialética |
|---|---|
| **Estratégia III – Sistema Nervoso e Neurociência** | |
| **II Mapeando o Sistema Nervoso**<br>Sistema Nervoso<br>Temática: Mapeando o Sistema Nervoso | **Síncrese**<br>Registro das pistas e suas respostas sobre sistema Nervoso<br>Jogo dos erros (construção de seu próprio exemplo) |
| | **Análise**<br>Registro das pistas e suas respostas sobre Sistema Nervoso<br>Jogo dos erros (construção de seu próprio exemplo) |
| | **Síntese**<br>NeuroQuiz com as perguntas elaboradas em grupo sobre o Sistema Nervoso |
| **Estratégia IV – Memória** | |
| **I Tipos de memória**<br>Tipos de memória<br>Temática: Memória de elefante | **Síncrese**<br>Dinâmica Memória e Partilha |
| | **Análise**<br>Estudo textual: Tipos de Memória |
| | **Síntese**<br>Jogos da Memória |
| **II Registro imagético/memória**<br>Temática: Memorizo o que vivo | **Síncrese**<br>Fotos de episódios vividos |
| | **Análise**<br>Atividades de descrição escrita e oral cruzadas dos episódios |
| | **Síntese**<br>Mural: Nossos Registros Imagéticos |

(Quadro 6.12 – conclusão)

| Enfoque/Temática | Tríade dialética |
|---|---|
| **Estratégia V – Área da mente, habilidades e competências** | |
| **I Percepção cerebral**<br>Funções, características e partes cerebrais fundamentais, lobos, hemisférios, habilidades e competências<br>Temática: Quebrando a cabeça | **Síncrese**<br>Montagem de um quebra-cabeça com Lobos Cerebrais em EVA |
| | **Análise**<br>Jogo dos erros<br>Estudo de material impresso com localização e funções de cada lobo e hemisférios |
| | **Síntese**<br>Montagem de um painel coletivo |
| **II Hemisférios e lobos cerebrais**<br>Características de cada lobo e hemisfério cerebral.<br>Temática: O que tenho na cabeça | **Síncrese**<br>Jogo dos Hemisférios<br>Sorteio de habilidades e competências predominantes. |
| | **Análise**<br>Estudo de material impresso sobre algumas habilidades e competências<br>Jogos lúdicos com desafios |
| | **Síntese**<br>Cruzando ideias<br>Resumo oral<br>Resolução de cruzadinha em grupos. |

Entre os resultados, as pesquisadoras observaram que as estratégias trouxeram muitos desafios aos participantes. Por exemplo, a participação dos jogos exigiu senso crítico, autonomia, opinião, decisão e independência de ideias. Também o enfrentamento dos erros e a necessidade de lidar com as reações negativas dos colegas foi muito importante, em particular porque os alunos incluídos foram flexíveis, demorando menos tempo para reconhecer os próprios erros e se motivar para a continuidade dos jogos (Silva; Mello, 2018).

> As intervenções renderam resultados surpreendentes, dentre os quais destacamos: a ampliação de visão do docente em sua análise frente ao processo ensino-aprendizagem, a relevância e a importância de se organizar um trabalho para todos, a comprovação de que planejamentos flexibilizados podem atender a um grupo maior de alunos em sala de aula e assim atender ao máximo a diversidade, reconhecer e promover o desenvolvimento de habilidades diferenciadas em todos os alunos é tarefa docente, além de serem destacadas muitas atividades que deram certo e que tiveram eficácia especialmente no fator comportamental dos alunos incluídos, mas não somente deles como evidenciamos mudança em todo o grupo participante. (Silva; Mello, 2018, p. 775)

As pesquisadoras enfrentaram as limitações, comuns em nossas escolas, como o pouco tempo para o planejamento diversificado, o que inclui estratégias flexíveis para os alunos incluídos, poucos recursos materiais e um contexto de educação tradicional, o qual, em geral, ainda não se apropriou do referencial teórico e metodológico oportunizado pela neurociência, como comentamos anteriormente. Apesar disso, conseguiram implementar estratégias de *ensinagem* com possibilidades flexíveis por meio de temas geradores, estimulando a criação de significados no contexto do que está sendo apreendido.

As atividades envolveram interação verbal e habilidades artísticas, de expressão corporal, com tempo e espaço previstos. Ocorreram em grupos, oportunizando a interação a integração dos alunos e alunas, colocando desafios como lidar com as diferenças de opiniões e resolver problemas em busca de mudanças coletivas. Tais práticas podem ser consideradas inovadoras, exercitando a flexibilidade curricular e tomando como base os conhecimentos do funcionamento do cérebro e da plasticidade cerebral. Exploraram com eficácia a interação entre corpo, emoção e cognição, e criaram um ambiente afetivamente protegido, no qual experiências de crescimento, algumas difíceis, foram vivenciadas e elaboradas coletivamente (Silva; Mello, 2018).

As pesquisadoras concluem:

> Frente a tudo isso, destacamos a relação íntima do planejamento de estratégias de intervenção com suporte na Neurociência em prol da acessibilidade pedagógica, justificados pelos objetivos atingidos e pelos resultados inicialmente comportamentais e emocionais que poderão evoluir para cognitivos dada a grande estimulação e reorganização proposta aos alunos incluídos. Mesmo que o resultado dessa prática se dê a longo prazo, a esperança pela construção de uma escola mais inclusiva continuará presente em nossas mentes, corações e ações diárias como compromisso social.
> (Silva; Mello, 2018, p. 775)

Interessante notar que as pesquisadoras não só usaram estratégias baseadas na neurociência, como também ensinaram conteúdo dessa ciência para alunos e alunas, regulares e de inclusão. Ou seja, uma verdadeira neurocultura sendo integrada na escola, para professores(as) e alunos(as), regulares e com NEE.

Quem sabe um dia essa nova cultura – já amadurecida pela pesquisa e integrada por meio de trabalhos inovadores em educação continuada e também de base – possa não mais ser inovadora, mas um componente regular em nossas escolas, incluindo a gestão, os demais funcionários, a própria comunidade e, ainda, as políticas públicas! Utopia?

**Para refletir**

Francisco, introvertido e criativo: Finalizando o estudo de caso sobre o "nosso" estudante com dificuldade de leitura e escrita, poderíamos pensar que seu cérebro não estivesse suficientemente maduro para acompanhar as atividades acadêmicas previstas para sua faixa etária? Seus exames neurológicos, porém, não mostraram qualquer anormalidade. Seu cérebro estava saudável, mas ele não apreendia os conteúdos escolares no ritmo esperado. Quais outros elementos poderiam estar mediando essa dificuldade? A falta de sono adequado, a dificuldade respiratória, seu contexto familiar pouco estruturado e/ou, ainda, métodos de ensino pouco estimulantes? Francisco, ainda que marcadamente introvertido, demonstrava bom relacionamento interpessoal em outros ambientes que não o escolar. Desde cedo (7, 8 anos), manifestava uma inteligência criativa notória. Com base em vídeos que assistia na internet, criava protótipos de brinquedos relativamente complexos.

Também tinha bom desempenho em jogos digitais que demandavam planejamento estratégico – como o Clash of Clans, ou capacidade de engenharia e resolução de problemas, como o Minecraft. Aos 11 anos, Francisco elaborou um jogo de cartas que explorava estratégias de guerra, o que chamou a atenção de sua professora. Ela ficou tão surpresa que reproduziu o jogo para toda a turma (digitalizou e imprimiu). Francisco, criança introvertida, explicou para seus colegas as regras para jogar, esclareceu dúvidas e resolveu problemas individuais: experimentou liderar!

O atendimento pedagógico especializado que recebeu no Centro Municipal de Atendimento Especializado (Cemae) ao longo de dois anos aproxima-se muito das práticas neurodidáticas. Como esse trabalho foi integrado ao da escola, Francisco sentiu-se estimulado a expressar suas habilidades também nesse ambiente. Ele ainda recebeu um ano de atendimento psicológico. Seus pais também passaram por atendimento psicológico porque tinham dificuldades de relacionamento familiar, vindo a se separar em 2016.

Em 2019, Francisco cursou a 8ª série e não tem mais vínculo negativo com o ensino (gosta de estudar na escola e, principalmente, fora dela), apesar de ainda manter certa dificuldade com a língua portuguesa. Ele destacou-se muito na matemática, conquistando prêmios nos concursos promovidos na escola e na prefeitura. O jovem dedica-se, de forma autodidata, ao estudo da biologia de animais exóticos e da astrofísica, demonstrando grande fascínio pelos fenômenos da natureza.

O que você acha deste caso? Francisco realmente tinha defasagem cognitiva? O que teria mostrado uma avaliação neuropsicológica dele? E quanto à intervenção, o que poderia ter sido feito sob o prisma da neuroeducação e da neurodidática?

Antes de passar para as atividades de autoavaliação, registramos uma poesia feita por Francisco e que lhe rendeu a participação na Coletânea do 17º concurso de contos e poesias (Poetas mirins – 2016) de sua escola:

> Escola
>
> A escola é um lugar de ensina
> Ela me fascina
> É um lugar legal
> Apesar dos pernas de pau
> Amigos para brincar
> Professores para ensinar

## Síntese

Fantástico! Com o término deste capítulo, vamos chegando ao final de nossa viagem. Parabéns por ter chegado até aqui!
    Nossa primeira reflexão foi referente a quão fascinante e complexo é o processo de ensino-aprendizagem! Consequentemente, quão difícil e desafiadora é a tarefa de ensinar e, também, de avaliar e intervir quando a aprendizagem mostra-se difícil! A neuroeducação tem como um de seus objetivos compreender os aspectos fisiológicos – e, em especial, neurológicos – e ambientais envolvidos no ensino-aprendizagem. Por exemplo, conhecer a crucial importância do **sono**, por meio do qual se mantém boa saúde e bom humor e se consolidam as memórias. Se uma criança não dorme bem, pode reduzir sua capacidade de aprendizagem em até 40%! De forma semelhante, **nutrição e hidratação** adequadas são essenciais ao funcionamento do mais exigente órgão humano – o cérebro, que consome 1/5 de glicose gerada em nosso organismo e é composto 80% por água. Sem essas condições (nutrição e hidratação), ele não funciona bem, aprende menos e de forma mais lenta. O que contrasta com o fato de o Brasil ter

15 milhões de crianças desnutridas! A má distribuição de renda e a pobreza dela decorrente talvez ainda seja nosso principal problema educacional! Daí a importância de programas sociais, em específico aqueles voltados à saúde/alimentação, como o Programa Nacional de Alimentação Escolar.

E o que dizer do **exercício** e do **movimento**? O sistema motor é parte crucial do processo de aprendizagem e, em especial, para as FE e a atenção, bem comopara a motivação e força de vontade. **Movimento é sinônimo de aprendizagem,** e isso precisa estar presente na mente e coração de todo(a) educador(a)! Métodos precisam ser adaptados e/ou reconstruídos para integrar esse fato. É isso que nos mostra as pesquisas sobre a **cognição incorporada**. O corpo influencia a mente! Em complemento, a mente pode influenciar o corpo e as emoções!

A **atenção** e a concentração, usualmente dispersas em crianças e jovens, mas também em adultos e idosos, pode se tornar **plena**! Porque plástico, nosso cérebro pode ser treinado a desenvolver e manter níveis elevados de atenção, modificando sua estrutura e seu funcionamento. O *mindfulness*, ou o treino da atenção com base em técnicas de meditação, tem sido utilizado para otimizar a saúde física e psicológica, a segurança, a economia, o trabalho e a educação, entre outros. A atenção é determinante para quase todas as atividades humanas e seu desenvolvimento produz menor reatividade aos estímulos externos e internos, otimizando as emoções e a cognição. Os resultados positivos de sua aplicação na educação são evidentes nas pesquisas, que também revelam que o cérebro se modifica, melhorando seu funcionamento em vários aspectos. Em franco desenvolvimento em vários países, as aplicações do *mindfulness* em nosso país, em especial na educação, ainda são relativamente raras. Mas podem e devem se multiplicar, visto que o avanço das **novas tecnologias de informação e comunicação (TICs)** nos "atraem para fora", podendo contribuir para nossa autoalienação. O voltar-se para dentro, por exemplo, por meio do *mindfulness*, é necessário para equilibrar o inevitável mergulho no mundo virtual, que pode nos "infoxicar", ou seja, intoxicar pelo excesso e pela baixa qualidade de informação, ou pelo estímulo à superficialidade nas relações. Quando vivenciadas de forma equilibrada e atenta, tais tecnologias podem ser fantásticas e potencializar muito o aprendizado. O que é fato espontâneo para os nativos digitais, mas exige readaptação dos imigrantes digitais. **Jovens e novas formas de cognição** surgem com as TICs, e a educação precisa incorporá-las, em especial com as "novas" **metodologias ativas de aprendizagem**, as quais reconfiguram/reequilibram os papeis no processo de ensino-aprendizagem: estudantes proativos, criativos, com poder de decisão, de transformação e, naturalmente; muito motivados! Mediadores(as) mais conectados(as) com os(as) estudantes, estimulando seu fluxo espontâneo, crescendo com eles(as). Para isso, precisam também estar mais conectados(as) consigo mesmos(as) e abertos(as) para mudanças, fluindo também com elas. Novamente, o *mindfulness* se faz muito oportuno.

Neuroeducação e neurodidática são parte da inovação educacional e podem ser vistas em experiências nacionais e internacionais. No nível internacional, porque envolve um país inteiro, sua cultura e economia, a **educação** desenvolvida na **Finlândia** é um exemplo muito importante. Talvez o aspecto mais impressionante desse sistema seja o de **valorizar sobremaneira** os(as) **professores**(as), a ponto de dar-lhes autonomia de decisão local. Na sala de aula, por exemplo, exercem essa autonomia através da possibilidade de elaborar currículos flexíveis, construídos de forma colaborativa com os(as) estudantes! Isso é reconhecer o poder (empoderar) de quem o tem: **professores e professoras**! Estes podem também partilhá-lo com estudantes, que crescem e se desenvolvem explorando seu próprio poder, criando, testando, resolvendo problemas, desenvolvendo projetos significativos à comunidade! Trata-se de uma cultura nacional de confiança e cooperação baseada em profissionalismo de alta qualidade. Isso é neuroeducação e neurodidática!

É a **neurodidática** que protege o afeto, a emoção, que estimula a confiança, para que o aprendizado possa ocorrer e potencializar a inovação, a criatividade. Um aprendizado que não permite e estimule que os aprendizes questionem, criem e inovem não é aprendizado, é condicionamento para a repetição! O **ambiente neurodidático** é inclusivo, acolhedor, estimula o pertencimento; é feito com relações de sinceridade que produzem vínculos seguros – e isso é algo difícil de se conquistar, pois implica maturidade emocional do(as) mediadores(as). É local de desafios e descobertas, de diversidade de ser e de exprimir, de variedade sensorial. De construção conjunta e democrática de limites, regras e metas, que vai estimular a maturação das FE. De decisões maduras, de flexibilidade cognitiva e afetiva. No ambiente neurodidático, a liderança é partilhada (coliderança), alternada, experimentada por todos, não apenas pelo(a) mediador(a). Isso permite e estimula o desenvolvimento da liderança dos(as) aprendizes.

No prisma otimista da neuroeducação, faz sentido pensar que as dificuldades de aprendizado possam ser prevenidas ou reduzidas! Mas, salvo raras exceções, a neuroeducação não é fato comum na educação brasileira e nem mundial. Assim, precisamos pensar nessas **dificuldades de aprender (e também de ensinar)** e, talvez, até em transtornos relacionados a elas. É necessário considerá-las com muito cuidado, visto que ainda não dispomos de conhecimentos e procedimentos que possam diagnosticá-las com exatidão. Há também influências econômicas perversas e nada científicas que dificultam avanços reais nessa área. A avaliação e o diagnóstico de dificuldades e/ou transtornos de aprendizagem, bem como processos de intervenção para repará-las, continuam sendo desafios imensos – desafios estes recheados por fatores individuais, culturais, sociais, neurológicos, entre outros, tanto de quem avalia como de quem é avaliado! Da entrevista inicial, passando pela importantíssima observação funcional e pela aplicação de testes formais, chegaremos a resultados e a um prognóstico que orientará a intervenção – tudo isso mediado por um vínculo de afeto positivo, construído para garantir resultados fidedignos na avaliação e positivos na intervenção. Leitura, escrita e aritmética estão entre os principais tópicos de dificuldade de aprendizagem/ensinagem, e um olhar neuropsicológico pode contribuir tanto para as avaliações como para as intervenções.

E quanto às contribuições da neurociência à educação inclusiva? Ou talvez devêssemos perguntar de forma diferente: Quais as contribuições a educação inclusiva pode ofertar ao estabelecimento da neuroeducação? O movimento científico, cultural e social da inclusão educacional vem enfatizar o papel da diversidade de potenciais, de ritmos, enfim, de cérebros, sempre diferentes. Integrar e respeitar essa diversidade é essencialmente neurodidático, independente se alunos e alunas têm ou não necessidades especiais de ensino. Verificamos que nossa legislação cria um ambiente altamente favorável para a implementação da cultura de inclusão, e que dados estatísticos mostram que essa cultura avança rapidamente! No entanto, na prática, a formação de professores e professoras que atendem tal demanda ainda é muito deficiente e raramente integra conteúdos de neurociência. Vimos que a produção científica na área está em franco desenvolvimento. Com base nela, cursos inovadores de formação continuada integram conteúdo da neurociência para formar professores e professoras tanto para a educação regular como para a inclusiva. São sementes plantadas no fértil solo da educação que irão germinar, crescer e florir no amanhecer de um novo dia ensolarado, no qual a neurociência terá seu espaço garantido em meio à interdisciplinaridade.

## Atividades de autoavaliação

1. Podemos dizer que a neurodidática procura organizar a forma de ensinar com base no que se conhece como *o cérebro aprende*, ou seja, os métodos didáticos passam a ser considerados em função da melhor maneira de aprender do cérebro. Dessa forma, analise as assertivas a seguir, julgando-as verdadeiras (V) ou falsas (F).
    ( ) A proteção afetiva e a confiança são condições de aprendizado otimizado.
    ( ) O estresse é necessário para estimular o sistema nervoso.
    ( ) O sentimento de pertencimento ao grupo é muito importante ao(a) estudante.
    ( ) Desafios que produzam curiosidade são igualmente importantes.

Agora, assinale a alternativa que apresenta a sequência correta:

a) V, V, F, V.
b) F, V, V, F.
c) V, F, V, V.
d) F, V, F, V.
e) V, V, V, F.

2. Estratégias de intervenção em relação a dificuldades-transtornos de aprendizagem podem ser elaboradas por meio de um plano considerando-se três fases: inicial, intermediária e final. Assinale a alternativa correta sobre essas três fases:

a) Na fase inicial, estudamos as dificuldades do(a) estudante e, por meio de *softwares* educativos, estabelecemos as metas que ele(a) deverá alcançar. Trabalhamos nos processos de compreensão-retenção e recuperação-utilização. Na fase intermediária, trabalhamos com as metas e elaboramos novo relatório, enfatizando os ganhos obtidos. Na fase final, verificamos se as metas foram alcançadas.

b) Na fase inicial, consideramos e valorizamos as habilidades e competências que o(a) estudante têm de melhor. Estudamos suas dificuldades e estabelecemos, em conjunto com ele(a), as metas que serão almejadas. Na fase intermediária, trabalhamos com essas metas, podendo utilizar jogos competitivos e não competitivos, *softwares* educativos, entre vários outros recursos. Na fase final, verificamos se as metas foram alcançadas e, em caso negativo, elaboramos novo plano de ação.

c) Na fase inicial, consideramos e valorizamos as habilidades e competências que o(a) estudante têm de melhor, bem como estudamos suas dificuldades por meio de *softwares* educativos. Na fase intermediária, elaboramos novo relatório, enfatizando os ganhos obtidos. Na fase final, verificamos se foram alcançadas as metas e, em caso negativo, elaboramos novo plano de ação.

d) Na fase inicial, estudamos as dificuldades do(a) estudante por meio de jogos competitivos e não competitivos. Na fase intermediária, estabelecemos metas. Na fase final, verificamos se estas foram alcançadas e, em caso negativo, novamente, estudamos as dificuldades do(a) estudante, agora por meio de *softwares* educativos.

e) Na fase inicial, estabelecemos as metas. Na fase intermediária, estudamos as dificuldades do(a) estudante por meio de jogos competitivos e não competitivos. Na fase final, verificamos se as metas foram alcançadas e, em caso negativo, novamente estudamos as dificuldades do(a) estudante, agora por meio de *softwares* educativos.

3. Problemas de leitura podem envolver dificuldades específicas que incluem três aspectos: reconhecimento de palavras, fluência e compreensão. Assinale a questão correta sobre o conceito de dislexia:

a) Envolve dificuldades básicas na leitura (e escrita) de palavras isoladas por meio do processo de decodificação ou de seu reconhecimento.

b) Um comprometimento na fluência ou na velocidade de leitura de palavras e de textos, o que, consequentemente, também prejudica a compreensão de leitura.

c) Problema na compreensão da leitura na ausência de dificuldade em reconhecimento de palavras.

d) Envolve dificuldades básicas na leitura (e escrita) de palavras, com comprometimento na fluência ou na velocidade e problemas na compreensão da leitura.

e) Envolve dificuldades básicas na leitura (e escrita) de palavras isoladas na ausência de dificuldade em reconhecimento de palavras. Também envolve o comprometimento na fluência ou da velocidade de leitura de palavras e de textos.

4. "No transtorno específico da aprendizagem, com prejuízo na expressão escrita, o DSM-V apresenta transtornos específicos da escrita, que são: a) precisão na ortografia, b) precisão na gramática e na pontuação e c) clareza ou organização da expressão escrita". Com base nesse excerto tirado deste capítulo, analise as assertivas, a seguir, julgando-as verdadeiras (V) ou falsas (F).

( ) Na disgrafia, o problema é justamente a grafia ou caligrafia, ou seja, a forma de escrever.

( ) Na disgrafia aparecem letras bastão e cursiva misturadas, letras incompletas e ininteligíveis.

( ) Na disortografia, o que está em jogo são as regras ortográficas que não foram ainda memorizadas e aplicadas. Ou seja, as palavras são escritas de forma incorreta.

( ) Na disortografia aparecem erros por substituição, dificuldade em fazer cópias e falta de respeito às margens do caderno.

Agora, assinale a alternativa que indica a sequência correta:

a) F, F, V, V.
b) F, V, F, V.
c) V, F, V, V.
d) V, V, V, F.
e) F, F, F, V.

5. A matemática e, mais especificamente, a aritmética, é uma habilidade importante que a criança deve dominar na escola. O modelo Menon propõe três níveis de processamento na aritmética: processamento numérico básico, computação matemática simples e computações matemáticas complexas.

Após a leitura desse texto, analise as assertivas a seguir, julgando-as verdadeiras (V) ou falsas (F).

( ) Processamento numérico básico: compreensão e conhecimento das propriedades de números, a noção de quantidade e cálculos simples.

( ) Computação matemática simples: habilidade de cálculo e de recuperação da informação do sistema de memória de longo prazo.

( ) Computação matemática complexa: inclui o sequenciamento, o encadeamento de operações e grande demanda sobre memória de trabalho.

( ) Computação matemática complexa: requer, atenção e processamento visuoespacial.

Agora, assinale a alternativa que indica a sequência correta:

a) V, V, F, F.
b) F, V, V, V.
c) V, F, V, V.
d) F, F, V, V.
e) F, F, F, V.

## Atividades de aprendizagem

### Questões para reflexão

1. Considerando o sistema educacional da Finlândia, como você percebe o sistema educacional brasileiro? O que nós poderíamos aprender/mudar com aquele sistema?

2. É possível, dentro de nosso sistema educacional, tornar nossas metodologias mais ativas? Se sim, como? Se não, por quê?

### Atividade aplicada: prática

1. Faça a seguinte pesquisa sobre metodologias ativas com seus (as) estudantes: 1) inicialmente, converse com eles(elas) sobre o tema, apresentando-o de forma bem introdutória/cativante, por exemplo, mostrando um vídeo curto. Indague se gostariam de pesquisar mais sobre isso. Verifique suas opiniões e preferências. 2) Se tudo fluir na direção da pesquisa, medie o seu planejamento: tema geral ou temas específicos primeiro; grupos ou não; tempo de pesquisa;

forma de apresentação; se gostariam de uma avaliação, se sim, de que tipo, quem participaria etc. 3) Durante e após a apresentação, medie a socialização dos aprendizados e das dificuldades e indague se eles(elas) acreditam que os dados dessa pesquisa poderiam ser aplicados em sala de aula, no contexto da disciplina. Se a direção da resposta for positiva, indague sobre como e quando isso pode ser feito, mediando a tomada de decisão. 4) Se, em seu contexto, essa aplicação lhe parecer possível, colabore para que eles(as) o façam. Partilhe a liderança com seus (suas) estudantes, mantendo as metas de ensino integradas no projeto.

Caso essa sugestão seja inapropriada ao seu contexto, inspire-se nela e adéque-a às suas necessidades e possibilidades.

# Considerações finais

Olá!

Chegamos ao final da nossa jornada por trilhas da neuroeducação!

Nela, passamos por seis etapas. Na primeira, Capítulo 1, apresentamos informações básicas sobre o sistema nervoso, com ênfase no cérebro, relacionadas ao aprender e ao ensinar. Compreender aspectos essenciais da neurofisiologia do aprendizado é crucial a um processo de ensinar coerente com a forma de aprender. Por exemplo, é fundamental saber importância dos neurotransmissores e como podem ser "catalisados" para estimular o ensino-aprendizagem.

Na etapa seguinte, Capítulo 2, exploramos o desenvolvimento do sistema nervoso e sua plasticidade. Vimos que a base do aprendizado é a adaptação, algo realmente fantástico se pensarmos que sempre podemos mudar. Naturalmente que, em idades mais tenras, o processo é mais rápido e fácil – exatamente o período em que nos moldamos pela educação formal –, mas, em todas as idades, somos eternos mutantes e aprendizes. Isso permite que possamos nos transformar, crescer e aprender novas formas de aprender e de ensinar! E a memória, ou melhor, as memórias que nos constituem humanos? Sem elas, o que seríamos nós? Compreender melhor como funcionam, sua plasticidade e sua sugestibilidade, por exemplo, não apenas é essencial ao ensino-aprendizagem, mas também para a compreensão de nosso funcionamento mental. Sobre como construímos a realidade a cada segundo!

Nessa etapa, sobrevoamos ainda os múltiplos fatores que influenciam o ensino formal. Refletir sobre eles pode estimular nossa percepção da educação como um processo sistêmico, complexo, multifacetado e que não pode ser minimamente compreendido se reduzirmos o todo a apenas um ou a poucos de seus elementos. Não que alguns fatores não possam se destacar. A economia, por exemplo, talvez, seja um dos fatores mais influentes porque é macroestruturadora dos demais, influindo de forma determinante sobre o sistema como um todo. Ela afeta direta e indiretamente as dificuldades de aprender e ensinar!

Nossa terceira etapa, Capítulo 3, foi emocionante porque guiados(as) fomos pela emoção. Ela que, por séculos, foi desprivilegiada e desvalorizada como função humana, com o advento do estudo do cérebro conquistou seu lugar de destaque: na ciência como objeto legítimo de estudo; na educação, como parceira indispensável do ensino-aprendizagem. Hoje, a emoção está presente em nossa legislação sob a forma de habilidades socioemocionais, nas Competências Gerais da Educação Básica, da Base Nacional Comum Curricular (BNCC). Exploramos esse tema com a designação de inteligência emocional e vimos o quão importante é o processo de autoconhecimento para educadores(as) e, também, para educandos(as). Autoconhecimento e autodesenvolvimento são processos que iniciamos e nunca chegamos ao fim. Não são apenas necessários para vivermos (e aprender/educar) melhor, são essenciais à vida humana neste novo século, marcado pela disrupção tecnológica da quarta revolução industrial e, mais recentemente, pela crise global econômico/sanitária da pandemia da Covid-19. A emoção é o coração do autoconhecimento e do autodesenvolvimento. Sintamo-los pulsar!

Na quarta etapa, Capítulo 4, chegamos às funções executivas (FE), que nos caracterizam como humanos, levando nossa adaptação e nosso aprendizado ao ápice. São fundamentais à vida como um todo e, em especial, ao ensino-aprendizado. Suas disfunções são impactantes em todas as esferas humanas. Desenvolvem-se lentamente e têm relação direta com os estímulos ambientais, entre eles, o ensino formal – um dos mais importantes. Os conhecimentos neuroeducativos podem ser decisivos ao desenvolvimento dessas funções, ainda que a maturidade teórica dessa área seja inicial, o que torna difícil, mas não impossível, sua avaliação e exploração.

Nossa quinta etapa, Capítulo 5, foi uma continuação da anterior, pois focou na atenção e nos tipos de processamentos (consciente *versus* não consciente). Essa parte de nossa aventura pode ter sido impactante, visto que os estudos atuais sobre o processamento mental humano, realizados por várias áreas científicas, nos trazem notícias fortes: somos bem menos conscientes do que poderíamos imaginar ou perceber. Talvez, também tenhamos bem menos liberdade do que supomos. O modelo do novo inconsciente, abordagem teórica mais recente sobre esse tema, mostra-se influente sobre muitas das áreas de conhecimento, como a psicologia, o direito, a economia, a saúde (física e mental) e, como não poderia deixar de ser, a educação! A neuroeducação pode (e deve) se apropriar desse modelo e avançar para a sua aplicação no contexto educacional. De igual importância são os avanços científicos para revisitar dificuldades e transtornos de aprendizagem, podendo corrigir, se necessário, ênfases patológicas centradas nos(as) estudantes, como parece ser o caso do transtorno de déficit de atenção-hiperatividade (TDAH).

O contraponto da ênfase patológica, ou da medicalização da educação, é justamente a valorização e o desenvolvimento de habilidades dos(as) estudantes, temas abordados com excelência pela neuroeducação e pela neurodidática, que foram consideradas na sexta e última etapa de nossa experiência, no Capítulo 6. Entre os temas específicos abordados, vimos a importância do *mindfulness*, ou o treino da atenção, tão necessária ao processo de ensino-aprendizagem. Os estudos sobre as práticas de disciplina mental, que incluem o *mindfulness*, sugerem que temos bastante a desenvolver em nós e em nossos estudantes, e que, por ser mutável, nosso cérebro pode melhorar, e muito! Como um exemplo de aplicação prática da neuroeducação no sistema nacional de ensino, apresentamos o sistema educacional da Finlândia, o qual, guardadas as devidas diferenças socioculturais e econômicas, tem muito a nos inspirar.

No Brasil, a neuroeducação está ainda em fase embrionária e, talvez, muitas dificuldades e/ou "transtornos" de aprendizagem de nossa educação sejam justamente fruto de nossa imaturidade nessa área. Muitos profissionais já se baseiam em um olhar e em uma práxis neurodidáticos, mesmo sem compreendê-los sob essa designação. Intuitivamente ou inspirados por outras abordagens teóricas que também os consideram, promovem resultados de excelência. A integração da perspectiva neurocientífica pode contribuir para esses resultados, incluindo prevenção, avaliação e intervenção com as dificuldades de aprendizagem e "ensinagem".

Esse "novo" olhar revisita também a leitura e a escrita, temas-chave em termos de queixas escolares, ofertando modelos de avaliação e intervenção específicos e potencialmente eficazes. Isso também ocorre com a aritmética, outro tema elementar na educação.

Por fim, mas apenas no começo, essa última etapa nos levou às paragens da educação inclusiva. E nada melhor do que "finalizar" com o acolhimento da diversidade, a qual, por um lado, nos atrai a atenção para a necessidades especiais que precisam ser aceitas e atendidas de forma específica, e, por outro, nos leva a refletir que a recepção e a inclusão do dissímil não é especial, excepcional. Em diferentes níveis, todos nós somos díspares e temos necessidades especiais, expressas também nas formas de aprender. O respeito à diversidade como essencial à vida humana de qualidade, em especial ao nosso desenvolvimento como espécie, é neuroeducativo.

Os resultados das pesquisas da neurociência cognitiva vêm mostrando uma nova perspectiva do funcionamento cerebral, a qual tem sido aplicada em diversas áreas do conhecimento, como medicina, biologia, química, psicologia, psiquiatria, administração, economia e, como vimos, também na educação, entre outras. Alguns dos conhecimentos mais significativos envolvem a memória e o aprendizado, o papel da emoção no raciocínio/julgamento e na tomada de decisão, e, ainda, os processos de autoengano. Também a relação entre processos ditos controlados/conscientes *versus* automáticos/inconscientes apresentou um imenso avanço – elementos que foram considerados neste trabalho.

As neurociências têm contribuído para as áreas indicadas justamente porque seu olhar é inovador – "ver por dentro" aquilo que não percebemos funcionar. O cérebro recebe informações de todo o corpo, mas não tem qualquer receptor sensorial de si próprio, como de temperatura, pressão, dor etc. Ele tem recursos sofisticados de autopercepção e regulação, mas não somos conscientes deles. Somente percebemos que algo ocorre nele por efeitos indiretos no nosso corpo e na nossa mente. Além disso, não apenas não percebemos diretamente o que esse trabalhador incansável e silencioso faz, como também ele pode nos enganar, e engana, sobremaneira, mas com finalidade plenamente justificável: a adaptação.

A compreensão desses e de outros mecanismos cerebrais nos torna mais aptos ao autoconhecimento e ao autodesenvolvimento pessoal e profissional, em particular, como educadores e educadoras.

Os conhecimentos introdutórios aqui apresentados podem nos ajudar a perceber a imensa responsabilidade que temos ao educar. Porque plásticos, nossos cérebros são moldáveis ao ambiente, aos estímulos e à forma como são apresentados. Então, "temos nas mãos e moldamos os cérebros" das pessoas (com) as quais (nos) educamos. Ao fazê-lo, (re)moldamos o nosso próprio cérebro.

Somos nós mesmos o principal instrumento de nosso trabalho. Olhar para dentro de nós, para as nossas emoções, para nosso corpo (onde se expressam as emoções), valorizá-lo e trabalhá-lo, isso também é parte do processo de neuroeducação. As experiências educacionais com inteligência emocional e *mindfulness* são exemplos disso. Com base nessa e em outras experiências educacionais inovadoras, muitas das quais superam as fortes limitações econômicas e sociais, podemos afirmar que é possível realizarmos em nós e em pequenos/médios grupos as mudanças que queremos ver na sociedade como um todo! Artífices do futuro, é por nós mesmos que começamos a trilhar os caminhos e as paisagens que queremos construir!

Desejamos que as informações e experiências propostas ao longo desta obra tornem possível o início de nova trilha – por exemplo, um grupo de estudos e práticas em neuroeducação com colegas de curso ou de trabalho.

Sigamos, ousando, colaborando e transformando(-nos)!

# Referências

ABDA – Associação Brasileira do Déficit de Atenção. **O que é o TDAH**. Disponível em: <https://tdah.org.br/sobre-tdah/o-que-e-tdah/>. Acesso em: 12 nov. 2020.

ABRAMOVAY, M. (Coord.). **Escolas inovadoras**: experiências bem-sucedidas em escolas públicas. Brasília: MEC/Unesco, 2004.

ALMEIDA, F. de. A reforma da educação brasileira através da lei 13.415/2017, nos moldes do neoliberalismo. **Revista Uniplac**, v. 6, n. 1, 2018.

ALVES, F. **Gamification**: como criar experiências de aprendizagem engajadoras – um guia completo: do conceito à prática. São Paulo: DVS, 2015.

ANDRADE, R. M.; NETA, N. F. A. Reflexões sobre a inteligência emocional: possíveis contribuições para o exercício docente. **Especiaria**, v. 17, n. 31, p. 177-193, jun./dez. 2017. Disponível em: <https://periodicos.uesc.br/index.php/especiaria/article/view/2063>. Acesso em: 20 mar. 2021.

ANGELL, M. The Truth about the Drug Companies: how they Deceive us and what to do about it. New York: Random House Trade Paperbacks, 2005.

APA – American Psychiatric Association. **Manual diagnóstico e estatístico de transtornos mentais**: DSM-5. Tradução de Aristides Volpato Cordioli. 5. ed. Porto Alegre: Artmed, 2014.

APPLE. Here's to the Crazy Ones. 1997. Disponível em: <https://www.youtube.com/watch?v=tCwgCv76ygg>. Acesso em: 12 nov. 2020.

APUC – Associação de Professores da PUC Goiás. Investimento em educação no Brasil é baixo e ineficiente. 21 fev, 2018. Disponível em: <https://www.apuc.org.br/noticias/1923-investimento-em-educação-no-brasil-é-baixo-e-ineficiente>. Acesso em: 12 nov. 2020.

ARANHA, G.; SHOLL-FRANCO, A. (Org.). **Caminhos da neuroeducação**. 2. ed. Rio de Janeiro: Ciências e Cognição, 2012.

ARANTES, V. A. Afetividade e cognição: rompendo a dicotomia na educação. **Videtur**, n. 23, 2002. Disponível em: <http://www.hottopos.com/videtur23/valeria.htm>. Acesso em: 20 mar. 2021.

ARMENTANO, C. G. da C. **Estudo do desempenho na Bateria de Avaliação Comportamental da Síndrome Disexecutiva (BADS) no espectro indivíduos saudáveis, comprometimento cognitivo leve amnéstico e doença de Alzheimer**. 123 f. Dissertação (Mestrado em Ciências) – Universidade de São Paulo, São Paulo, 2011. Disponível em: <https://teses.usp.br/teses/disponiveis/5/5138/tde-01122011-095901/publico/CristianeGarciaCostaArmentano.pdf>. Acesso em: 20 mar. 2021.

ARMENTANO, C. G. da C. et al. Estudo do desempenho na Bateria de Avaliação Comportamental da Síndrome Disexecutiva (BADS) no espectro indivíduos saudáveis, comprometimento cognitivo leve e doença de Alzheimer: estudo preliminar. **Dementia & Neuropsychologia**, v. 3, n. 2, p. 101-107, 2009.

BALLONE, G. J. Dificuldades de aprendizagem. **PsiqWeb**, 2015. Disponível em: <http://psiqweb.net/index.php/infancia-e-adolescencia/dificuldade-de-aprendizagem/>. Acesso em: 10 fev. 2021.

BANDEIRA, S. M. C. Olhar sem os olhos e as matrizes: conexões entre a educação matemática e a neurociência. **Perspectivas da Educação Matemática**, v. 11, n. 27, fev. 2019. Disponível em: <https://periodicos.ufms.br/index.php/pedmat/article/view/7242>. Acesso em: 20 mar. 2021.

BARGH, J. **O cérebro intuitivo**: os processos inconscientes que nos levam a fazer o que fazemos. Tradução de Paulo Geiger. Rio de Janeiro: Objetiva, 2020.

BARRETO, F. C. **Estratégias docentes eficazes**: quando a neurociência, as teorias de aprendizagem e a prática do professor se complementam. Edição do autor. Rio de Janeiro: [s.n.], 2014. Edição do Kindle.

BARROS, M. C. **Inteligência emocional, confiança do empregado na organização e bem-estar no trabalho**: um estudo com executivos. 98 f. Dissertação (Mestrado em Psicologia da Saúde) – Universidade Metodista de São Paulo, São Bernardo do Campo, 2011. Disponível em: <http://tede.metodista.br/jspui/handle/tede/1296>. Acesso em: 20 mar. 2021.

BATISTA, J. S. **Inteligência emocional, congruência pessoa-ambiente e satisfação intrínseca no trabalho**: um estudo com base no modelo Riasec. 37 f. Dissertação (Mestrado em Psicologia Social e do Trabalho) – Universidade Federal da Bahia, Salvador, 2018. Disponível em: <https://repositorio.ufba.br/ri/bitstream/ri/28467/1/REPOSIT%c3%93RIO%20.pdf>. Acesso em: 20 mar. 2021.

BECHARA, A.; DAMÁSIO, A. R. The Somatic Marker Hypothesis: a Neural Theory of Economic Decision. **Games and Economic Behavior**, v. 52, p. 336-372, 2005.

BIDDULPH, S. **Raising Boys**: Why Boys Are Different – and How to Help Them Become Happy and Well-Balanced Men 3. ed. New York: Ten Speed Press, 2014.

BORGES, S. de S. et al. Gamificação aplicada à educação: um mapeamento sistemático. In: SIMPÓSIO BRASILEIRO DE INFORMÁTICA NA EDUCAÇÃO – SBIE, 24., 2013, Campinas. **Anais...** Disponível em: <https://www.br-ie.org/pub/index.php/sbie/article/view/2501/2160>. Acesso em: 20 mar. 2021.

BRANN, A. **Neuroscience for Coaches**: How to Use the Latest Insights for the Benefit of your Clients. London: Kogan Page, 2015.

BRASIL. Constituição (1988). Emenda Constitucional n. 95, de 15 de dezembro de 2016. **Diário Oficial da União**, Brasília, DF, 15 dez. 2016. Disponível em: <http://www.planalto.gov.br/ccivil_03/constituicao/emendas/emc/emc95.htm>. Acesso em: 18 nov. 2020.

BRASIL. Lei n. 9.394, de 20 de dezembro de 1996. **Diário Oficial da União**, Poder Legislativo, Brasília, DF, 23 dez. 1996. Disponível em: <http://www.planalto.gov.br/ccivil_03/leis/l9394.htm>. Acesso em: 20 mar. 2021.

BRASIL. Lei n. 10.172, de 9 de janeiro de 2001. **Diário Oficial da União**, Poder Legislativo, Brasília, DF, 10 jan. 2001. Disponível em: <http://www.planalto.gov.br/ccivil_03/leis/leis_2001/l10172.htm>. Acesso em: 20 mar. 2021.

BRASIL. Lei n. 13.005, de 25 de junho de 2014. **Diário Oficial da União**, Poder Legislativo, Brasília, DF, 26 jun. 2014. Disponível em: <http://www.planalto.gov.br/ccivil_03/_ato2011-2014/2014/lei/l13005.htm>. Acesso em: 20 mar. 2021.

BRASIL. Lei n. 13.415, de 16 de fevereiro de 2017. **Diário Oficial da União**, Poder Legislativo, Brasília, DF, 17 fev. 2017a. Disponível em: <http://www.planalto.gov.br/ccivil_03/_Ato2015-2018/2017/Lei/L13415.htm#:~:text=A%20forma%C3%A7%C3%A3o%20de%20docentes%20para,n%C3%ADvel%20m%C3%A9dio%2C%20na%20modalidade%20normal.>. Acesso em: 20 mar. 2021.

BRASIL. Ministério da Educação. **Base Nacional Comum Curricular (BNCC)**. Disponível em: <http://portal.mec.gov.br/conselho-nacional-de-educacao/base-nacional-comum-curricular-bncc>. Acesso em: 16 nov. 2020a.

BRASIL. Ministério da Educação. **Base Nacional Comum Curricular**: competências socioemocionais como fator de proteção à saúde mental e ao bullying. Disponível em: <http://basenacional comum.mec.gov.br/implementacao/praticas/caderno-de-praticas/ aprofundamentos/195-competencias-socioemocionais-como-fator-de-protecao-a-saude-mental-e-ao-bullying>. Acesso em: 16 nov. 2020b.

BRASIL. Ministério da Educação. **Base Nacional Comum Curricular**: educação é a base. Brasília, 2017b. Disponível em: <http://basenacionalcomum.mec.gov.br/>. Acesso em: 16 nov. 2020. 2020c.

BRASIL. Ministério da Educação. Fundo Nacional de Desenvolvimento da Educação. Programa Nacional de Alimentação Escolar. **Sobre o PNAE**: o que é? Disponível em: <http://www.fnde.gov.br/programas/pnae>. Acesso em: 24 ago. 2019.

BRASIL. Ministério da Educação. Instituto Nacional de Estudos e Pesquisas Educacionais Anísio Teixeira. **Censo escolar 2017**: notas estatísticas. Brasília, 2018. Disponível em: <https://download.inep. gov.br/educacao_basica/censo_escolar/notas_estatisticas/2018/ notas_estatisticas_Censo_Escolar_2017.pdf>. Acesso em: 20 mar. 2021.

BRASIL. Ministério da Educação. **Política Nacional de Educação Especial na Perspectiva da Educação Inclusiva**. Brasília, 2008. Disponível em: <http://portal.mec.gov.br/index.php?option=com_docman&view=download&alias=16690-politica-nacional-de-educacao-especial-na-perspectiva-da-educacao-inclusiva-05122014& Itemid=30192>. Acesso em: 18 nov. 2020.

BRASIL. Ministério da Educação. **Programa de referência mundial na alimentação escolar completa 62 anos**. 2017c. Disponível em: <http://portal.mec.gov.br/ultimas-noticias/222-537011943/46891-pnae-62-anos>. Acesso em: 20 mar. 2021.

BREITENBACH, F. V.; HONNEF, C.; TONETTO COSTAS, F. A. Educação inclusiva: as implicações das traduções e das interpretações da Declaração de Salamanca no Brasil. **Ensaio: Avaliação e Políticas Públicas em Educação**, Rio de Janeiro, v. 24, n. 90, p. 359-379, abr./jun. 2016. Disponível em: <https://www.scielo.br/pdf/ensaio/v24n91/1809-4465-ensaio-24-91-0359.pdf>. Acesso em: 20 mar. 2021.

BRIZENDINE, L. **The Female Brain**. New York: Morgan Road Books, 2006.

BRIZENDINE, L. **The Male Brain**: A Breakthrough Understanding of How Men and Boys Think. New York: Three River Press, 2010.

CAIN, S. **O poder dos quietos**: como os tímidos e introvertidos podem mudar um mundo que não para de falar. Tradução de Ana Carolina Bento Ribeiro. Rio de Janeiro: Agir, 2012.

CAIN, S.; MONE, G.; MOROZ, E. **Quiet Power**: the Secret Strengths of Introverts Kids. New York: Dial Books, 2016.

CALLEGARO, M. M. **O novo inconsciente**: como a terapia cognitiva e as neurociências revolucionaram o modelo do processamento mental. Porto Alegre: Artmed, 2011.

CAMARGO, F.; DAROS, T. **A sala de aula inovadora**: estratégias pedagógicas para fomentar o aprendizado ativo. Porto Alegre: Penso, 2018.

CAPOVILLA, A. G. S. **Desenvolvimento da leitura e da escrita**. 2016. Disponível em: <http://www.profala.com/artpsico97.htm>. Acesso em: 18 nov. 2020.

CAPOVILLA, A. G. S. Desenvolvimento e validação de instrumentos neuropsicológicos para avaliar funções executivas. **Avaliação Psicológica**, v. 5, n. 2, p. 239-241, 2006. Disponível em: <http://pepsic.bvsalud.org/pdf/avp/v5n2/v5n2a14.pdf>. Acesso em: 20 mar. 2021.

CARDOSO, C. P. C. **Inteligência emocional, estratégias de coping em estudantes universitários.** 179 f. Dissertação (Mestrado em Psicologia Clínica e da Saúde) – Universidade Fernando Pessoa, Porto, 2011. Disponível em: <https://bdigital.ufp.pt/bitstream/10284/3258/3/DM_13665.pdf>. Acesso em: 20 mar. 2021.

CARREIRO, D. M. **O ecossistema intestinal na saúde e na doença.** 2. ed. São Paulo: Paulo Sergio Carreir, 2016.

CARVALHO, M. E. P. de. Modos de educação, gênero e relações escola-família. **Cadernos de Pesquisa**, v. 34, n. 121, p. 41-58, jan./abr. 2004. Disponível em: <https://www.scielo.br/pdf/cp/v34n121/a03n121.pdf>. Acesso em: 20 mar. 2021.

CARVALHO, M. E. P. de. Relações entre família e escola e suas implicações de gênero. **Cadernos de Pesquisa**, n. 110, p. 143-155, jul. 2000. Disponível em: <https://www.scielo.br/pdf/cp/n110/n110a06>. Acesso em: 20 mar. 2021.

CASEL. **What is SEL?** Dez. 2020. Disponível em: <https://casel.org/what-is-sel/>. Acesso em: 15 jan. 2021.

CHEE, Y. S. **Games-to-Teach or Games-to-Learn**: Unlocking the Power of Digital Game-Based Learning through Performance. Singapore: Springer, 2015.

CHELLES, R. de C. F. **Neuróbica, ginástica para o cérebro**: levantamento do atual estado da arte deste tema. 29 f. Trabalho de Conclusão de Curso (Licenciatura em Pedagogia) – Universidade Estadual Paulista "Júlio de Mesquita Filho", Rio Claro, 2012. Disponível em: <https://repositorio.unesp.br/handle/11449/118661>. Acesso em: 20 mar. 2021.

COBÊRO, C.; PRIMI, R.; MUNIZ, M. Inteligência emocional e desempenho no trabalho: um estudo com MSCEIT, BPR-5 e 16PF. **Paidéia**, Ribeirão Preto, v. 16, n. 35, p. 337-348, 2006. Disponível em: <https://www.scielo.br/pdf/paideia/v16n35/v16n35a05.pdf>. Acesso em: 20 mar. 2021.

COQUEREL, P. R. S. **Neuropsicologia**. Curitiba: InterSaberes, 2013.

CEBOLLA I MARTI, A.; GARCIA-CAMPAYO, J.; DEMARZO, M. **Mindfulness** e ciência: da tradição à modernidade. São Paulo: Palas Athena, 2016.

CORTIZO, M. L. da C.; ANDRADE, R. **A relação entre a inteligência emocional e a vida profissional**. Trabalho de Conclusão de Curso (Graduação em Psicologia) – Centro Universitário Instituto de Educação Superior de Brasília, Brasília, 2017. Disponível em: <https://www.psicologia.pt/artigos/textos/TL0443.pdf>. Acesso em: 20 mar. 2021.

COSENZA, R. M.; GUERRA, L. B. **Neurociência e educação**: como o cérebro aprende. Porto Alegre: Artmed, 2011.

COSENZA, R. M. **Por que não somos racionais**: como o cérebro faz escolhas e toma decisões. Porto Alegre: Artmed, 2016.

COSENZA, R. M. Quais os benefícios neurobiológicos da meditação. **Revista Neuroeducação**, n. 246, fev. 2018. Disponível em: <http://www.revista educacao.com.br/quais-os-beneficios-neurobio logicos-da-meditacao/>. Acesso em: 16 nov. 2020.

COSTA, A. M. G. **Inteligência emocional e assertividade nos enfermeiros**. 123 f. Dissertação (Mestrado em Psicologia da Saúde) – Universidade do Algarve, Faro, 2009. Disponível em: <https://sapientia.ualg.pt/handle/10400.1/240>. Acesso em: 20 mar. 2021.

CRPSP – Conselho Regional de Psicologia de São Paulo. **Medicalização de crianças e adolescentes**: conflitos silenciados pela redução de questões sociais a doenças de indivíduos. 2. ed. São Paulo: Casa do Psicólogo, 2015.

CRUZ. L. H. C. (Coord.) **Neurociências e educação inclusiva**: desafios e perspectivas. Material didático produzido para o curso semipresencial de atualização de professores da Educação Infantil, Ensino Fundamental e Médio (Regular e Inclusiva), Nova Serrana, Minas Gerais, 2017. Disponível em: <http://www.repositorio.ufop.br/bitstream/123456789/9429/2/PRODUTO_Contribui%C3%A7%C3%B5esNeuroci%C3%AAnciasForma%C3%A7%C3%A3o.pdf>. Acesso em: 16 nov. 2020.

DAMÁSIO, A. R. **E o cérebro criou o homem**: emoção, razão e o cérebro humano. Tradução de Laura Teixeira Motta. São Paulo: Companhia das Letras, 2011.

DAMÁSIO, A. R. **O erro de Descartes**: emoção, razão e o cérebro humano. Tradução de Dora Vicente e Georgina Segurado. São Paulo: Companhia das Letras, 1996.

DAMÁSIO, A. R. **O mistério da consciência**. Tradução de Laura Teixeira Motta. São Paulo: Companhia das Letras, 2000.

DAMÁSIO, A. R. Neuroscience and the Emergence of Neuroeconomics. In: GLIMCHER, P.W. et al. (Ed.). **Neuroeconomics**: Decision Making and the Brain. London: Elsevier, 2009. p. 209-213.

DEL PRETTE, Z. A. P.; DEL PRETTE, A. **Competência social e habilidades sociais**: manual teórico-prático. Petrópolis: Vozes, 2018.

DESSEN, M. A.; POLONIA, A. da C. A família e a escola como contextos de desenvolvimento humano. **Paidéia**, v. 17, n. 36, p. 21-32, 2007. Disponível em: <https://www.scielo.br/pdf/paideia/v17n36/v17n36a03.pdf>. Acesso em: 20 mar. 2021.

DURLAK, J. A. et al. (Ed.). **Handbook of Social and Emotional Learning**: Research and Practice. New York: Guilford Press, 2015.

EKMAN, P. **A linguagem das emoções**: revolucione sua comunicação e seus relacionamentos reconhecendo todas as expressões das pessoas ao redor. Tradução de Carlos Szlak. São Paulo: Lua de Papel, 2011.

ELIOT, L. **Pink Brain, Blue Brain**: how Small Differences Grow into Troublesome Gaps – and what we can do about it. Boston: Mariner Books, 2010.

ENGEL, C; SINGER, W. (Ed.). **Better than Conscious?** Decision Making, the Human Mind, and Implications for Institutions. Cambridge: MIT Press, 2008.

ENRICONE, J. R. B.; SALLES, J. F. de. Relação entre variáveis psicossociais familiares e desempenho em leitura/escrita em crianças. **Psicologia Escolar e Educacional**, Maringá, v. 15, n. 2, p. 199-210, jul./dez. 2011. Disponível em: <https://www.scielo.br/pdf/pee/v15n2/v15n2a02.pdf>. Acesso em: 20 mar. 2021.

ESPERIDIÃO-ANTONIO, V. et al. Neurobiologia das emoções. **Revista de Psiquiatria Clínica**, São Paulo, v. 35, n. 2, p. 55-65, 2008. Disponível em: <http://www.scielo.br/scielo.php?script=sci_art text&pid=S0101-60832008000200003 &lng=en&nrm=iso>. Acesso em: 2 dez. 2020.

FACION, J. R. **Inclusão escolar e suas implicações**. 2. ed. Curitiba: Ibpex, 2009.

FARAONE, S. V. et al. Comparing the Efficacy of Medications for ADHD Using Meta-Analysis. **Medscape General Medicine**, v. 8, n. 4, p. 4, Oct. 2006.

FARAONE, S. V. et al. Meta-analysis of the Efficacy of Methylphenidate for Treating Adult Attention-Deficit/Hyperactivity Disorder. **Journal of Clinical Psychopharmacology**, v. 24, n. 1, p. 24-29, Feb. 2004.

FARDO, M. L. A gamificação aplicada em ambientes de aprendizagem. **Renote**, v. 11, n. 1, jul. 2013. Disponível em: <https://seer.ufrgs.br/renote/article/view/41629/26409>. Acesso em: 20 mar. 2021.

FERREIRA, A. C. de L. et al. Formação do professor mediador: inclusão e intervenção psicopedagógicas. **Revista de Estudios e Investigación en Psicología y Educación**, volume extra, n. 6, p. 238-241, 2015. Disponível em: <https://revistas.udc.es/index.php/reipe/article/view/reipe.2015.0.06.623>. Acesso em: 20 mar. 2021.

FERREIRA, M. de C. T.; MARTURANO, E. M. Ambiente familiar e os problemas do comportamento apresentados por crianças com baixo desempenho escolar. **Psicologia: Reflexão e crítica**, v. 15, n. 1, p. 35-44, 2002. Disponível em: <https://www.scielo.br/pdf/prc/v15n1/a05v15n1.pdf>. Acesso em: 20 mar. 2021.

FERREIRA, M. G. R. **Neuropsicologia e aprendizagem**. Curitiba: InterSaberes, 2014.

FERREIRA, R. de S. C. **Contribuições das neurociências para formação continuada de professores visando a inclusão de alunos com transtorno do espectro autista**. 172 f. Dissertação (Mestrado em Ensino de Ciências) – Universidade Federal de Ouro Preto, Ouro Preto, 2017. Disponível em: <https://www.repositorio.ufop.br/bitstream/123456789/9429/1/DISSERTA%c3%87%c3%83O_Contribui%c3%a7%c3%b5esNeuroci%c3%aanciasForma%c3%a7%c3%a3o.pdf>. Acesso em: 20 mar. 2021.

FILIPIN, G. E. et al. Formação continuada em neuroeducação: percepção de docentes da rede básica de educação sobre a importância da neurociência nos processos educacionais. **Cataventos**, v. 8, n. 1, p. 90-98, 2016. Disponível em: <https://revistaeletronica.unicruz.edu.br/index.php/cataventos/article/view/98/37>. Acesso em: 20 mar. 2021.

FINLÂNDIA. Destino: educação. **Canal Futura**. Disponível em: <https://www.youtube.com/watch?v=Bj9ciijbMj8>. Acesso em: 6 fev. 2021.

FIORI, N. **As neurociências cognitivas**. Tradução de Sonia Fuhrmann. Petrópolis: Vozes, 2008.

FIUZA, P. J.; LEMOS, R. R. (Org.). **Inovação em educação**: perspectivas do uso das tecnologias interativas. Jundiaí: Paco, 2017.

FONTOURA, D. R. da et al. Adaptação do Instrumento de Avaliação Neuropsicológica Breve NEUPSILIN para avaliar pacientes com afasia expressiva: NEUPSILIN-Af. **Ciências & Cognição**, v. 16, n. 3, 2011. Disponível em: <http://pepsic.bvsalud.org/pdf/cc/v16n3/v16n3a08.pdf>. Acesso em: 20 mar. 2021.

FONTOURA, J. Escolas adotam mindfulness e outras técnicas meditativas para desenvolver habilidades socioemocionais dos alunos. **Revista Educação**, 30 jan. 2018. Disponível em: <http://www.revistaeducacao.com.br/escolas-adotam-mindfulness-e-outras-tecnicas-meditativas-para-desenvolver-habilidades-socioemocionais-dos-alunos/>. Acesso em: 16 nov. 2020.

FOUSP – Faculdade de Odontologia da Universidade de São Paulo. **Prof. Cortella ministra palestra para os educadores do Século XXI**. Disponível em: <http://www.fo.usp.br/?p=26405>. Acesso em: 21 nov. 2020.

FRAGA, É. Investimento em educação no Brasil é baixo e ineficiente. **Folha de S.Paulo**, 19 fev. 2018. Disponível em: <https://www1.folha.uol.com.br/educacao/2018/02/investimento-em-educacao-no-brasil-e-baixo-e-ineficiente.shtml>. Acesso em: 16 nov. 2020.

FREIRE, P. **Pedagogia da indignação**: cartas pedagógicas e outros escritos. São Paulo: Ed. da Unesp, 2000.

FRIEDRICH, G.; PREISS, G. Educar com a cabeça. **Viver Mente & Cérebro**, São Paulo, v. 14, n. 157, p. 50-57, 2006.

FSMES – Fórum sobre Medicalização da Educação e da Sociedade. Disponível em: <http://medicalizacao.org.br/>. Acesso em: 16 nov. 2020.

FUENTES, D. et al. (Org.). **Neuropsicologia**: teoria e prática. 2. ed. Porto Alegre: Artmed, 2014.

GALLESE, V. et al. Action Recognition in the Premotor Cortex. **Brain**, n. 119, p. 593-609, Apr. 1996.

GANDHI, M. **The Collected Works of Mahatma Gandhi**. New Delhi: Publications Division Government of India, 1999. v. 13.

GARCIA, R. M. C. Política de educação especial na perspectiva inclusiva e a formação docente no Brasil. **Revista Brasileira de Educação**, v. 18, n. 52, p. 101-119, jan./mar. 2013. Disponível em: <https://www.scielo.br/pdf/rbedu/v18n52/07.pdf>. Acesso em: 20 mar. 2021.

GAZZANIGA, M. S. (Ed.). **The Cognitive Neurosciences**. 4. ed. Cambridge: MIT Press, 2009.

GAZZANIGA, M. S. **Who's in Charge?** Free will and the Science of the Brain. New York: Ecco, 2011.

GAZZANIGA, M. S.; HEATHERTON, T. F. **Ciência psicológica**: mente, cérebro e comportamento. Tradução de Maria Adriana Veríssimo Veronese. Porto Alegre: Artmed, 2005.

GAZZANIGA, M. S.; HEATHERTON, T. F.; HALPERN, D. **Ciência psicológica**: mente, cérebro e comportamento. Tradução de Maiza Ritomy Ide, Sandra Maria Mallmann da Rosa e Soraya Imon de Oliveira. 5. ed. Porto Alegre: Artmed, 2018.

GAZZANIGA, M. S.; IVRY, R.; MANGUN, G. **Cognitive Neuroscience**: the Biology of the Mind. 5. ed. New York: W. W. Norton & Company, 2019.

GAZZANIGA, M. S.; IVRY, R. B.; MANGUN, G. R. **Neurociência cognitiva**: a biologia da mente. Tradução de Angelica Rosat Consiglio. 2. ed. Porto Alegre: Artmed, 2006.

GHADIRI, A.; HABERMACHER, A.; PETERS, T. **Neuroleadership**: a Journey Through the Brain for Business Leaders (Management for Professionals). New York: Springer, 2012.

GIGERENZER, G. **O poder da intuição**: o inconsciente dita as melhores decisões. Tradução de Alexandre Feitosa Rosas. Rio de Janeiro: Best Seller, 2009.

GIL, R. **Neuropsicologia**. Tradução de M.A.A. S Doria. 2. ed. São Paulo: Santos, 2005.

GOLDSCHMIDT, A. I. et al. A importância do lúdico e dos sentidos sensoriais humanos na aprendizagem do meio ambiente. In: SEMINÁRIO INTERNACIONAL DE EDUCAÇÃO, 13., 2008. **Anais...** Cachoeira do Sul: Ulbra, 2008.

GOLEMAN, D. **Emotional Intelligence**: why it can matter more than IQ. New York: Bantam Books, 1995.

GOLEMAN, D. **Inteligência emocional**: a teoria revolucionária que redefine o que é ser inteligente. Tradução de Marcos Santarrita. Rio de Janeiro: Objetiva, 2001.

GOMES, F. C. A.; TORTELLI, V. P.; DINIZ, L. Glia: dos velhos conceitos às novas funções de hoje e as que ainda virão. **Estudos Avançados**, v. 27, n. 77, p. 61-84, 2013. Disponível em:<https://www.scielo.br/pdf/ea/v27n77/v27n77a06.pdf>. Acesso em: 13 nov. 2020.

GONZAGA, A. R.; MONTEIRO, J. K. Inteligência emocional no Brasil: um panorama da pesquisa científica. **Psicologia: Teoria e Pesquisa**, v. 27, n. 2, p. 225-232, abr./jun. 2011. Disponível em: <https://www.scielo.br/pdf/ptp/v27n2/a13v27n2.pdf>. Acesso em: 20 mar. 2021.

GONZAGA, A. R.; RODRIGUES, M. do C. **Inteligência emocional nas organizações**. Canoas: Unilasalle, 2018.

GØTZSCHE, P. C. **Deadly Medicines and Organised Crime**: how Big Pharma has Corrupted Healthcare. London: Radcliffe Medical Press, 2013.

GØTZSCHE, P. C. **Deadly Psychiatry and Organised Denial**. Copenhagen: ArtPeople, 2015.

GØTZSCHE, P. C. **Medicamentos mortais e crime organizado**: como a indústria farmacêutica corrompeu a assistência médica. Tradução de Ananyr Porto Fajardo. Porto Alegre: Bookman, 2016.

GROSSI, M. G. R.; LOPES, A. M.; COUTO, P. A. A neurociência na formação de professores: um estudo da realidade brasileira. **Educação e Contemporaneidade**, Salvador, v. 23, n. 41, p. 27-40, jan./jun. 2014. Disponível em: <https://www.revistas.uneb.br/index.php/faeeba/article/view/821>. Acesso em: 20 mar. 2021.

HAMDAN, A. C.; PEREIRA, A. P. de A. Avaliação neuropsicológica das funções executivas: considerações metodológicas. **Psicologia: Reflexão e Critica**, v. 22, n. 3, p. 386-393, 2009. Disponível em: <https://www.scielo.br/pdf/prc/v22n3/v22n3a09.pdf>. Acesso em: 20 mar. 2021.

HASSIN, R. R.; ULEMAN, J. S.; BARGH, J. A. (Ed.).The New Unconscious. New York: Oxford University Press, 2005.

HERE'S to the Crazy Ones (versão do anúncio narrado por Steve Jobs). Disponível em: <https://www.youtube.com/watch?v=_YuaziPG750>. Acesso em: 16 nov. 2020.

HIGGINS, E. S.; GEORG, M. S. **Neurociência para psiquiatria clínica**: a fisiopatologia do comportamento e da doença mental. Porto Alegre: Artmed, 2010.

HUTZ, C. S. (Org.). **Avanços em avaliação psicológica e neuropsicológica de crianças e adolescentes I**. São Paulo: Casa do Psicólogo, 2010.

HUTZ, C. S. (Org.). **Avanços em avaliação psicológica e neuropsicológica de crianças e adolescentes II**. São Paulo: Casa do Psicólogo, 2012.

IDEO. Riverdale Country School. **Design Thinking for Educators**. 2012. Disponível em: <https://designthinkingforeducators.com>. Acesso em: 16 nov. 2020.

IDEO. Riverdale Country School. **Design Thinking para educadores**. 2014. Disponível em: <https://designthinkingforeducators.com/toolkit/>. Acesso em: 16 nov. 2020.

INEP – Instituto Nacional de Estudos e Pesquisas. **Resumo técnico**: censo da educação básica 2018. Brasília, 2019. Disponível em: <http://portal.inep.gov.br/informacao-da-publicacao/-/asset_publisher/6JYIsGMAMkW1/document/id/6386080>. Acesso em: 20 mar. 2021.

JAFFERIAN, V. H. P.; BARONE, L. M. C. A construção e a desconstrução do rótulo do TDAH na intervenção psicopedagógica. **Psicopedagogia**, v. 32, n. 98, p. 118-127, 2015. Disponível em: <https://cdn.publisher.gn1.link/revistapsicopedagogia.com.br/pdf/v32n98a02.pdf>. Acesso em: 20 mar. 2021.

JÚNIOR, E. Como está a situação da educação básica no Brasil? **Rádio Câmara**, 20 abr. 2018. Disponível em: <https://www.camara.leg.br/radio/programas/536168-como-esta-a-situacao-da-educacao-basica-no-brasil/>. Acesso em: 16 nov. 2020.

KANDEL, E. R. et al. **Princípios de neurociências**. Tradução de Ana Lúcia Severo Rodrigues et al. 5. ed. Porto Alegre: AMGH, 2014.

KAPCZINSKI, F. et al. **Bases biológicas dos transtornos psiquiátricos**: uma abordagem translacional. 3. ed. Porto Alegre: Artmed, 2011.

KASSIRER, J. P. **On the Take**: how Medicine's Complicity with Big Business can Endanger your Health. Oxford University Press, 2005.

KATZ, L.; RUBIN, M. **Mantenha seu cérebro vivo**. Tradução de Patrícia Lehmann. São Paulo: Sextante, 2010.

KIHLSTROM, J. F. The cognitive unconscious. **Science**, v. 237, n. 4821, p. 1445-1452, 1987.

KOLB, B.; WHISHAW, I. Q. **Neurociência do comportamento**. Tradução de All Tasks Traduções Técnicas. Barueri: Manole, 2002.

KULTANEN, S. M.; KALEV, H. K. O sistema de educação da Finlândia. In: SEMINÁRIO INTERNACIONAL SOBRE O SISTEMA DE EDUCAÇÃO DA FINLÂNDIA, 1., 2013, Curitiba.

LAMBERT, K.; KINSLEY, C. H. **Neurociência clínica**: as bases neurobiológicas da saúde mental. Tradução de Ronaldo Cataldo Costa. Porto Alegre: Artmed, 2006.

LAMEIRA, A. P.; GAWRYSZEWSKI, L. de G.; PEREIRA JR., A. Neurônios espelho. **Psicologia USP**, v. 17, n. 4, p. 123-133, 2006. Disponível em: <https://www.scielo.br/pdf/pusp/v17n4/v17n4a07.pdf>. Acesso em: 20 mar. 2021.

LEAL, G. Aprender a ensinar. **Viver Mente & Cérebro**, v. 14, n. 157, 2006.

LESSA, S. E. do C.; SOUZA, R. P. E. de; SANTOS, T. P. dos. Golpeando a educação pública: impactos do governo ilegítimo na política educacional brasileira. In: ENCONTRO INTERNACIONAL DE POLÍTICA SOCIAL, 6.; ENCONTRO NACIONAL DE POLÍTICA SOCIAL, 13., 2018, Vitória. Anais... Disponível em: <https://periodicos.ufes.br/einps/article/view/20141>. Acesso em: 20 mar. 2021.

LEWIN, K. **Problemas de dinâmica de grupo**. São Paulo: Cultrix, 1975.

LISBOA, F. S. **"O cérebro vai à escola"**: um estudo sobre a aproximação entre neurociências e educação no Brasil. 179 f. Dissertação (Mestrado em Saúde Coletiva) – Universidade do Estado do Rio de Janeiro, Rio de Janeiro, 2014. Disponível em: <http://www.bdtd.uerj.br/tde_busca/arquivo.php?codArquivo=6946>. Acesso em: 21 mar. 2021.

LOUGHTON, T.; MORDEN, J. **Mindful Nation UK**: Report by the Mindfulness All-Party Parliamentary Group (MAPPG). London: Mindfulness Initiative, 2015.

LURIA, A. R. **Fundamentos da neuropsicologia**. Tradução de Juarez Aranha Ricardo. Rio de Janeiro: LTC; São Paulo: Edusp, 1981.

LYMAN, L. L. (Ed.). **Brain Science for Principals**: what School Leaders Need to Know. London: Rowman & Littlefield, 2016.

MADEIRO, C. Referência em ensino público, Ceará pode exportar modelo a outros Estados? **UOL**, 3 mar. 2018. Disponível em: <https://educacao.uol.com.br/noticias/2018/03/03/referencia-em-ensino-publico-ceara-pode-exportar-modelo-a-outros-estados.htm>. Acesso em: 16 nov. 2020.

MAIA, C. (Org.). **EAD BR**: Experiências inovadoras em educação a distância no Brasil – reflexões atuais, em tempo real. São Paulo: Anhembi Morumbi, 2003.

MAIA, H. (Org.). **Neuroeducação e ações pedagógicas**. 2. ed. Rio de Janeiro: Wak, 2011.

MALEH, G. T. F. **Sem memória não há aprendizagem**. Monografia (Especialização em Psicopedagogia) – Universidade Candido Mendes, Rio de Janeiro, 2006.

MALLOY-DINIZ, L. F. et al. **Avaliação neuropsicológica**. Porto Alegre: Artmed, 2010.

MALLOY-DINIZ, L. F. et al. (Org.). **Neuropsicologia**: aplicações clínicas. Porto Alegre: Artmed, 2016.

MANIFESTO do Fórum sobre Medicalização da Educação e da Sociedade. FSMES – Fórum sobre Medicalização da Educação e da Sociedade. Disponível em: <http://medicalizacao.org.br/manifesto-do-forum-sobre-medicalizacao-da-educacao-e-da-sociedade/>. Acesso em: 16 nov. 2020.

MARANE, S. S. de G. **Influência dietética na química cerebral**. 93 f. Trabalho de Conclusão de Curso (Graduação em Farmácia-Bioquímica) – Universidade Estadual Paulista "Júlio de Mesquita Filho", Araraquara, 2016. Disponível em: <https://repositorio.unesp.br/handle/11449/140209>. Acesso em: 20 mar. 2021.

MARCUS, C. L. Pathophysiology of Childhood Obstructive Sleep Apnea: Current Concepts. **Respiration Physiology**, v. 119, n. 2-3, p. 143-154, Feb. 2000.

MARINO JÚNIOR, R. **A religião do cérebro**: as novas descobertas da neurociência a respeito da fé humana. São Paulo: Gente, 2005.

MARQUES, S. Neurociência e inclusão: implicações educacionais para um processo inclusivo mais eficaz. **Trama Interdisciplinar**, São Paulo, v. 7, n. 2, p. 146-163, maio/ago. 2016. Disponível em: <http://editorarevistas.mackenzie.br/index.php/tint/article/view/9759/6036>. Acesso em: 20 mar. 2021.

MARTINS, A. Finlândia ou tigres asiáticos: qual é o melhor modelo de educação para a América Latina? **BBC Brasil**, 11 maio 2015. Disponível em: <http://www.bbc.com/portuguese/noticias/2015/05/150508_finlandia_educacao_lab>. Acesso em: 16 nov. 2020.

MARTURANO, E. M.; TOLLER, G. P.; ELIAS, L. C. dos S. Gênero, adversidade e problemas socioemocionais associados à queixa escolar. **Estudos de Psicologia**, Campinas, v. 22, n. 4, p. 371-380, out./dez. 2005. Disponível em: <https://www.scielo.br/pdf/estpsi/v22n4/v22n4a05.pdf>. Acesso em: 20 mar. 2021.

MARX, H. M.; HILLIX, W. A. **Sistemas e teorias em psicologia**. São Paulo: Cultrix, 1978.

MASCARO, L. **Saúde mental sem medicamentos para leigos**. Rio de Janeiro: Alta Books, 2018.

MATTAR, J. **Games em educação**: como os nativos digitais aprendem. São Paulo: Pearson, 2009.

MATTAR, J. (Org.). **Relatos de pesquisas em aprendizagem baseada em games**. São Paulo: Artesanato Educacional, 2020.

MAYER, J. D.; SALOVEY, P. ¿Qué es la inteligencia emocional? In: MESTRE NAVAS, J. M.; FERNÁNDEZ BERROCAL, P. (Coord.). **Manual de inteligencia emocional**. Madrid: Pirámide, 2007. p. 25-46.

MEIKLEJOHN, J. et al. Integrating Mindfulness Training into K-12 Education: Fostering the Resilience of Teachers and Students. **Mindfulness**, v. 3, n. 4, p. 291-307, 2012.

MEIRA, M. E. M. Para uma crítica da medicalização na educação. **Psicologia Escolar e Educacional**, São Paulo, v. 16, n. 1, jan./jun. 2012. Disponível em: <https://www.scielo.br/pdf/pee/v16n1/14.pdf>. Acesso em: 20 mar. 2021.

MENDES, A. K.; CARDOSO, F. L.; SACOMORI, C. Neurônios-espelho. **Neurociências**, Florianópolis, v. 4, n. 2, p. 93-99, 2008.

MILCZARCK, A. et al. **DSM-V**: contexto histórico e crítico. Instituto de Psicologia da UFRGS, mar. 2015. Disponível em: <https://www.ufrgs.br/psicopatologia/wiki/index.php?title=DSM-V:_contexto_hist%C3%B3rico_e_cr%C3%ADtico>. Acesso em: 10 jan. 2021.

MIOTTO, E. C. et al. (Org.). **Neuropsicologia clínica**. São Paulo: Rocca, 2012.

MLODINOW, L. **Subliminar**: como o inconsciente influencia nossas vidas. Tradução de Claudio Carina. Rio de Janeiro: Zahar, 2013.

MORAES, G. M.; LOURO, V. dos S.; FREITAS, R. S. Aprendizagem musical e distúrbio do processamento auditivo central: relato de um caso. **Revista Educação, Artes e Inclusão**, v. 10, n. 2, p. 9-32, 2014. Disponível em: <http://www.revistas.udesc.br/index.php/arteinclusao/article/download/5573/4184>. Acesso em: 20 mar. 2021.

MOSCOVICI, F. **Desenvolvimento interpessoal**: treinamento em grupo. 13. ed. Rio de Janeiro: J. Olympio, 2003.

NASCIMENTO, I. P. dos S. **Inteligência emocional**: relação com inteligência, habilidades sociais, variáveis sociodemográficas e profissionais. 119 f. Dissertação (Mestrado em Psicologia) – Universidade Federal de São Carlos, São Carlos, 2018. Disponível em: <https://repositorio.ufscar.br/bitstream/handle/ufscar/10980/Disserta%c3%a7%c3%a3o_Isa%c3%adas_Peixoto.pdf?sequence=1&isAllowed=y >. Acesso em: 20 mar. 2021.

NASCIMENTO, S. H. **As relações entre inteligência emocional e bem-estar no trabalho**. 101 f. Dissertação (Mestrado em Psicologia da Saúde) – Universidade Metodista de São Paulo, São Bernardo do Campo, 2006. Disponível em: <http://tede.metodista.br/jspui/handle/tede/1327>. Acesso em: 20 mar. 2021.

NEEF, N. A. et al. Behavioral Assessment of Impulsivity: a Comparison of Children with and without Attention Deficit Hyperactivity Disorder. **Journal of Applied Behavior Analysis**, v. 38, n. 1, p. 23-37, 2005.

NELSON, D.; LOW, G. **Emotional Intelligence**: Achieving Academic and Career Excellence in College and in Life. 2. ed. Boston: Pearson Education, 2011.

NETA, N. F. A.; GARCÍA, E. G.; GARGALLO, I. S. A inteligência emocional no âmbito acadêmico: uma aproximação teórica e empírica. **Psicologia Argumento**, v. 26, n. 52, p. 11-22, jan./mar. 2008. Disponível em: <https://periodicos.pucpr.br/index.php/psicologiaargumento/article/view/19807/pdf>. Acesso em: 20 mar. 2021.

NETTO, C. M. 30 ferramentas para o professor online. In: SEMINÁRIO NACIONAL DE TECNOLOGIAS NA EDUCAÇÃO, 3., 2016. Disponível em: <http://www.senated.com.br/E_BOOK_SENATED_30_FERRAMENTAS.pdf>. Acesso em: 16 nov. 2020.

NETTO, C. M. Autoria e colaboração em rede. In: SEMINÁRIO NACIONAL DE TECNOLOGIAS NA EDUCAÇÃO, 4., 2017. Disponível em: <http://www.senated.com.br/e-book_Cristiane Mendes-SENATED-2017.pdf>. Acesso em: 16 nov. 2020.

NOGUEIRA, M. O. G.; LEAL, D. **Teorias da aprendizagem**: um encontro entre os pensamentos filosófico, pedagógico e psicológico. Curitiba: InterSaberes, 2015.

NUNES, A. dos S. et al. Contribuições da neurociência para superação das dificuldades encontradas em sala de aula na educação básica. In: SALÃO INTERNACIONAL DE ENSINO, PESQUISA E EXTENSÃO – SIEPE, 9., 2017. **Anais**... Disponível em: <https://periodicos.unipampa.edu.br/index.php/SIEPE/article/view/98585>. Acesso em: 20 mar. 2021.

NUNES-VALENTE, M.; MONTEIRO, A. P. Inteligência emocional em contexto escolar. **Revista Eletrónica de Educação e Psicologia**, v. 7, p. 1-11, 2016. Disponível em: <http://edupsi.utad.pt/images/anexo_imagens/REVISTA_6/Artigo%20Inteligncia%20emocional.pdf>. Acesso em: 20 mar. 2021.

OCDE – Organização para a Cooperação e Desenvolvimento Econômico. **PISA 2015**: Results in Focus. 2018. Disponível em: <http://www.oecd.org/pisa/pisa-2015-results-in-focus.pdf>. Acesso em: 16 nov. 2020.

OLIVEIRA, E. Projeto Político-Pedagógico. **InfoEscola**. Disponível em: <https://www.infoescola.com/educacao/projeto-politico-pedagogico/>. Acesso em: 8 jan. 2021a.

OLIVEIRA, E. Tipos de autonomia escolar. **InfoEscola**. Disponível em: <https://www.infoescola.com/educacao/tipos-de-autonomia-escolar/> Acesso em: 8 jan. 2021b.

ORTIZ, K. Z. et al. (Org.). **Avaliação neuropsicológica**: panorama interdisciplinar dos estudos na normatização e validação de instrumentos no Brasil. São Paulo: Vetor, 2008.

PAULA, L. A. L. de. Jovens e novas formas de cognição: algumas reflexões sobre a escola. In: ARANHA G.; SHOLL-FRANCO, A. (Org.). **Caminhos da neuroeducação**. 2. ed. Rio de Janeiro: Ciências e Cognição, 2012. p. 23-33.

PEREIRA, T. A. Metodologias ativas de aprendizagem do século XXI: integração das tecnologias educacionais. In: ANDRADE, D. F. **Educação no século XXI**. Belo Horizonte: Poisson, 2018. p. 48-53 v. 8.

PESCE, R. Violência familiar e comportamento agressivo e transgressor na infância: uma revisão da literatura. **Ciência & Saúde Coletiva**, v. 14, p. 507-518, 2009. Disponível em: <https://www.scielo.br/pdf/csc/v14n2/a19v14n2.pdf>. Acesso em: 20 mar. 2021.

PESSOA, L. **The Cognitive-Emotional Brain**: from Interactions to Integration. Cambridge, Massachusetts: MIT Press, 2013.

PHELPS, E. A.; DELGADO, M. R. Emotion and Decision Making. In: GAZZANIGA, M. S. (Ed.). **The Cognitive Neurosciences**. 4. ed. Cambridge: MIT Press, 2009. p. 1093-1103.

PILLAY, S. S. **Your Brain and Business**. New Jersey: Pearson, 2011.

PINTO, A. F.; SIMEÃO, C. F. de O.; PAULA JUNIOR, E. de P. de. Transtornos do espectro autista, direitos humanos e neuroeducação: possibilidade de integração. **Vitrine de Produção Acadêmica**, v. 6, n. 1, p. 183-201, 2018.

PLAGMAN, A. et al. Cholecystokinin and Alzheimer's Disease: a Biomarker of Metabolic Function, Neural Integrity, and Cognitive Performance. **Neurobiology of Aging**, v. 76, p. 201-207, Apr. 2019.

PLISZKA, S. R. **Neurociência para o clínico de saúde mental**. Tradução de C. A. Silveira Neto. Porto Alegre: Artmed, 2004.

PLISZKA, S. R. **Neuroscience for the Mental Health Clinician**. 2. ed. The Guilford Press, 2016.

PORTAL UMAMI. **O que é umami?** Disponível em:<https://www.portal umami.com.br/o-que-e-umami/>. Acesso em: 12 nov. 2020.

PRENSKY, M. **Não me atrapalhe, mãe – eu estou aprendendo**: como os videogames estão preparando nossos filhos para o sucesso no século XXI – e como você pode ajudar! Tradução de Lívia Bergo. São Paulo: Phorte, 2010.

PRIOR, A. I. S. **Inteligência emocional, bem-estar e saúde mental**: um estudo com técnicos de apoio à vítima. 91 f. Dissertação (Mestrado em Psicologia Clínica e da Saúde) – Universidade Fernando Pessoa, Porto, 2017. Disponível em: <http://observatoriodasauderj.com.br/wp-content/uploads/2018/07/DM_Ana-Prior.pdf>. Acesso em: 20 mar. 2021.

PURVES, D. et al. **Neurociências**. Tradução de Carla Dalmaz et al. 2.ed. São Paulo: Artmed, 2005.

QUEROZ, N.; NERI, A. L. Bem-estar psicológico e inteligência emocional entre homens e mulheres na meia-idade e na velhice. **Psicologia: Reflexão e Crítica**, v. 18, n. 2, p. 292-299, 2005. Disponível em: <https://www.scielo.br/pdf/prc/v18n2/27481.pdf>. Acesso em: 20 mar. 2021.

RAMOS, D. K. O uso da escola do cérebro no ensino fundamental: contribuições ao aprimoramento das habilidades cognitivas. In: SEMINÁRIO DE TECNOLOGIAS APLICADAS A EDUCAÇÃO E SAÚDE – STAES, 2., 2015, Salvador. **Anais**... Disponível em: <https://www.revistas.uneb.br/index.php/staes/article/view/1624>. Acesso em: 20 mar. 2021.

RAPOSO, C. C. da S.; FREIRE, C. H. R.; LACERDA, A. M. O cérebro autista e sua relação com os neurônios-espelho. **Revista Hum@Nae**, v. 2, n. 9, p. 1-21, 2015.

RELVAS, M. P. **Neurociência e educação**: potencialidade dos gêneros humanos na sala de aula. Rio de Janeiro: Wak, 2009.

REPPOLD, C. T.; JOLY, M. C. R. A. (Org.). **Estudos de testes informatizados para avaliação psicológica**. São Paulo: Casa do Psicólogo, 2011.

RIBEIRO, M. I. S.; OLIVEIRA, P. R. F. TDAH? Como assim? Não sou categoria diagnóstica! In: SEMINÁRIO INTERNACIONAL A EDUCAÇÃO MEDICALIZADA, 4., 2015, Salvador. **Anais**... Disponível em: <http://anais.medicalizacao.org.br/index.php/educacaomedicalizada/article/view/90/90>. Acesso em: 20 mar. 2021.

RIBEIRO, N. S.; SHOLL-FRANCO, A. Desafios educacionais em contextos multilíngues de ensino: uma proposta curricular inclusiva com línguas de sinais e neurociências. In: COLÓQUIO LUSO-BRASILEIRO DE EDUCAÇÃO – COLBEDUCA, 3., 2018. **Anais**... Disponível em: <https://www.revistas.udesc.br/index.php/colbeduca/article/view/11460>. Acesso em: 20 mar. 2021.

RIPLEY, A. **As crianças mais inteligentes do mundo**: e como elas chegaram lá. Tradução de Renato Marques. São Paulo: Três Estrelas, 2014.

RITALINA®: cloridrato de metilfenidato. São Paulo: Novartis, 2010. Bula.

RIZZOLATTI, G. et al. Premotor Cortex and the Recognition of Motor Actions. **Cognitive Brain Research**, v. 3, n. 2, p. 131-141, Mar. 1996.

ROBERT, P. **A educação na Finlândia**: os segredos de um sucesso. Tradução de Manuel Valdivia. Porto: Afrontamento, 2010.

ROCHA, E. P. da; TONELLI, J. R. A. (Re)Pensando a formação inicial de professores de inglês no século XXI: a neurociência em sala de aula e como ela pode ajudar no ensino-aprendizagem a alunos com a síndrome de Asperger. **Revista de Letras Norte@ mentos**, v. 8, n. 16, p. 15-32, jul./dez. 2015. Disponível em: <http://sinop.unemat.br/projetos/revista/index.php/norteamentos/article/view/1952/1492>. Acesso em: 20 mar. 2021.

ROCHA, J. **4 razões para experimentar o *design thinking* na formação de professores**. 2017. Disponível em: <http://info.geekie.com.br/design-thinking-na-formacao-de-professores/>. Acesso em: 16 nov. 2020.

ROCHA, J. Senated (2017): Design Thinking na formação de professores. 2017. Disponível em: <https://www.youtube.com/watch?time_continue=12&v=nKm GDNnR08M>. Acesso em: 16 nov. 2020.

RODRIGUES, B. S. **O transtorno do espectro autista**: as relações entre a educação e as neurociências – em busca de uma educação inclusiva de qualidade na educação infantil. 58 f. Trabalho de Conclusão de Curso (Licenciatura em Pedagogia) – Universidade Federal do Rio Grande do Sul, Porto Alegre, 2015. Disponível em: <https://lume.ufrgs.br/handle/10183/134829>. Acesso em: 20 mar. 2021.

RODRIGUES, F.; OLIVEIRA, M.; DIOGO, J. **Princípios de neuromarketing**: neurociência cognitiva aplicada ao consumo, espaços e design. Viseu: Psicosoma, 2015.

RODRIGUES, G. F.; PASSERINO, L. M. Processos inclusivos, formação continuada de professores e educação profissional. **Educação e Cultura Contemporânea**, Rio de Janeiro, v. 15, n. 41, p. 170-197, 2018. Disponível em: <https://lume.ufrgs.br/handle/10183/188559>. Acesso em: 20 mar. 2021.

ROSSA, A. A. O sistema de recompensa do cérebro humano. **Revista Textual**, v. 2, n. 16, p. 4-11, out. 2012.

ROTTA, N. T.; OHLWEILER, L.; RIESGO, R. dos S. (Org.). **Transtornos da aprendizagem**: abordagem neurobiológica e multidisciplinar. Porto Alegre: Artmed. 2006.

RUFFATO, L. Falta de educação. **El País**, 30 ago. 2017. Disponível em: <https://brasil.elpais.com/brasil/2017/08/30/opinion/1504096899_970922.html>. Acesso em: 18 nov. 2020.

RUSSO, R. M. T. **Neuropsicopedagogia clínica**: introdução, conceitos, teoria e prática. Curitiba: Juruá, 2015.

SAHLBERG, P. **Lições finlandesas**: o que o mundo pode aprender com a mudança educacional na Finlândia? Tradução de Elena Gaidano. Niterói: Eduff, 2017.

SALOVEY, P.; MAYER, J. D. Emotional Intelligence. **Imagination, Cognition and Personality**, v. 9, n. 3, p. 185-211, 1990.

SANTAELLA, L.; NESTERIUK, S.; FAVA, F. (Org.). **Gamificação em debate**. São Paulo: Blucher, 2018.

SANTANA, A. P.; SIGNOR, R. **TDAH e medicalização**: implicações neurolinguísticas e educacionais do Transtorno de Déficit de Atenção/Hiperatividade. São Paulo: Plexus, 2016. Edição do Kindle.

SANTINI, E. A especialização dos lobos cerebrais. **Delírios sobre Educação**, 27 dez. 2012. Disponível em: <http://deliriossobre educacao.blogspot.com/2012/12/a-especializacao-dos-lobos-cerebrais.html>. Acesso em: 20 mar. 2021.

SANTOS, C. P. dos et al. As contribuições da neurociência cognitiva no desenvolvimento de crianças com transtorno do neurodesenvolvimento e altas habilidades e superdotação em Sergipe. In: SEMANA DE PESQUISA DA UNIVERSIDADE TIRADENTES – SEMPESq, 18., 2017. Disponível em: <https://eventos.set.edu.br/sempesq/article/view/4128/2314>. Acesso em: 20 mar. 2021.

SANTOS, C. P. dos et al. Desenvolvimento das potencialidades/habilidades de alunos com indicativos de superdotação no município de Aracaju. In: SEMANA DE PESQUISA DA UNIVERSIDADE TIRADENTES – SEMPESq, 19., 2018. **Anais...** Disponível em: <https://eventos.set.edu.br/sempesq/article/viewFile/7392/2979>. Acesso em: 20 mar. 2021.

SANTOS, F. H. dos; ANDRADE, V. M.; BUENO, O. F. A. (Org.). **Neuropsicologia hoje**. Porto Alegre: Artmed, 2010.

SANTOS, F. H. dos; ANDRADE, V. M.; BUENO, O. F. A. **Neuropsicologia hoje**. 2. ed. Porto Alegre: Artmed, 2015. Edição do Kindle.

SANTOS, P. L. dos; GRAMINHA, S. S. V. Estudo comparativo das características do ambiente familiar de crianças com alto e baixo rendimento acadêmico. **Paidéia**, v. 15, n. 31, p. 217-226, 2005. Disponível em: <https://www.scielo.br/pdf/paideia/v15n31/09.pdf>. Acesso em: 20 mar. 2021.

SÃO PAULO (Estado). Centro de Vigilância Sanitária. Comunicado CVS n. 45/2013 – NFV/DITEP, de 2 de agosto de 2013. **Diário Oficial do Estado**, São Paulo, 3 ago. 2013. Disponível em: <http://www.cvs.saude.sp.gov.br/zip/E_CM_CVS-045_020813.pdf>. Acesso em: 16 nov. 2020.

SAVIANI, D. Formação de professores: aspectos históricos e teóricos do problema no contexto brasileiro. **Revista Brasileira de Educação**, v. 14, n. 40, p. 143-155, jan./abr. 2009. Disponível em: <https://www.scielo.br/pdf/rbedu/v14n40/v14n40a12>. Acesso em: 20 mar. 2021.

SCHACHTER, H. M. et al. How Efficacious and Safe is Short-Acting Methylphenidate for the Treatment of Attention-Deficit Disorder in Children and Adolescents? A Meta-Analysis. **CMAJ – Canadian Medical Association Journal**, v. 165, n. 11, p. 1475-1488, 2001.

SCHNEIDER, D. Di G.; PARENTE, M. A. de M. P. O desempenho de adultos jovens e idosos na Iowa Gambling Task (IGT): um estudo sobre a tomada de decisão. Psicologia: **Reflexão e Crítica**, v. 19, n. 3, p. 442-450, 2006.

SEABRA, A. G.; CAPOVILLA, F. C. **Teoria e pesquisa em avaliação neuropsicológica**. 2. ed. São Paulo: Memnon, 2009.

SEABRA, A. G.; DIAS, N. M. (Org.). **Avaliação neuropsicológica cognitiva**: atenção e funções executivas. São Paulo: Memnon, 2012. v. 1.

SEABRA, A. G.; DIAS, N. M.; CAPOVILLA, F. C. (Org.). **Avaliação neuropsicológica cognitiva**: leitura, escrita e aritmética. São Paulo: Memnon, 2013. v. 3.

SENDRA-NADAL, E.; CARBONELL-BARRACHINA, A. A. (Ed.). **Sensory and Aroma Marketing**. Wageningen: Wageningen Academic Publishers, 2017.

SILVA, E. de B. P. da. **A relação entre inteligência emocional e o rendimento escolar em crianças do 1º Ciclo do Ensino Básico da R.A.M**. 80 f. Dissertação (Mestrado em Psicologia da Educação) – Universidade da Madeira, Funchal, 2012. Disponível em: <https://digituma.uma.pt/handle/10400.13/687>. Acesso em: 20 mar. 2021.

SILVA, F. E. da. **Atenção e processamentos conscientes *versus* não conscientes**. Aula 5 da disciplina de Fundamentos de Neuropsicopedagogia, Uninter, Curitiba, 2017a.

SILVA, F. E. da. **Emoção e aprendizagem**. Aula 3 da disciplina de Fundamentos de Neuropsicopedagogia, Uninter, Curitiba, 2017b.

SILVA, F. E. da. **Funções executivas e aprendizagem**. Aula 4 da disciplina de Fundamentos de Neuropsicopedagogia, Uninter, Curitiba, 2017c.

SILVA, F. E. da. **Neuroeducação, neurodidática e neuropsicopedagogia**. Aula 6 da disciplina de Fundamentos de Neuropsicopedagogia, Uninter, Curitiba, 2017d.

SILVA, F. E. da. **Sistema nervoso e cérebro**: organização anatômica e funcional. Aula 1 da disciplina de Fundamentos de Neuropsicopedagogia, Uninter, Curitiba, 2017e.

SILVA, L. G. da; MELLO, E. M. B. Fundamentos de neurociência presentes na inclusão escolar: vivências docentes. **Revista Educação Especial**, v. 31, n. 62, p. 759-776, jul./set. 2018. Disponível em: <https://periodicos.ufsm.br/educacaoespecial/article/view/28388/pdf>. Acesso em: 20 mar. 2021.

SILVA, M. F. et al. Inteligência emocional como competência profissional. **Métodos e Pesquisa em Administração**, v. 2, n. 1, p. 16-24, 2017. Disponível em: <https://periodicos.ufpb.br/index.php/mepad/article/view/30755/17866>. Acesso em: 20 mar. 2021.

SILVA NETO, A. de O. et al. Educação inclusiva: uma escola para todos. **Revista Educação Especial**, v. 31, n. 60, p. 81-92, jan./mar. 2018. Disponível em: <https://periodicos.ufsm.br/educacaoespecial/article/view/24091/pdf>. Acesso em: 20 mar. 2021.

SILVA, V. L. O. Stop DSM! **Revista Iátrico**, n. 32, p. 64-67, 2013.

SIQUEIRA, C. de C. et al. O cérebro autista: a biologia da mente e sua implicação no comprometimento social. **Revista Transformar**, v. 8, n. 8, p. 221-237, 2016. Disponível em: <http://www.fsj.edu.br/transformar/index.php/transformar/article/view/64/60>. Acesso em: 20 mar. 2021.

SMITH, R. **The Trouble with Medical Journals**. Florida, USA: CRC Press, 2006.

SNGPC – Sistema Nacional para Gerenciamento de Produtos Controlados. Prescrição e consumo de metilfenidato no Brasil: identificando riscos para o monitoramento e controle sanitário. **Boletim de Farmacoepidemiologia**, ano 2, n. 2, jul./dez. 2012. Disponível em: <http://antigo.anvisa.gov.br/documents/33868/3418264/Boletim+de+Farmacoepidemiologia+n%C2%BA+2+de+2012/c2ab12d5-db45-4320-9b75-57e3d4868aa0>. Acesso em: 20 mar. 2021.

SOUSA, R. L. V. **Inteligência emocional dos professores e vulnerabilidade ao stress em contexto escolar**. 63 f. Dissertação (Mestrado em Psicologia da Educação) – Universidade da Madeira, Funchal, 2013. Disponível em: <https://digituma.uma.pt/handle/10400.13/443>. Acesso em: 20 mar. 2021.

SOUZA, J. B. R. de; BRASIL, M. A. de J. S.; NAKADAKI, V. E. P. Desvalorização docente no contexto brasileiro: entre políticas e dilemas sociais. **Ensaios Pedagógicos**, Sorocaba, v. 1, n. 2, p. 59-65, maio/ago. 2017. Disponível em: <http://www.ensaiospedagogicos.ufscar.br/index.php/ENP/article/view/40/43>. Acesso em: 20 mar. 2021.

SOUZA, M. C. de; GOMES, C. Neurociência e o déficit intelectual: aportes para a ação pedagógica. **Revista Psicopedagogia**, São Paulo, v. 32, n. 97, p. 104-114, 2015. Disponível em: <http://www.revistapsicopedagogia.com.br/detalhes/60/neurociencia-e-o-deficit-intelectual aportes-para-a-acao-pedagogica>. Acesso em: 20 mar. 2021.

STEVE Jobs School (Holanda). Destino: educação – escolas inovadoras. **Canal Futura**. Disponível em: <https://www.youtube.com/watch?v=0FVM5Wv-DDU&sns=em>. Acesso em: 16 nov. 2020.

TNH1. **Mais de 800 milhões de pessoas passam fome no mundo, diz estudo**. 19 abr. 2016. Disponível em: <https://www.tnh1.com.br/noticia/nid/mais-de-800-milhoes-de-pessoas-passam-fome-no-mundo-diz-estudo/>. Acesso em: 16 nov. 2020.

TOKUHAMA-ESPINOSA, T. **Mind, Brain, and Education Science**: a Comprehensive Guide to the New Brain-Based Teaching. New York: W. W. Norton & Company, 2011.

UMAMI. **Significados**, 2012. Disponível em: <https://www.significados.com.br/umami/>. Acesso em: 20 mar. 2021.

UNESCO. **Declaração de Salamanca e linha de ação sobre necessidades educativas especiais**. 2. ed. Brasília: Corde, 1997.

VALENTE, J. A. Blended Learning e as mudanças no ensino superior: a proposta da sala de aula invertida. **Educar em Revista**, Curitiba, edição especial, n. 4, p. 79-97, 2014. Disponível em: <https://www.scielo.br/pdf/er/nspe4/0101-4358-er-esp-04-00079.pdf>. Acesso em: 20 mar. 2021.

VIGANO, S. de M. M.; CABRAL, P. Políticas públicas em educação para formação de professores na EJA. **RPPI – Revista Brasileira de Políticas Públicas e Internacionais**, v. 2, n. 1, p. 201-220, jul. 2017. Disponível em: <https://periodicos.ufpb.br/index.php/rppi/article/view/31751>. Acesso em: 20 mar. 2021.

VIVEIROS, E. R. de; CAMARGO, E. P. de. Deficiência visual e educação científica: orientações didáticas com um aporte na neurociência cognitiva e teoria dos campos conceituais. **Góndola**, v. 6, n. 2, p. 25-50, dez. 2011. Disponível em: <https://repositorio.unesp.br/handle/11449/134734>. Acesso em: 20 mar. 2021.

VYGOTSKY, L. S. **A formação social da mente**. São Paulo: M. Fontes, 1984.

WALLACE, B. A. **A revolução da atenção**: revelando o poder da mente focada. Petrópolis: Vozes, 2018.

WARNOCK COMMITTEE. **Special Educational Needs**: the Warnock Report. London: D.E.S., 1978.

WATSON, J. B. **Behaviorism**. 2. ed. London: Kegan Paul, Trench, Trubner, 1930.

WOYCIEKOSKI, C.; HUTZ, C. S. Inteligência emocional: teoria, pesquisa, medida, aplicações e controvérsias. **Psicologia: Reflexão e Crítica**, v. 22, n. 1, p. 1-11, 2009. Disponível em: <https://www.scielo.br/pdf/prc/v22n1/02.pdf>. Acesso em: 20 mar. 2021.

ZORZETTO, R. Números em revisão. **Revista Pesquisa Fapesp**, n. 192, p. 18-22, fev. 2012. Disponível em: <https://revistapesquisa.fapesp.br/n%C3%BAmeros-em-revis%C3%A3o/>. Acesso em: 20 ma

# Bibliografia comentada

COSENZA, R. M.; GUERRA, L. B. **Neurociência e educação**: como o cérebro aprende. Porto Alegre: Artmed, 2011.
Livro de excelente qualidade científica, graças à formação de seus autores. A obra apresenta ótima introdução sobre aspectos neurológicos da aprendizagem, incluindo a organização geral, morfológica e funcional do sistema nervoso, seu desenvolvimento e sua neuroplasticidade e a relação delas com a aprendizagem. São abordados temas como atenção, tipos de memória, emoção, funções executivas, inteligência e dificuldades de aprendizagem. Além de abordar as relações entre neurociência e educação, há também um capítulo sobre leitura e outro sobre aritmética.

LENT, R. **O cérebro aprendiz**: neuroplasticidade e educação. Rio de Janeiro: Atheneu, 2019.
Escrito por um dos maiores neurocientistas brasileiros, o livro é um marco na literatura da área. Em linguagem acessível e didática, o autor apresenta a importância de aplicar os conhecimentos científicos nas esferas práticas da vida social, tal como ocorre na saúde e ainda muito pouco na educação. No entanto, também mostra uma perspectiva crítica à "neuromoda", ou explicações reducionistas, quase mágicas, que seduzem leitores pouco informados. Trata de temas essenciais como neuroplasticidade, comunicação neuronal, bases neuronais da aprendizagem e desenvolvimento

neuropsicológico. Aborda também temas complexos e novos como as redes neuronais de longa distância e o conectoma humano. Traz ainda pesquisas sobre o registro simultâneo de atividades cerebrais em várias pessoas – método de hiperescaneamento e sincronização cerebral –, mostrando como a interatividade social influencia os cérebros dessas pessoas. Obra seminal em nossa literatura, indispensável aos interessados na área em foco.

LISBOA, F. S. **O cérebro vai à escola**: aproximações entre neurociências e educação no Brasil. Jundiaí: Paco Editorial, 2019.

O autor baseia-se em sua pesquisa de mestrado no Instituto de Medicina Social da Universidade Estadual do Rio de Janeiro, o que é um primeiro diferencial da obra, caracterizando-a com excelente rigor científico. Outra diferença, talvez a mais importante da obra, é que a pesquisa desenvolvida pelo autor apresenta um olhar crítico sobre a relação entre neurociência e a educação no Brasil, permitindo aos leitores uma perspectiva de conjunto, de afastamento dos vieses encontrados na literatura, bem como sobre os atores que têm construído essa relação em nosso país: os neurocientistas, os educadores e os neuroeducadores. Além do resgate histórico, apresenta as abordagens que são apresentadas – ou "que cérebro é esse que chegou à escola?" –, criticando-as de forma pertinente.

SANTANA, A. P.; SIGNOR, R. **TDAH e medicalização**: implicações neurolinguísticas e educacionais do transtorno de déficit de atenção/hiperatividade. São Paulo: Plexus, 2016.

As autoras são muito bem qualificadas, refletindo na excelência da obra. Livro com caráter eminentemente crítico ao processo de TDAH, entendido como um reflexo de um movimento econômico da medicalização, as autoras fazem um resgate histórico sobre a atenção e a constituição do diagnóstico de TDAH. A obra apresenta o fenômeno da medicalização e sua relação com a patologia da atenção na construção do TDAH. A leitura desta obra oferece uma reflexão sobre esse suposto transtorno e a linguagem, e suas implicações no contexto educacional, incluindo as políticas educacionais e como o transtorno é construído na escola e no ambiente cultural mais amplo. A construção do TDAH é exemplificada em dois casos relatados no último capítulo.

SARTORIO, R. **Compreendo e aplicando as neurociências na educação**. Florianópolis: Mentalize Educação e Treinamentos, 2016.

Autor com sólida formação em neurociência e comportamento, apresenta as principais relações entre neurociência e educação. Cobre temas básicos, como a perspectiva evolucionista e noções de neurofisiologia, desenvolvimento na infância e na adolescência, emoção, motivação, até temas contemporâneos, menos presentes em obras nacionais, como habilidades sociais, desenvolvimento da imagem corporal e da identidade sexual e social e comportamentos antissociais. De linguagem acessível e empolgante e com rigor científico, a obra traz contribuições excepcionais à educação.

# Respostas

## Capítulo 1

1. b
2. e
3. a
4. c
5. c

## Capítulo 2

1. e
2. c
3. d
4. a
5. b

## Capítulo 3

1. c
2. b
3. c
4. a
5. b

## Capítulo 4

1. b
2. e
3. c
4. d
5. b

## Capítulo 5

1. c
2. a
3. e
4. b
5. a

## Capítulo 6

1. c
2. b
3. a
4. d
5. b

# Sobre o autor

Fábio Eduardo da Silva é doutor e mestre em Psicologia pela Universidade de São Paulo (USP), com estágio de pesquisa no Consciousness Research Laboratory do Institute of Noetic Sciences, Califórnia; Especialista em Magistério Superior e Neuropsicologia pelo Instituto Brasileiro de Pós-Graduação e Extensão (Ibpex); e graduado em Psicologia pela Universidade Tuiuti do Paraná. Por três anos, foi professor e coordenador de pós-graduação *lato sensu* de cursos de neurociência aplicada, na modalidade de ensino a distância (EaD), no Centro Universitário Internacional Uninter. É professor em cursos de pós-graduação relacionados a neurociências, educação, saúde mental e organizações. É membro do InterPsi – Laboratório de Estudos Psicossociais: crença, subjetividade, cultura & saúde da USP e fundador e conselheiro do Instituto Neuropsi (ineuropsi.com). Desenvolve pesquisas, cursos e eventos científicos em Psicologia Anomalística. Outras áreas de interesse e atuação incluem neuroeducação, neuroliderança, habilidades socioemocionais e felicidade (psicologia positiva) e *mindfulness*.

Impressão:
Maio/2021